SCIENCE 101

OCEAN SCIENCE 해양학

SCIENCE 101

OCEAN SCIENCE 해양학

Jennifer Hoffman 지음

김민정 옮김

BooksHill
이치사이언스

바다는 인류에게 두려움의 대상이 되기도 하지만 예술적 영감과 희망을 불어넣어 주기도 한다. 바다에서 얻은 것이 없이는 하루의 식사를 제대로 마칠 수 없을 정도로 바다는 우리에게 꼭 필요하다. 그럼에도 불구하고 우리는 바다에 대해서 너무나도 많은 부분을 모르고 있다. 바다는 지구 면적의 약 70 %를 차지하고 있으며 사실 지구에 바다가 없었다면 인류는 존재할 수 없었을지도 모른다.

사이언스 101 : 해양학은 이처럼 중요한 바다의 이야기로서, 해양의 물리학, 화학, 지질학, 생물학 등 해양학의 전 분야를 다룬 과학입문서이다. 인류의 초기 해양 탐험이 시작된 때부터 최근에 밝혀진 최신 이슈까지, 흥미로운 과학 토픽 101가지를 다양하게 다루었다. 해양학이 발전하게 된 초기과정에서부터 최근 인공위성 기술을 이용한 해양학의 연구 성과 및 이론을 살펴봄으로써 과거, 현재, 미래를 망라해 우리의 바다에 대해 소개하고 있다. 이 책을 통해서 단지 해양생물과 그들의 보금자리에 대한 이해뿐 아니라 우리에게 바다가 얼마나 소중한 것인지, 얼마나 아름다운 것인지, 왜 바다를 자세히 알아야 하고, 보존하기 위한 노력을 해야 하는지 깨닫게 될 것이다.

이 책의 특징 및 장점은 내용의 이해를 돕는 사진과 삽화를 풍부하게 실었다는 점이다. 미국 국립 자연사 박물관으로 유명한 스미스소니언 협회의 자료를 바탕으로 하였으므로, 공신력 있는 과학 정보라 자부할 만하다. 지금까지의 다른 책에서 쉽게 접하지 못했던 다양한 분야의 최신 사진과 인공위성 자료 등은 해양학이나 과학적

기초지식이 부족한 독자들이 책을 읽어도 내용을 쉽게 이해할 수 있도록 도와준다.

이 책의 1장에서는 인류에게 바다가 어떤 의미인지 생각해 보았고, 2장에서는 바다를 정복하기 위한 과정에서 발전된 과학적 지식들을 소개한다. 3장에서는 해양과 지구의 구조는 어떠한지 알아보고 연구 방법에 대해 소개한다. 4, 5장은 물과 해수의 특징, 대기와 해양의 순환을 설명하고 나아가 이들의 상호작용이 지구의 기온에 미치는 영향에 대해 알아본다. 6, 7장에서는 해류, 파도, 조석 등 해수의 운동을 다루고 8장부터 12장까지는 해양생물의 서식장소 및 그들의 생활에 대해서 그동안 우리가 잘 모르고 있던 환경을 소개한다. 나아가 해양에서 서식하는 생물들의 특징과 공생관계, 인간의 활동이 바다에 미치는 영향 등을 상세하게 다룬다.

이 책을 통해 독자는 지금까지 단편적으로 알고 있던 바다에 관한 여러 분야의 지식을 종합적이고 체계적으로 이해할 수 있을 것이다. 가정에서 부담 없이 볼 수 있는 백과사전으로 손색이 없으며, 학교에서도 훌륭한 읽기 자료로 활용할 수 있을 것이다. 해양학에 관심 있는 독자들에게 아무쪼록 도움이 되기를 바란다.

옮긴이 김 민 정

차 례

해양학의 세계에 오신 것을 환영합니다!

왼쪽 캘리포니아 몬트레이만 아쿠아리움에 있는 버섯산호. 독이 있는 촉수가 있고 떠다니는 플랑크톤을 잡아먹는다.
위 우거진 산호초들 사이를 누비는 안티아스와 골든담셀 피쉬
아래 캄캄한 바닷속의 카리브해오징어. 이 오징어는 네 마리에서 서른 마리까지 집단생활을 하고 한번 번식을 하면 죽는다.

알래스카 연안에서 해양학자가 바닷물 색이 평소와 다르게 청록색임을 관찰하였다. 그녀는 해수를 채집하여 현미경으로 분석하였고 예상대로 단단한 껍질로 둘러싸인 인편모조류를 찾아 해수의 색이 달라진 원인을 확인하였다. 실험실에서는 이 플랑크톤이 퍼져 있는 면적이나 번성 정도를 알 수 없으나, 수천 미터 상공에서 돌고 있는 인공위성에서 받은 영상에 의하면 플랑크톤 무리가 수천 제곱미터에 걸쳐 퍼져 있음을 알 수 있었다. 1997년 전까지 이런 플랑크톤의 번성은 잘 일어나지 않았으나 최근 들어 자주 발생한다. 베링 해Bering Sea의 어떤 변화가 이런 현상을 일으킨 원인일까?

위의 이야기로부터 해양학의 연구 범위와 방법이 폭넓음을 알 수 있다. 즉, 해양은 현미경뿐만 아니라 우주공간의 인공위성으로도 연구가 가능하다. 해양학자는 관찰, 측정, 모델링 등 다양한 방법으로 수많은 문제의 해답을 얻으며 해양학의 조각을 맞추어 간다. 지구의 대부분은 바다가 차지하므로 바다이야기가 곧 지구의 이야기이다.

신비의 탐구 유명한 해양생물학자인 레이첼 카슨Rachel Carson, 1907–64은 "해양은 알면 알수록 더 많은 신비가 숨어 있다."라고 하였다. 해양학자들은 이렇게 낯선 곳에 관한 의문을 해결하는 일에서 성취감을 느낀다. 해양학의 연구 분야는 물리, 화학, 지질학과 생물학 등 과학의 전 분야뿐 아니라 과거, 현재, 미래를 망라한다.

수 세기 동안 해양학은 과학의 발전에 혁명을 일으켰다. 해양지각에 기록된 정상과 역전을 반복한 고지구자기장의 줄무늬가 해령을 중심으로 대칭으로 나타나는 현상을 통해 지각이 천천히 이동한다는 것을 알 수 있다. 이는 해령, 해구, 화산섬 등의 해저지형을 통해서도 알 수 있다. 해양 퇴적물에 쌓인 작은 생물체의 유해는 수백만 년 전에 일어난 대멸종이나 산소량이 치명적으로 줄어든 기록을 담고 있다. 햇빛이 전혀 안 드는 심해 깊은 곳에 있는 열수공 근처의 생물 군락은 태양 에너지가 없어도 생물이 생존할 수 있다는 증거이다. 이 외에도 다른 여러 발견들은 지구에 관한 의문점을 해결하는 중요 단서가 되었다.

해양학을 연구하면서 과학자들은 발견만으로도 물론 기쁘지만 부수적으로 많은 실용적인 이익도 얻는다. 해양 생물에서 강력한 항암물질을 발견하였고 홍합이 돌에 붙기 위해 사용하는 끈적끈적한 물질을 상업화하려고 노력 중이다. 해안 습지대는 자연적인 정화처리장이고, 맹그로브 숲은 홍수나 폭풍, 쓰나미로부터 해안 지역을 보호하는 데 도움이 된다. 기후 변화를 예상하려면 해류의 원동력과 해양과 대기의 상호작용을 이해해야 하며 이는 폭풍이 얼마가 강해질 수 있는지 예상하는 데 도움이 된다. 해양의 아주 작은 생물체까지도 탄소를 소모함으로써 대기의 온실 기체를 줄여 기후 조절에 중요한 역할을 담당한다.

알래스카 해안 갯벌에서 찍은 홍합

해양 연구 플로리다 연안에 지름이 1.5 m 정도 되는 아크릴 구 안에 앉아, 한 과학자가 해수면 수백 미터 아래의 희귀한 생물체들이 만드는 빛을 연구한다. 캘리포니아 연안에서는 학생들이 조심스레 동물 종을 세고 분류하여 지구 기후 변화가 해양 생물 군집에 어떠한 영향을 미쳤는지 조사한다. 해양학자들은 해저 바닥에 음파를 발신하여 반사되어 오는 시간으로 거리를 측정하고, 이를 통해 하와이 지역에 큰 재난을 일으킨 쓰나미의 원인이 되는 해저 산사태를 연구한다. 활화산 대신에 열수 분출공을 찾기 위해 원격 제어되는 기구를 해저로 보내는데 노란 황에 뒤덮인 채 되돌아온다.

해양 서식지는 환경이 수시로 변하는 해안가에서부터 변화가 적고 안정한 심해저평원의 진흙, 그리고 대양의 푸른 물속까지 넓은 범위에 걸쳐 있다. 이렇게 다양한 서식지와 그곳에 사는 다양한 생물체에 대한 연구는 각기 다른 방법으로 이루어지며, 이 결과들은 전 세계의 해양을 구성하는 퍼즐조각이 된다. 《사이언스 101 : 해양학》은 과학자들이 모으는 이러한 다양한 퍼즐조각을 소개함으로써 앞으로의 탐구 발판을 마련해 준다.

위 산호에 붙어 있는 붉은불가사리. 불가사리는 어류가 아닌 극피동물로 성게, 갯나리와 같은 문이다. 불가사리 화석은 약 4억 8천 8백만 년 전부터 시작한 오르도비스기까지 나타난다.

가운데 스텔라바다사자가 알래스카 로위리 섬에 있는 포레스트 국립 야생동물 보호소에서 새끼를 품에 안고 있다. 과학자들은 100여 종이 넘는 해양 포유동물들을 분류했다.

아래 멸종 위기에 있는 붉은거북. 바다거북의 모든 종들은 멸종 위기에 처해 있다. 바다거북은 189살까지 살 수 있다. 그들은 지구의 자기장에 민감한 반응을 보이며 2–4년 주기로 자신이 태어난 바닷가에 돌아가 알을 낳는다.

광대한 미지의 세계

왼쪽 인류는 오랫동안 해양의 광대함에 매혹되어 왔다. 해양은 아직까지도 탐험해야 할 곳들이 많이 남아 있다.
위 우주에서 바라본 지구의 모습. 지구의 3/4을 바다가 차지하고 있다.
아래 인류는 오랫동안 바다를 상업적으로 이용하였다. 오늘날 무역을 위해 전 세계의 바다를 누비는 것은 흔한 일이다.

가장 최신 지도를 장착한 비행기가 아직까지 발견하지 못한 산맥에 부딪칠 가능성은 거의 없다. 수천 미터 높이의 산맥이 어떻게 지도에 없을 수 있겠는가? 그러나 2005년 1월 7일, 괌 기지에서 650 km 떨어진 곳에서 미 해군 잠수함이 알려지지 않은 해산에 부딪쳤다. 공식 자료에 의하면 잠수함은 1,830 m 깊이의 바닷속을 순항하고 있었다. 선원 1명이 사망하고 23명이 부상당했다.

해양은 지구 면적의 3/4을 차지하고 그중의 90 %를 생물권의 서식지로 제공해 주지만 놀랍게도 우리는 해양에 대해 아는 것이 적다. 오히려 해양보다 달이나 목성의 표면 지도가 더 자세하게 알려져 있다.

해양을 아는 것은 매우 중요하다. 해양은 기후와 날씨에 중요한 역할을 하며 우리는 교통수단, 음식, 의약품, 즐거움을 위해 해양을 매일매일 이용하기 때문이다. 또한 우주 탐험에는 수십 억 원이 사용되고 있지만, 집으로 치면 뒷마당 격인 해양은 상대적으로 탐험이 덜 이루어졌다. 해양을 개척하는 것은 시급한 일이다. 그리고 해양으로부터 얻은 지식은 우리를 황홀케 한다. 해양은 매우 소중하다.

하나의 바다, 다양한 지역들

바닷가에서 봤을 때 바다는 수평선까지 쭉 뻗어 있는 것처럼 보인다. 육지에 둘러싸인 곳을 제외한 전 세계의 모든 바다는 서로 연결되어 있다. 그러나 육지에 열대 다우림, 툰드라, 대초원 등 다양한 지역이 있듯이 바다도 다양한 지역으로 구분된다. 육상 생물처럼 일부 해양 생물은 전 세계의 바다를 돌아다니고, 일부는 특정한 환경에서만 산다. 해양의 다양한 생물을 이해하고 보호하기 위해서는 그들이 사는 다양한 서식지와 특징을 먼저 이해하고 보호해야 한다.

지역들 (94쪽 그림 참조) 해양은 크게 표영계^{수주, pelagic zone}와 저서계^{해저, benthic zone}의 두 지역으로 구분할 수 있다. 이 두 지역은 깊이와 해안까지의 거리에 따라 더 세분한다. 표영계는 연안역과 육지의 영향을 받지 않는 대양역으로, 그리고 대양역은 수심에 따라 크게 중층 표영대, 점심해 표영대, 심해 표영대로 나눌 수 있다.

저서계는 가장 높아 바닷물이 차는 때가 거의 없는 바닷가의 조상대, 만조와 간조로 인해 주기적으로 바닷물 속에 잠기는 조간대, 대륙붕의 끝까지인 조하대가 있다. 깊은 곳은 점심해 저서대와 심해 저서대이다. 초심해 저서대는 바다에서 가장 깊은 곳을 둘러싼 지역으로 해구 주변부이거나 6,000 m보다 깊은 곳이다. 장소에 따라 민물의 영향이나 연간 수온 변화와 같은 물리적 요인[*]의 차이가 생기는데 이는 생물이나 해수의 화학적 성질에 큰 영향을 미친다.

보이지 않는 경계 에너지를 만들기 위해서 빛이 필요한 생물체, 즉 식물이나 광합성을 하는 다른 생물들의 관점에서는 해양은 빛이 있는 지역^{유광층}과 빛이 들지 않는 지역^{무광층}, 두 개의 지역으로 구분할 수 있다. 또 하

위 바닷가는 해양의 연안 지역에 속한다.
아래 해저는 비말대^{**}에서 해양의 가장 깊은 곳까지 있다. 많은 종류의 동물과 식물이 이곳에서 서식한다.

나의 구분은 해수의 밀도나 화학적 성질의 변화로 구분한다. 햇빛과 강수의 영향으로 수온이 높고 염분이 낮은 표층혼합층의 해수는 심해의 차갑고 염분이 높은 물보다 밀도가 작다. 혼합층과 심해층 사이에는 밀도가 급격히 변화하는 밀도약층pycnocline··· 이 있다. 해수의 밀도는 수온과 염분에 의해 결정되는데 수온이 높을수록, 염분이 낮을수록 작다. 염분은 해수면에서부터 깊어질수록 점진적으로 증가하지만, 수온은 이 층에서 급격히 낮아진다. 이것은 우리들의 눈에 보이는 경계는 아니지만 일생을 바다에서 지내는 작은 생명체들에게는 확실한 경계이다.

해류는 바다에 또 하나의 경계를 만든다. 바다는 플랑크톤과 자유롭게 헤엄치지 못하는 생물체로 가득하다. 이들이 해류를 역류하거나 가로질러서 이동하는 것은 불가능할 것이다.

별개의 군집 해양 지역을 특정 군집··· 이 살 수 있는 환경의 특징으로 구분할 수도 있다. 육지에 나무들의 숲이 있다면 해양에도 켈프···· 의 숲이 있다. 육지에 잔디로 이루어진 초원이 있는 것처럼 바다에는 해초로 이루어진 초원이 있다. 맹그로브 숲이나 일부 군집은 육지와 해양 모두에 걸쳐 존재한다. 해양 군집의 예로 산호초, 홍합초, 열수 분출공 그리고 메탄누출지 등도 있다. 각각의 군집은 특징이 다르고 독특한 환경이기 때문에 그곳에서 서식하는 생물체들에게 독특한 환경을 제공한다.

위 캐나다 분지의 914 m 깊이에서 채집된 원양심해 새우
아래 성장 속도가 매우 빠른 불 켈프. 이 해초는 한 달 만에 작은 포자에서 60 m 길이로 자란다.

• 물리적 요인(physical factor) : 생물에 영향을 미치는 모든 무생물적인 환경요인(옮긴이)
•• 비말대 : 바닷가에서 파도가 칠 때 튀어 오르는 물방울이 미치는 범위(옮긴이)
••• 군집(community) : 같은 삶의 공간 안에서 서로 상호작용을 하고 있는 생산자, 소비자, 분해자들의 특별한 무리(옮긴이)
•••• 켈프(kelp) : 대형 갈조류. 넓은 의미로 해조류를 통칭하기도 한다(옮긴이).

생명으로 가득 찬 바다

동물이 식물처럼 바닥에 붙어 있어서, 지나가는 것을 잡거나 주변의 물을 여과해서 먹이를 얻는 것을 상상해 보라. 바다에뿐 아니라 물속에는, 작아서 맨눈으로는 안 보이고 물의 색이 달라지는 것으로서 존재를 알 수 있는 미생물들, 셀 수 없이 많은 해파리, 기묘하게 생긴 날개 달린 달팽이 같은 생명체들이 가득하다고 상상해 보라. 캄캄한 곳에서 대부분의 생물체가 자신만의 빛을 만들고 어둠 속에서 서로에게 신호를 보낸다고 상상해 보라. 이것이 해양의 세계이다. 그곳은 생명으로 가득하다. 일부는 잘 알려져 있으나 대부분은 아직 알려져 있지 않다.

동물의 다양성 분류학자들은 동물을 외골격의 특징에 따라 33개의 문門으로 구분한다. 어떤 문에 속하는 동물들의 공통적인 특징은 다른 문에 속하는 동물들과 큰 차이가 있다. 그 차이는 같은 문에 속하는 동물들끼리의 차이보다 크다. 33개의 문들 중에서 해양 생물이 없는 것은 작은 벨벳 지렁이가 속한 문, 단 하나이다. 이와 대조적으로 해양 생물만 속해 있는 문은 14개나 된다. 육상 생물의 종의 개수가 해양보다 훨씬 많은 줄

위 벨해파리는 갑각류를 쉽게 잡을 수 있는 가늘고 긴 촉수를 가지고 있다.
아래 산호초에는 지구의 생태계 중 가장 다양한 생물들이 살고 있다. 이곳에 서식하는 생물체의 다양성은 열대 우림과 비교될 만큼 높다.

해저에 있는 열수 분출공은 해저의 극한 환경에서도 생물체들이 살 수 있는 서식지를 제공한다.

미르(Mir) 잠수정은 배터리를 장착하고 6,000m 까지 잠수할 수 있는 3인승 잠수정이다.

해양생물 통계조사

이름 그대로 해양생물 통계조사(CoML; Census of Marine Life)는 '해양 생물의 다양성, 분포, 풍부함을 평가하고 연구하기 위해 70여 개국의 연구원으로 구성된 네트워크'이다. 이 야심 찬 프로젝트는 해양 생물체의 다양성이 미처 과학자들이 연구하여 알기도 전에 감소하고 있다는 우려에서 출발했다. '해양생물 통계조사'의 활동은 매우 다양하다. 일부 연구원들은 전자 태그를 이용하여 거대 육식동물인 상어나 고래의 움직임을 탐지하기도 하고 컴퓨터 모델링으로 어업이나 오염물질의 영향을 예상하기도 한다. 또한 DNA 배열이나 100년 된 레스토랑 메뉴의 음식 가격 변동을 연구하여 특정 종의 풍부함을 조사하기도 한다.

알았지만 해양에서 새로운 생명체들이 발견되면서 틀렸다는 것이 판명 났다. 예를 들어 1988년 과학자들은 상업적으로 유용한 심해 게의 종의 종류가 2개인 줄 알았으나 18개나 된다는 것이 밝혀졌다. 매년 비슷한 발견을 한다. 2001년에는 7 m 짜리 오징어가 발견되었고, 2003년에는 60-90 cm 크기의 촉수가 없는 해파리가 발견되었으며, 2004년에는 핫도그 크기의 용물고기가 뉴잉글랜드의 베어 해산Bear Seamount에서 발견되었다.

관심 받지 못하는 생물들 동물들은 많은 관심을 받지만 해양 생물은 그렇지 않다. 해양은 식물, 조류**, 박테리아, 원생생물 등으로 가득하다. 이들의 대부분은 현미경으로만 확인할 수 있지만 이들의 다양성은 놀랄 만하다.

단세포 조류와 미생물들이 해양 먹이사슬의 중요한 1차 생산자이다 해양에서 1차 생산자의 5-10 %는 큰 조류와 식물이다. 이러한 미생물들은 광합성 작용이나 다른 화합물을 통해 스스로 에너지를 생산한다. 열수 분출공의 박테리아는 분출공의 황 합성물이나 빛을 통해 에너지를 만든다. 외양***에서 박테리아, 와편모조류, 규조류, 식물 플랑크톤들은 햇빛으로 에너지를 만든다. 와편모조류는 독소를 만들기 때문에 주의 깊게 관찰하고 있다. 대부분 적조를 일으켜 해양 생물들에게 치명적이다.

* 다양성 : 다양성과 생물의 풍부함은 그 의미가 약간 차이가 있다. 표층 수온이 18-20 ℃인 곳은 종 다양성이 아주 높지만 영양염류가 비교적 부족하므로 생물의 전체 숫자는 아주 적을 수 있다. 남극에는 육상 포유류와 민물고기, 식물도 거의 없어, 이곳은 종 다양성은 낮지만 생물의 숫자는 엄청나게 많다(옮긴이).

** 조류(藻類) : 물속에 사는 식물, 원생생물, 세균계의 생물을 말한다(옮긴이).

*** 외양(open ocean) : 외해나 대양 또는 대양의 수심 200 m 이상인 곳을 말한다(옮긴이).

생명이 탄생하는 곳, 바다

우리들은 '생명이 탄생하는 지구'라 이야기하지만 '생명이 탄생하는 바다'라는 표현이 더 어울리는 것 같다. 태초의 생명은 바다에서 태어났고 대부분의 동물군도 바다에서 시작하였다. 인간이 살 수 있도록 산소를 생성하고 태양에서 오는 유해한 자외선을 차단해 주는 오존층을 만

들어 준 것도 해양의 미생물이었다. 지구의 대양은 현재 지구 대기 산소의 3/4을 생성하고 지구 전체 물의 97 %를 가지고 있다. 그리고 바다에는 어떠한 서식지보다 더 많은 생물이 살고 있다.

왜 바다에는 육지나 강물보다 더 많은 생물이 살고 있을까? 대답은 간단하다. 강물보다 바닷물의 양이 훨씬 더 많기 때문이다. 바다는 해수면에서 해저 바닥까지 생물이 살 수 있는 훨씬 넓은 공간을 제공한다.

위 이 껍질 없는 바다 달팽이는 몸의 근육과 '날개' 한 쌍을 이용하여 다른 바다 달팽이 사냥에 나선다. 이것을 포함하여 작은 다른 미생물들을 플랑크톤이라고 한다.
아래 깝작 도요새들이 캐나다 뉴 브런즈윅에서 날아간다. 바닷가에 사는 이 새들은 세계 곳곳의 연안이나 습지대에서 발견된다.

이 해안은 조류 때문에 이런 색을 띤다. 엽록소를 포함하고 있는 이 조류는 20억 년 전에도 있었고, 지금도 해수면 어디에나 있다.

또한 생명이 바다에서 시작했기 때문에 다양해질 시간적 여유가 더 많았기 때문일 수도 있다. 생물들은 완전히 새로운 환경으로 이주하기보다 그대로 머물러 있는 것이 더 편했을 것이다. 그러나 그것 외에도 바다가 살기 좋은 물리적 · 화학적인 이유가 있다.

물기와 염분기 육지나 공기보다 물이 갖는 하나의 큰 장점은 항상 수분이 있다는 것이다. 물속에서 사는 생물들은 중요한 막을 항상 축축한 상태로 유지할 수 있기 때문에 다른 특수한 기능을 발달시킬 필요가 없다. 포유동물은 증발이 적은 몸속 깊숙한 곳에 폐가 달린 반면에 해양 생물은 숨 쉬는 기관이 바깥쪽에 달려 있다. 육지의 식물은 줄기를 통해 수분을 끌어 올려야 하는 반면에 조류는 표면 어디서나 수분을 얻는다. 또한 물은 조류, 식물, 그리고 동물이 살아가는 데 필요한 영양소를 용해된 상태로 언제나 제공한다.

육상과 민물의 생물은 몸의 내부의 염분을 조절하기 위해 에너지를 사용하는 데 반해 많은 물고기와 모든 포유동물은 예외이긴 하지만, 해양 생물의 대부분은 피와 신체의 염분이 주변의 물과 같다. 또 바닷물이 민물보다 밀도가 높아

바다에서 부유하기가 더 쉽다.

부유와 먹이섭취 바다의 염분, 물, 영양분은 플랑크톤 같은 부유 생물의 진화를 이루었다. 전 해양에서 박테리아, 원생생물, 수많은 조류와 동물들은 해류를 따라 표류하며 살아간다. 해저에 서식하는 많은 동물들은 새끼들을 해류에 수일, 수개월, 수년 동안 맡긴다. 해양 속의 많은 생물들은 육지에서는 볼 수 없는 여과섭식 suspension feeding 으로 먹이를 얻는다. 일부 여과섭식 동물은 촉수나 다른 먹이 기관으로 먹이가 들어오기를 기다린다. 또 어떤 것들은 점액 그물에 빨아들인 물을 걸러 작은 미생물들을 모아 먹는다. 여과섭식 동물은 먹이 사이를 표류하며 돌아다니거나 해저 바닥에 앉아 있다.

고래상어의 아가미는 흉근 지느러미 앞에 수직으로 있다. 대부분의 어류처럼 상어는 아가미를 통해 물에서 산소를 얻는다.

다양한 관점

해양은 매우 복잡하여 그것을 모두 이해하는 것은 어렵다. 해양학, 즉 해양에 관한 연구는 화학, 물리학, 지질학과 생물학의 네 가지 분야로 나뉜다. 그러나 많은 문제들은 통합된 관점으로 접근해야 하고 세부 분야인 지구화학이나 생물 지구과학은 최근에 생겨났다.

생물 연구 해양 생물을 연구하는 사람들은 해안가의 생물을 연구하는 연안생물학자와 먼바다의 생물을 연구하는 해양생물학자로 나뉜다. 두 분야 모두 해양 생물의 특성, 여러 종 사이의 상호작용, 서식하는 생물과 주변 환경의 상호작용 등을 연구한다.

해양 생물은 육상 생물과 많은 점에서 달라, 해양 생물을 연구하는 것은 생명이 어떻게 작용하는가에 대한 과학자의 생각을 완전히 바꿔 놓기도 한다. 예를 들어, 심해의 열수 분출공에 서식하는 생물에 대한 연구는 태양을 에너지원으로 하지 않는 생명체가 존재할 수 있다는 것을 증명했다.

인공위성 자료를 통해 얻은 지구 규모의 데이터는 해양 생물의 군집과 해류 그리고 수온과 기후의 변화를 연구하는 과학자들에게 많은 도움이 된다.

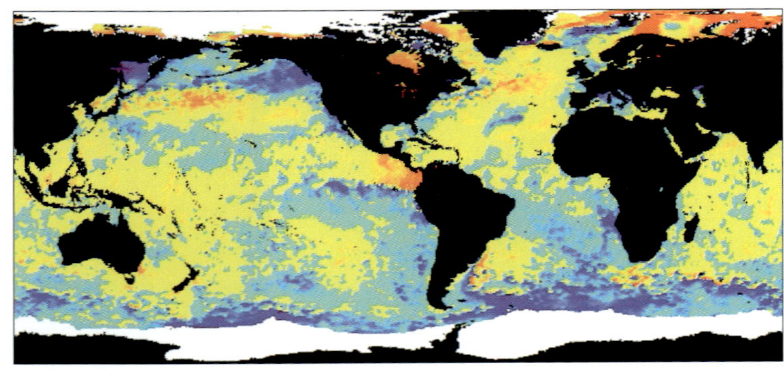

위 연구를 위해 해면과 멍게를 수집하고 있다.
가운데 바다에서 표본을 모으는 과학자
아래 미국 국립 해양 기상청(NOAA)의 전 세계 해양의 표면온도에 대한 분석. 진한 파란색 부분이 가장 찬물이고 연한 파란색, 노란색 그리고 오렌지색 순으로 점점 수온이 높은 것이다. 흰색은 해수가 얼어 있는 해빙 지역이다.

지구의 구조 연구 해양지질학자들은 해저의 퇴적물, 암석, 화석과 해저지형을 연구한다. 또한 해수에 의한 해안가의 침식작용과 퇴적물의 퇴적 작용에 관해서도 연구한다. 그들은 현미경으로 미화석微化石이나 광물을 연구하기도 하고, 위성으로 수면 밑 퇴적물의 이동을 추적하여 조사할 수도 있다. 정립된 지 50년도 안 된 판 구조론plate tectonics은 육지와 해양에 대한 생각을 근본적으로 바꿔 놓았다. 이 학설은 해저의 긴 대양저 산맥이 생겨나는 과정과 특정한 지역에 띠를 이루며 분포하는 지진, 화산 활동 같은 지각 변동을 설명하고 해양지각의 생성이 최근의 일이라는 것을 설명한다.

물질과 에너지 연구 해양물리학자들은 해양의 물리적인 작용과 영향에 초점을 둔다. 그들은 지구 규모의 순환, 기온, 풍향, 그리고 염분의 분포를 연구한다. 그들은 빛과 소리가 물속에서 전파되는 경로를 연구하고 해양과 공기의 물리적 상호작용에 대해 연구한다. 이러한 큰 규모의 현상을 연구하기도 하지만 작은 규모의 현상도 연구대상이다. 동물이 미세한 섬모를 사용하여 영양분을 얻는 방법이나 성게 애벌레의 모양이 물속에서 움직이는 데 주는 영향을 연구하기도 한다. 해양물리학은 실용적이기도 하지만 아름답고 우아한 학문이다.

원자와 분자 연구 어떤 이들은 결국 모든 것은 화학으로 종결된다고 주장한다. 그리고 해양은 화학을 연구하기에 매우 많은 요소를 갖추고 있다. 주기율표에 있는 모든 원소들은 해양에서 찾을 수 있다. 해양화학자들은 기후, 강물의 유입, 강수량과 증발량에 따라 달라지는 바닷물의 화학 구성성분을 연구하고, 그것이 각 지역마다 생물의 양과 종에 어떠한 영향을 미치는지 연구한다. 그들은 화학 오염물질의 분해 그리고 생명체들이 자신들을 보호하기 위해 어떻게 화학물질을 이용하는지 탐구한다. 과학자들은 해양과 대기의 이산화 탄소의 순환을 연구하여 지구 규모의 기후 변화를 이해하고 미래의 기후를 예상하는 데 큰 역할을 한다.

얼음 표본 채취기와 발전기, 운반용 썰매, 빛과 온도 감지기 등을 갖춘 전형적인 해양극지 관측소

얼음에 관한 이야기

극지방의 얼음에는 마치 역사책처럼 먼지, 미생물, 에어포켓이 시간 순으로 차곡차곡 퇴적되어 있다. 이 역사책을 읽기 위해서는 많은 분야의 연구가들이 필요하다. 그린란드 얼음층 탐사(GRIP; Greenland Ice Core Project)는 3,029 m 깊이의 구멍을 뚫고 20만 년의 역사가 기록되어 있는 아이스코어를 채취하였다. 이것에는 기원전 6955년의 베수비오(Vesuvius) 산이나 기원전 5676년에 분출한 남미의 마자마(Mazama) 산의 화산 활동 흔적인 먼지층도 나타나고, 금속 함량이 높게 나온 분석 결과는 2,500년 전과 1,700년 전 사이에 그리스와 로마의 광업과 제련소 때문에 그 당시 대기가 납으로 광범위하게 오염되었음을 말해 준다.

가장 길고 깊은 아이스코어는 남극대륙에서 굴착되었는데 길이가 3,270 m이며 이것은 65만 년의 역사를 기록하고 있는 것이다. 과학자들은 이 아이스코어를 연구하여 오래전의 지구의 평균 기온과 대기의 샘플을 얻을 수 있었다. 이곳에서 모아진 자료를 통해 연구자들은 지구 대기의 이산화 탄소의 양의 변화와 지구 평균 기온의 변화가 일치하고, 65만 년 이래로 현재가 기온이 가장 높다는 결론을 내렸다.

뒤얽힌 미래

인간은 바다에서 생계를 해결하고 무역을 하고 그리고 예술적인 영감을 얻는다. 또한 바다는 이산화 탄소와 태양에너지의 저장고이다. 매년 대기에 있는 엄청난 양의 이산화 탄소를 흡수하여 기후를 조절하고, 태양에너지가 남아도는 저위도에서 부족한 고위도로 에너지를 운반하여 지구의 온도를 조절한다. 바다의 영향을 받는 해양성 기후 지역인 서유럽은 같은 위도의 다른 대륙보다 여름에는 시원하고 겨울에는 훨씬 따뜻하다. 해양 미생물체가 만드는 암 치료에 효과적인 물질도 밝혀졌다. 인류의 미래는 바다의 미래와 긴밀하게 연관되어 있다.

잃어버린 유산 사람들은 산호초의 아름다움에 감탄한다. 배에서 내린 저인망그물이 이런 산호초를 훑고 지나가 산호초가 모두 파괴된다면 사람들은 가만히 있지 않을 것이다. 그러나 이런 일이 실제로 일어난다. 트롤 어선들이 심해의 새우나 물고기를 잡으면서 심해저가 놀라운 속도로 파괴되고 있다. 이러한 심해의 산호는 6,000 m 깊이의 어둡고 차가운 환경에서 서식하는데 그 광경은 얕은 곳에 있는 산호초 못지않다. 심해 탐험가들은 최근에서야 광대한 산호초 정원을 발견하였는데, 2002년 노르웨이 연안에서 100 km² 크기의 산호초 정원을 발견한 것이다.

전 세계적으로 인간들에 의해 해양 생태계가 급격히 파괴되고 있다. 오염, 서식지 파괴, 과도한 수확으로 많은 동물 종들이 멸종의 위기에 처해 있다. 이것에 더하여 기후 변화로 인해 회복이 더욱더 어렵다.

국제적 기구와 지역의 기구들은 이러한 해양과 바다를 보호하기 위해 나섰다. 광활한 지역의 해양이 보호구역으로 설정되었다. 식당, 상점, 개인 소비자들은 생선을 사고팔 때 환경을 파괴하지 않는 것을 기준으로 거래한다. 그리고 많은 자

위, 아래 해저의 아름다움을 당연시하면 안 된다. 해양 생물에 대한 인간의 영향력은 갈수록 증가하여 많은 나라에서 많은 사람들이 해저 서식지를 보호하기 위해 활동하고 있다.

암컷 장수거북이 아프리카 해안가에 모래를 파고 알을 낳고 있다. 바다거북의 종의 개수가 8개인데 그 중 미국에서 발견되는 6종은 멸종의 위기에 놓여 있다.

원봉사자들이 산호초가 파괴되지 않도록 감시하고, 바다거북의 서식지를 보호하는 활동을 하며, 해양 생태계에 관한 교육을 실시한다.

지질학적 시간의 광대함 속에 멸종이 이상한 일은 아니다. 지구의 역사에서 지금까지 나타난 생물종 중 절반은 멸종되었다. 각 멸종은 거의 백만 년 동안에 일어났는데 이는 지질학적 시간으로 봤을 때는 짧은 기간이다. 각각의 동물들은 예술품이라 할 수 있기 때문에 생물다양성의 감소는 경제적인 면뿐만 아니라 심미적인 면에서도 손실이라 할 수 있다. 한번 잃어버리면 되돌리기 힘들다.

새로운 미개척지 최근 해양학에서 탐사기기의 눈부신 발전은 해양학을 더욱더 흥미 있게 만들었다. 잠수정이나 해저 로봇의 발명, 원격 탐사의 기술 개발은 새로운 시야를 열어 주었으며 전 세계적인 관심을 이끌었다. 예전에는 생각도 못했던 전자 샘플링이나 해수면 수천 미터 아래에 설치하는 감시 시스템 등은 현실화될 수 있을 것이다. 앞으로 수십 년 간 해류나 판 구조론 또는 해저지형 등 많은 분야에 대한 이해가 넓어질 것이고 심해의 '괴물' 들도 더 많이 발견될 것이다. 수천 년 동안 일어나 온 일들이지만 해양에 대한 연구는 아직 초기 단계에 있다.

멕시코 만에서 CTD(Conductivity Temperature Depth) 측정 기구를 물 속으로 내리고 있다. CTD로 해수의 전기전도도, 온도, 수심을 측정한다.

CHAPTER 2

해양의 역사

왼쪽 과학자들은 지구가 45억 년 전에 생성되었다고 추정한다. 그리스 신화의 지옥의 신 하데스에서 이름을 딴 '하데스기'에는 지구의 기온이 높고 화산 활동이 많았다.
위 초기 지구의 모습을 그린 상상화
아래 인류는 해양 탐험에 대한 오랜 역사를 가지고 있다. 1826년 미국 해군 선박인 빈센트호는 세계를 항해한 최초의 배로, 그 후 40년 동안 항해를 계속했다.

바다는 지구만큼은 아니지만 아주 오래전에 생성되었다. 화산 분출과 소행성과의 충돌에 의해 암석 속에 갇혀 있던 많은 양의 수증기가 대기로 빠져나와 2천만 년 동안 비로 내려서 바다를 형성하게 되었고 생명의 기원이 탄생될 수 있는 조건을 갖추게 된 것이다. 시간이 지남에 따라 생물은 다양화되었고 육지와 대기와 바다의 환경을 획기적으로 바꿨다. 대멸종으로 인해, 생존하는 생물 간의 힘의 균형이 여러 번 이동하였다.

수천 년 동안 인류는 바다에서 먹을거리, 자원, 교통수단, 그리고 예술적 영감까지 찾았다. 쓰나미나 태풍 같은 재난도 겪었다. 많은 이들은 단순히 파도 아래의 세상에 대한 호기심으로 연구를 시작하였다.

선박으로 자주 바다를 항해하게 되면서 별과 태양과 달을 항해에 이용하는 방법을 터득하였고 더 빠르고 안전한 여정을 위해 해류, 바다, 바람을 읽는 방법을 터득하였다. 초기의 지도들은 알고 있는 주변 지역만 표시하였지만 시간이 흐르면서 바다와 육지에 대해 더 자세히 알게 되면서 지도는 더 복잡해졌다. 해양학의 역사는 바다의 부름에 대한 인간들의 대답이다.

해양의 기원

과학자들은 지구가 45억 년 전 회전하는 가스와 먼지, 티끌의 구름에서 생성되었다고 한다. 회전하는 성운은 천천히 응집하여 미행성체를 이루었고 이들이 서로 충돌에 의해 성장하여 행성을 만들었다. 충돌은 엄청난 열을 발생시켜 지구 전체가 녹아서 마그마의 바다를 이루었고, 지구의 역사상 가장 격렬했던 이 시기를 하데스기 Hadean period라 한다. 그리스의 지하계, 하데스의 이름을 딴 것이다.

충돌이 거의 끝나면서 녹아 있던 지구가 식는 동안 무거운 철은 중력에 의해 밑으로 가라앉아 핵을 만들었고, 가벼운 규산염 물질들은 위에 떠서 맨틀과 지각이 되었으며, 암석 속에 갇혀 있던 가스들이 방출되어 대기를 형성하였다. 냉각이 진행되면서 대기의 수증기가 응결되어 비로 내렸다. 최초의 이 비는 떨어질 때와 비슷한 속도로 다시 증발하였지만 지구의 온도가 차츰 낮아지면서 물로 모여, 2천만 년 동안 내린 비로 해양이 만들어졌다. 39억 년 전 물의 무게가 진흙과 퇴적물을 압축하면서 퇴적암이 형성되어 시생대 Archean라는 새로운 기가 시작되었다. 이 때 지구에 최초의 대륙지각이 형성되었지만 여러 개의 섬들만 있고, 지구는 하나의 큰 해양이었을 것이다. 시생대에 생명체도 태어났다.

지구 역사의 다음 단계는 원생대 Proterozoic 이며 많은 변화가 있던 시기였다. 25억 년 전에서 5억 4천 3백만 년 전의 이 시기에 지금의 대륙이 형성되고 대기에 산소가 축적되었으며 최초의 다세포 생명이 탄생하였다.

초기의 생명 생명이 처음 출현했을 때 육지는 거의 없었기 때문에 해양에서 생명이 시작되었을 가능성이 높다. 그렇다면 해양의 어느 부분에서 생명이 처음 시작하였을까? 찰스 다윈 Charles Darwin, 1809–82은 여러 가지 암모니아와 인, 소금, 빛, 열 그리고 전기가 담긴 작고 따뜻한 샘물을 상상하였다. 지구의 대기에 아직 오존층이 형성되지 않았으므로 해수면은 생명에 치명적인 자외선으로 가득했을 것이다. 과학자들은 빛이 생명탄생에 필수적 조건이 아니므로 초기의 생명이 태어난 환경이 오늘날 열수 분출공 주변과 비슷하거나 적어도 자외선을 피할 수 있는 심해와 비슷할 것이라고 생각하였다.

가장 오래된 화석은 35억 년 남조류에 의해 만들어졌다. 광합성을 할 수 있는 이 박테리아층과 탄산 칼슘이 쌓여 스트로마톨라이트 stromatolite

위 지구가 형성될 때 소행성 충돌로 화산 활동이 많았다.
아래 화가가 그린 해양의 거대한 육식 도마뱀 모사사우루스(*Mosasaurus*). 9 m 길이까지 자란다.

를 만들었다. 오늘날에도 호주의 샤크
만Shark Bay에서 남조류가 스트로마톨
라이트를 만들고 있다.

　최초의 대기에는 산소가 거의 없어
최초의 박테리아는 산소를 필요로 하
지 않는 혐기성이었다. 오히려 박테리
아는 광합성의 산물로 산소를 생성하
였다. 20억 년 전까지 이 산소가 대기
에 축적되어 증가하면서 많은 혐기성
박테리아는 이 새로운 독성 대기에 죽
었다. 그리고 산소가 포함된 독성 대기
에 죽지 않고 그것을 이용하여 살 수
있는 새로운 생명들이 탄생하기 시작
했다. 또한 산소가 풍부해지면서 대기
에 오존층이 형성되어 얕은 물에 사는
생명체들을 태양의 자외선으로부터 보
호할 수 있었다. 핵이 있는 최초의 생
명체들이 21억 년 전 화석 기록에 남아
있다. 13억 년 전부터는 다세포 조류藻
類가 생겨났고 6억 년 전에 첫 다세포
동물이 생겨났다.

위 호주 샤크 만에 있는 스트로마톨라이트. 이것은
수천 년 전에 생성된 것일 수도 있다.
오른쪽 백악기(1억 4,400만 년 전–6,500만 년 전)
때를 그린 상상화(워싱턴 D.C.의 국립 자연사 박물
관 소장)

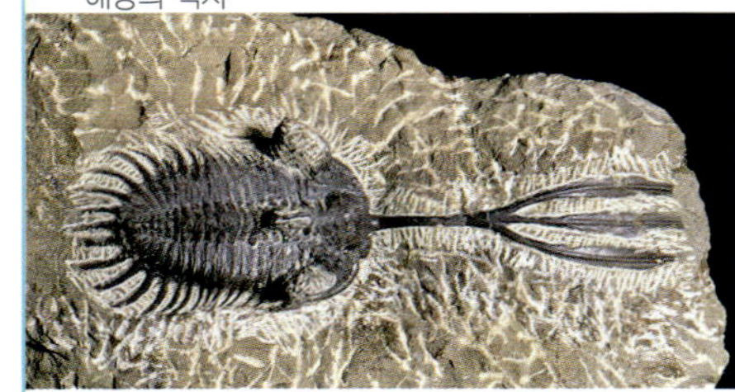

대멸종

생명체들이 다양해지고 진화함에 따라 모든 종이 계속 생존하기는 힘들다. 실제로 탄생한 많은 종들이 멸종하였다. 어떤 때는 그 수가 너무 적어 교미하기 힘들어서, 어떤 때는 다른 종들과의 먹이 경쟁에서 뒤처져서 멸종하였다. 이러한 것들을 배경 멸종background extinction* 이라 하며, 속도는 굉장히 느리지만 동물이 늙으면 죽는 것처럼, 생명에 있어서 자연스러운 현상이다.

멸종이 일어나는 패턴은 조금씩 다르다. 하나의 종 전체가 여기저기서 사라지기보다는 여러 종이 동시에 사라진다. 지구의 역사상 한 번에 반 이상의 동물 종이 사라진 것이 대여섯 번 있다. 이때를 대멸종mass extinction이라 한다.

멸종의 가장 큰 이유

가장 잘 알려진 대멸종은 백악기말 멸종end-Cretaceous 또는 K-T멸종** 으로 6천 5백만 년 전에 일어났다. 이 대멸종으로 이 시기에 번성한 생물이 급변하였고, 이것을 기준으로 중생대와 신생대를 구분한다. 그러나 2억 4천 5백만 년 전 페름-트라이아스기 멸종Permo-Triassic extinction이 훨씬 파괴적이었다. 백만 년도 안 되는 동안 해양 생물의 95 %, 양서류의 80 %, 파충류의 90 %가 사라졌다. 이때 바다에서 일어난 가장 큰 사건은 3억년 동안 바다에 풍부하게 존재했었던 삼엽충이 멸종한 것이다. 이때 생물종이 급변한 것으로 고생대와 중생대를 구분한다.

2억여 년이란 세월이 지난 지금 이러한 멸종의 원인을 알아내기란 쉬운 일이 아니다. 한 가지 가능성은 페름기의 해수면이 낮아진 것이다. 이것은 해양 서식지의 파괴, 해류의 변화, 광합성과 1차 생산이 일어나는 방식의 변화를 일으켰다. 또 다른 원인은 동물들이 살 수 없을 정도로 대기 중에 산소의 양이 줄어든 것이다. 세 번째 추측은 화산 활동이다. 그 당시 백만 년 동안 이삼 백만 km²의 용암이 시베리아를 거쳐 흘러갔다. 이렇게 오랫동안 지속된 큰 규모의 화산 활동은 대기에 많은 양의 화산재를 방출해 지구에 들어오는 빛을 대부분 차단하여 지구를 냉각시키며 광합성을 방해했을 것이다. 또 하나의 가능한 이론은 굉장히 큰 소

위 삼엽충 화석. 5억 4천만 년 전 바다에 살았다.
아래 백악기에 생성된 잉글랜드 남쪽 해안의 석회암 절벽

행성이나 유성이 지구와 충돌했다는 것이다.

재탄생 대멸종의 한 가지 흥미로운 사실은 대
멸종 때 사라지는 종과 평상시에 멸종하는 종
사이에 연관 관계가 있다는 점이다. 다시 말해
큰 재해 때 멸종하는 종은 피지배적인 것들만
이 아니다. 지배적인 동물들도 지질학적 시간
으로 눈 깜짝할 사이에 사라졌다. 이렇게 빠른
멸종은 비참하지만 새로운 시작을 의미하기
도 한다. 각 멸종은 새로운 변화와 다양화로
이어졌고 생존한 동물군은 번식하여 멸종으
로 비워진 많은 자리들을 차지하였다.

대멸종으로 어떤 종은 영원히 사라지지만
생태계와 지형의 변화는 살아남은 다른 종이
새롭게 번성할 수 있는 기회가 되기도 한다.
우리와 같은 종인 포유동물은 공룡이 멸종되
기 전까지는 은밀하고 설치류齧齒類 같은 존재
였다. 그러나 현재 지구상에는 가장 큰 동물이
포함되어 있는 포유동물의 다양한 종이 널리
생존하고 있다.

위 암모나이트. 페름기에 발생한 대멸종 때에는 생존했지만
백악기말 멸종 때 완전히 사라졌다.
오른쪽 공룡도 멸종한 백악기 말 멸종은 혜성의 충돌 때문이
라고 생각된다.

* 배경 멸종(background extinction) : 인간의 영향력이 없는 상태에서 자연스럽게 발생할 수 있는 멸종(옮긴이)
** K–T멸종 : 백악기(Kreta)와 신생대 제 3기(Tertiary)의 경계 멸종을 지칭(옮긴이)

초기의 탐험자들

호모 사피엔스*Homo sapiens*가 육지를 터전으로 삼고 수렵 채집인이 된 이후 인간들은 오랫동안 바다에 관심을 가졌다. 가장 광범위하게 최초로 항해를 한 해양 탐험가들은 폴리네시아인들이었다. 그들은 4천~6천 년 전에 항해를 시작하여 태평양 중앙과 남쪽의 만 개의 섬, 2천 6백만 km²의 면적을 탐험했다. 하와이 섬은 가장 가까운 폴리네시아 섬과 3,200 km 떨어져 있으며 가장 마지막으로 정착한 곳이었지만 이곳과 서쪽 섬으로의 여행은 일상적인 일이었다. 폴리네시아인들은 어떻게 육지와 멀리 떨어진 대양을 항해했을까? 그들은 특출한 항해사들로 별뿐만 아니라 풍향, 파도 그리고 해류를 이용했다.

지중해 주변 지구의 반대편에서 지중해 문화는 상업, 생계 그리고 제국 건설을 위해, 에워싼 해양을 적절하게 이용했다. 가장 최초는 청동기 시대의 크레타인들이지만 다른 문화들이 곧 그 뒤를 이었다. 이집트 최초의 여성 파라오인 핫트셉수트*Hatshepsut* 여왕이 지은 신전에는 기원전 1478년 분트 소말리아와의 교역을 위해 여왕이 이끈 원정대를 그린 부조가 있다. 21 m 길이의 선박 7척이 홍해로 떠나 유향, 몰약 그리고 다른 귀중품과 골동품을 가지고 왔다.

페니키아인들은 초기 지중해 선원 중에 최고

위 태평양 섬의 원주민들은 바다로 긴 여행을 한 최초의 사람들이다.
아래 영국의 프랜시스 드레이크 경은 세계를 항해한 최초의 선장이었다.

로 손꼽는다. 그들은 수 세기 동안 지중해 무역을 지배하여 기원전 1000년에서 기원전 500년까지 전성기를 유지했다. 물품과 함께 선박 기술, 상업술, 과학 기술, 항해술 등 지식도 전파하여 그리스의 황금기를 가져온 지식도 이때 전파했을 것으로 보인다. 실제로 성경*bible*이라는 단어는 페니키아의 유명한 항구인 비블로스*byblos*에서 유래되었다. 페니키아인들은 최초로 아프리카를 따라 돌며 항해했을지도 모른다. 고대 그리스 역사학자인 헤로도토스*Herodotos*에 의하면, 페니키아 항해사인 한노*Hanno*는 이 여정을 지브롤터 해협을 통과하여 기원전 500년에 마쳤다. 지중해가 있는 북반구에서는 정오에 태양이 남쪽 하늘에 있는데, 한노의 기록에는 정오에 태양이 북쪽에 있었다고 되어 있으므로 이는 그가 남반구인 아프리카 남쪽에 있었다는 여정의 증거가 된다.

지중해를 넘어 1005년 즈음 다른 사람들이 남쪽을 향할 때 바이킹들은 북대서양을 탐험했다. 바이킹의 무역 활동이 활발했다는 것은 헤데뷔Hedeby와 같은 큰 무역 도시를 보면 알 수 있다. 프랑크 왕국과의 국경지대에 위치한 헤데뷔는 1050년경 내분으로 파괴될 때까지 문화의 십자로 역할을 했다. 그들은 북아메리카에 정착지를 만들기도 했지만 몇 년 가지 못했다. 바이킹들은 300년 동안 정기적으로 대서양을 건너 그린란드의 정착지로 목재를 가져오곤 했다.

아시아인들과 아랍인들도 항해를 했다. 고전 명작인 《신밧드의 모험 Sinbad the Sailor》은 정확한 항로와 문화에 대한 정보를 담고 있다. 망원경 이전의 천체 관측기구로, 별의 천정거리를 측정하는 사분의라는 항해 도구는 그 기원이 9세기 아랍 발명품이다. 15세기에 무역에 의해 번영을 누리던 포르투

유럽보다 훨씬 전에 중국의 선원들은 복합 돛대로 수백 명을 수용할 수 있는 선박을 만들었다. 중국의 제국 법정에 1275년부터 1292년까지 머물렀던 마르코 폴로(Marco Polo)는 네 개의 돛대와 방수 격실을 장착한 상선이 300여 명의 선원을 수용할 수 있었다고 묘사했다. 중국의 15세기 선박은 물품 교역을 위해 아프리카까지 항해했다.

보물선들

많은 해상 발명품들은 중국에서 유입되었다. 방향타와 나침반 그리고 여러 개의 방수 격실은 그 중의 몇 가지이다. 누름대와 매트 돛이 특징인 중국의 선박은 다른 돛보다 많은 장점을 가지고 있다. 그들은 바람 속으로 배가 항해할 수 있도록 해준다. 돛이 찢어지더라도 기능을 할 수 있으며 갑판에서 감거나 풀 수 있어 바람이 많이 불 때 돛대 위로 기어 올라갈 필요가 없었다. 중국은 무역 상대가 광범위해서 15세기에 유명한 보물선들을 내보내 멀게는 현재의 케냐가 있는 곳까지 갔다. 물론, 선박들은 중국으로 가지고 올 공물을 운반하였다. 15세기 말 중국은 고립주의 정책으로 전환하여 선박 제조는 금지되었고 해양 대국으로의 힘은 끝이 났다.

갈은 1498년 아프리카의 다른쪽에서부터 인도로 향하는 항로를 찾는 데 성공했다.

스페인은 1490년 남아메리카와 지중해로 여행한 크리스토퍼 콜럼버스Cristopher Columbus를 지원했고 페르디난드 마젤란Ferdinand Magellan은 세계 일주를 시도했다. 마젤란은 항해 중에 죽었지만 그와 함께 한 사람들은 1522년, 전 세계의 바다를 최초로 일주하는 데 성공했다. 마젤란은 남아메리카의 대서양쪽 해안을 따라 제일 남단에 이르러 폭풍우에 휘말려 배가 난파되는 등 고생 끝에 반대쪽 바다에 이르렀고, 매우 험난하게 해협을 건넌 직후에 마주한 잔잔한 바다에 감격하여 태평양Pacific Ocean이란 유럽식 이름을 지어 주었다.

영국의 프랜시스 드레이크 경Sir Françis Drake은 원정대를 이끌고 1577년부터 1580년까지 최초로 세계 항해를 성공적으로 마친 장본인이다. 이 원정들은 과학보다는 무역에 더 치중했지만 뒤이은 과학 탐험의 발판이 되었다.

페르디난드 마젤란은 스페인을 위해 전 세계 바다 일주를 시도하였다. 1521년 항해 중에 사망하였다.

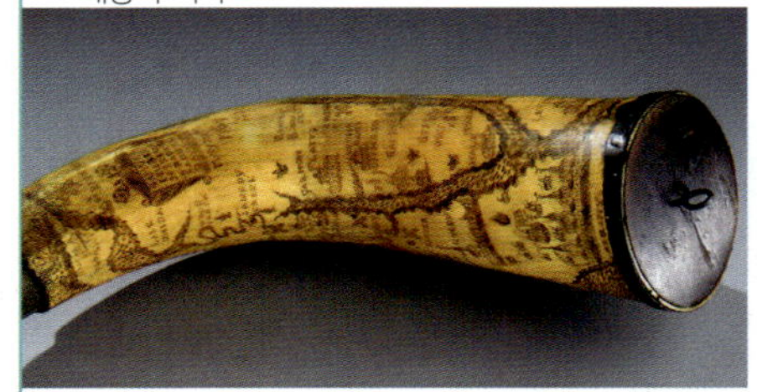

지도의 힘

지식은 힘이며 지도는 가장 기본적으로 장소와 관련된 지식을 나타내는 방법이다.

가장 오래된 것으로 알려진 지도는 기원전 6200년 터키의 2.7 m 벽화로 그 그림이 발견된 마을을 그렸다. 또 다른 지도는 기원전 2500년 손바닥 크기의 구워진 점토에 새겨진 것으로 익명의 바빌로니아인이 제작하였고 산과 강과 그 주인을 나타냈다. 지도에 그려진 것들은 사람들이 가장 중요시 생각하는 것들이다. 연안과 해양이 중요했던 문화들은 육지에 대한 것만큼이나 해양에 대해 주의를 기울여 지도를 그렸다. 먼 북쪽의 이누잇 들은 항해 장비가 없이도 그들의 근거지에 대해 놀라울 정도로 정확한 지도를 만들었다. 초기 폴리네시아인들은 활대와 조개를 이용하여 지도 스틱차트, stick chart를 만들었다. 조개는 섬을 뜻하였고 활대는 파도 혹은 해류나 바람을 나타냈다. 따라서 그들은 바다의 파도 속에서

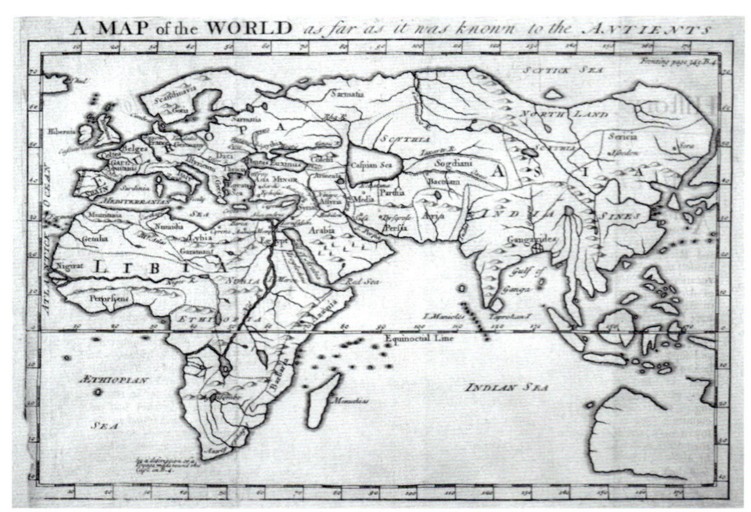

위 식민지 시절 미국에서는 장식품으로 소뿔에 에칭으로 지도를 새겼다.
가운데 이 지도는 5세기에 헤로도토스가 그린 '세계 지도'를 다시 그린 것이다. 지도는 해안선에서 끝난다. 물론 전 세계를 한 지도에 나타내기 위해서는 상세한 사항은 기록하지 못했지만 그에게는 스틱차트(아래 사진)를 만드는 것보다 해양이 덜 중요했던 것 같다.
아래 폴리네시아인들의 스틱차트. 각각의 조개는 섬을 나타내고 활대는 파도, 해류, 바람의 방향을 나타낸다.

'길잡이'를 가지고 있었다. 초기의 지도 제작자들은 지도를 지도로 사용하지 않고 남들과 의사소통을 하기 위해 사용한 것 같다.

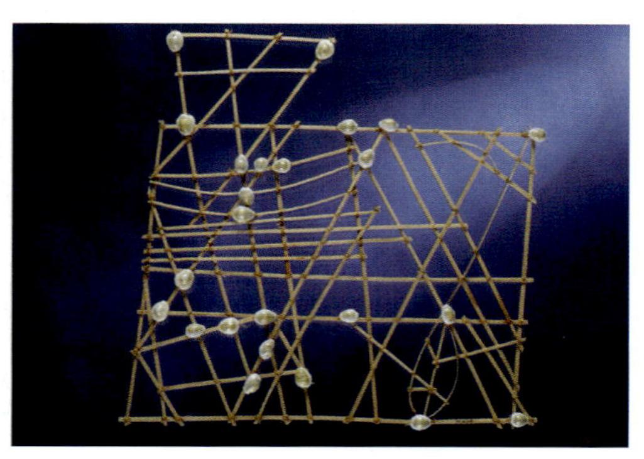

지중해의 경쟁 지중해는 수천 년 동안 여러 국가들에 둘러싸여 있었다. 따라서 항로에 대한 경쟁과 영토를 확장하기 위한 전쟁에 바다가 이용된 것은 놀랄 만한 일이 아니다. 지도는 이러한 군사적 행동에 있어서는 성공과 실패를 결정할 수 있는 열쇠였다. 예를 들어 페니키아 사람들은 상세한 지도를 소지하였고 위험항로나 더 안전하고 빠른 항로를 새로이 찾았을 경우 계속 경신하였다. 그러나 이러한 정보는 페니키아인이나 우호국 간에만 공유되었다. 한 페니키아 선장이 적들이 따라붙자 시칠리아

알렉산드리아의 도서관은 2,000여 년 전 설립되었으며 항구로 들여온 모든 책과 모든 지도를 하나씩 복사하여 보관하고 있었다. 이곳은 플라톤, 아리스토텔레스 그리고 소크라테스의 저서들도 보관했다.

섬을 지나가는 안전한 항로를 숨기기 위해 자신의 선박을 바위에 부딪치게 한 일화가 있다.

이러한 경쟁은 수 세기 동안 이어져 왔다. 1630년 포르투갈 지도는 "포르투갈의 보관소에 있는 미국과 인도에 관한 지도"라고 일컬어져 왔다. 그 당시 스페인 지도들은 왕의 금고실에 보관되었고 신뢰할 수 있는 고위 인사들에게만 공개되었다.

헬레니즘 문화의 학문 기원전 300년 알렉산드리아Alexandria에 도서관이 건립된 후 그곳의 항구를 이용하는 모든 선박들은 책과 지도를 찾으려 했다. 이러한 것들은 필기사가 복사했으며 원본은 도서관에 두고 선장들은 복사본을 가져갔다.

같은 시기에 이집트는 지식에 있어서는 비옥한 땅이었다. 그리스의 학자인 에라토스테네스 Eratosthenes는 지구의 반지름을 최초로 가장 정확하게 측정했다. 그는 알렉산드리아와 아스완 Aswan의 거리와 태양의 고도의 차이를 측정하고 단순한 대수학을 사용해 지구의 반지름을 계산하였다. 그러나 100년 정도 뒤에 다른 그리스인이 에라토스테네스의 값에서 1/4 정도 작은 값으로 오류를 범한 값이 전해져 지구의 크기를 실제보다 작게 생각하였고 이 오류는 15세기에 다시 제대로 교정되었다.

시간과 공간

지도를 이용하는 사람은 자신이 언제 어디에서 지도를 보고 있는지를 알아야 한다. 육지나 그 주변에는 산이나 강과 같은 시각적 참조물이 많으므로 어렵지 않다. 그러나 이러한 표시물이 없을 경우는 어떻게 해야 하는가? 한 가지 해결 방안은 x, y 좌표격자에 위치를 표시하는 것이다. 위도와 경도를 사용하는 이 접근은 일찍이 기원전 2세기부터 그리스 수학자 히파르코스 Hipparchos에 의해 제안되었고 프톨레마이오스 Ptolemy에 의해 서기 150년에 널리 보급되었다.

이 격자는 지구의 북극과 남극을 잇는 경도, 그리고 적도와 나란하게 잇는 위도로 만들어졌다. 위도는 남북 위치를, 경도는 동서 위치를 표현한다. 태양, 달, 별의 위치는 위도를 계산할 충

위 서기 150년 프톨레마이오스가 상상한 세계 지도
가운데 놋쇠로 만든 긴 대가 영국 그리니치에서 경도 0°를 표시하고 있다. 대영제국은 한 지역에 표준 시간을 정한 최초의 곳으로 1840년대에 GMT(그리니치 평균시 또는 세계시, Greenwich Mean Time)를 만들었다. 1855년 대부분의 시계들은 GMT에 맞춰졌다. 다른 국가들도 이에 따라 1884년 워싱턴 D.C에서 열린 국제 자오선 회담에서 국제 표준 시간대가 만들어졌다.
아래 17세기 항해사가 별을 이용해 자신의 위치를 파악하는 데 이 도구를 사용했다.

분한 정보를 준다. 어떤 위치를 말할 때 적도를 0으로 하는 위도는 절대적으로 결정되지만 경도는 임의적이다. 경도가 0도인 선은 이론적으로 아무 곳에나 있을 수 있고 실제적으로 영국 그리니치 Greenwich의 그리니치 천문대로 정해지기 전까지는 다양한 곳을 사용했다. 1884년 25개국이 모인 국제회의에서 그리니치 자오선을 본초 자오선으로 정했고 그 후 더 많은 나라들이 그리니치를 기준으로 삼았다 본초 자오선은 북극점, 그리니치 천문대, 남극점을 지나는 대원이다. 오랫동안 다양한 사람들이 바다에서 경도를 측정하는 방법을 제안했지만 정확하고 신뢰할 수 있는 것은 없었고 이 문제는 해결할 수 없는 것으로 간주되기 시작하였다.

시간에 대한 도전 1530년 네덜란드인 프리시우스 Regnier Gemma Frisius,

1508-55는 경도를 측정하기 위해 시계를
사용하는 방안을 제안했다. 특정한 경도
에 맞춰진 시계와 내가 있는 곳의 해가
천정에 있을 때의 시간 차이를 이용한다
면 동서쪽으로 얼마만큼 움직였는지 알
수 있다. 지구는 자전 주기가 24시간이
기 때문에 태양은 한 시간에 360°/24시
간만큼, 즉 경도 15°만큼 움직인다. 그러
므로 바다에서 내가 있는 곳의 정오와 그
때 기준으로 정한 곳예를 들어 그리니치의 시
간이 몇 시인지 그 차이를 정확히 알 수
있다면 경도를 계산할 수 있다.

불행히도 프리시우스의 생각은 정확
한 시계의 발견보다 200년이나 앞섰다.
16세기 중반에 육지에서는 진자시계가
시간을 정확하게 측정했지만, 흔들리는
배 위에서는 진자시계의 사용이 불가능
하였다.

해양 여행이 더 중요해지기 시작하면
서 유럽의 나라들은 새로 발견된 섬들에
대한 영토 분쟁에 들어갔으며, 해상에서
경도를 정확하게 측정하는 방법을 고안
하는 자에게 보다 큰 상금이 걸리게 되었
다. 1714년에는 귀로에 있던 4척의 영국
군함이 경도를 잘못 계산하여 좌초되어
2,000여 명의 사상자를 냈다. 이에 대해
앤Anne 여왕은 경도 위원회를 설립하고
1/2도 오차 내로 경도를 측정하는 방법
을 고안하는 자에게 2만 파운드, 오늘날
화폐가치로 수백만 달러를 포상하기로
했다. 제안은 밀려 들어왔고 세기가 끝나
기 전 이 문제는 해결되었다.

영국의 발명가 존 해리슨. 시계 제작자였던 해리슨은 배 위에서 처음으로 정확하게 경도를 측정한 사람
이었다. 이것은 지구 항해에 있어서 중요한 발전이었다.

우승을 한 시계

1735년 정규 교육도 받지 않은 영국의 시계공인 존 해리슨(John Harrison, 1693-1776)
은 '경도 위원회'에 진자가 없는 시계를 고안해 제출했다. 이 시계는 마찰에 영향 받지
않았으며 녹슬지 않고 배의 흔들림에 영향을 받지 않았다. 리스본에서 영국으로 가는 여
정에서 해리슨이 그 시계가 항해장치보다 더 뛰어난 역할을 하는 것을 증명함으로써 경
도 위원회는 해리슨의 상금 요구를 거절하기 힘들었다. 그러나 그들은 거절했다. 40년
동안 더욱 정밀도가 높은 새로운 시계를 만들어 내고, 영국 학술원에서 상을 받았으며 조
지왕의 개입이 있고 나서야 해리슨은 자신의 상금을 받았다. 왜 이렇게 어려웠을까? '경
도 위원회'는 아이작 뉴턴 경(Sir Isaac Newton, 1642-1727)의 영향 때문에 경도를 정
하는 문제는 천문학자들이 할 수 있는 일이지 고작 시계공이 정할 수 있는 문제가 아니
라고 생각했기 때문이다.

과학탐험으로의 항해 시작

제임스 쿡James Cook, 1728-79이 1772년 군함 레절루션호Resolution로 했던 여정은 해양 탐험의 전환점이 되었다. 쿡은 남태평양상의 대부분의 섬을 탐사하여 태평양에 대한 정확한 지도를 처음으로 작성하였다. 오늘날 우리가 알고 있는 세계 지도의 대부분이 쿡에 의해 완성된 셈이다. 또한 그는 이 항해에서 최초로 해리슨의 정밀시계인 크로노미터를 활용함으로써 경도를 정확하게 측정해 내었다.

1831년부터 1836년까지 원정을 했던 영국군함 비글호Beagle는 다른 이유에서 의의를 갖는다. 여정의 목적은 남아메리카 연안 부분을 지도에 표기하는 것이었지만 찰스 다윈이 이 여정에 참여하였다. 비글호의 항해를 통해 다윈은 자신의 자연선택 이론을 확립했다. 이 이론은 판 구조론과 함께 세상을 바라보는 과학자들의 시선을 바꿨다. 18세기 말과 19세기 초에는 해양에 대해 과학적으로 분석하는 바람이 불었다. 해군 장교 매튜 폰타인 모리Matthew Fontaine Maury, 1806-73는 바람과 해류 기록을 가지고 이러한 현상의 전 지구적 패턴을 찾았다. 모리는 이것으로 《해양물리학The Physical Geography of the Sea》이라는 최초의 해양학 교과서를 1855년 출판하였다. 그는 또한 최초의 국제 기상학 학회를 조직하여 세계 해양의 기상정보와 연구를 국제화하였다.

위 항해 중인 군함 챌린저호
가운데 찰스 다윈. 영국군함 비글호로 항해하여 자연선택 이론을 정립했다.
아래 군함 엔데버선(Endeavor)의 복제품. 이는 쿡 선장이 첫 번째 원정에서 사용한 선박이다. 이 원정에서 쿡은 정밀시계를 사용하지 않았다.

해양학 연구의 시작 가장 영향력 있는 해양 원정은 1872년에 영국의 챌린저호Challenger가 한 원정으로 '해양에 관한 모든 것'을 연구하는 목적을 가졌다. 챌린저호에는 생물학, 물리학, 화학 실험실을 만들어 최초로 해양학 연구용 선박으로 알려졌다. 이는 100,000 km 이상을, 북극을 제외한 모든 대양을 일주하였다. 원정 중에 챌린저호는 362번 샘플링과 관측을 위해 정박했다. 각 항구에서 여건이 주어지는 한, 선원들은 같은 방법으로 같은 데이터를 수집하였다. 그들은 수심, 온도, 해류의 속도와 방향, 그리고 기상 조건을 측정했다. 그들은 트롤이나 준설기로 해저도 연구했다. 또한 트롤그물을 이용하여 수심을 달리하며 각 수심별로 생물체들을 잡아 연구하였다. 챌린저호가 귀항한 후 100여 명의 과학자들이 샘플 분석에 참여했다. 50권으로 이루어진 챌린저 보고서는 해양학의 대표적 기록이다.

　　해양을 연구하기 위한 연구소들은 전 세계에 급속도로 증가하기 시작했다.

마우이 연안의 무지개. 340년에서 600년 사이 폴리네시아 탐험가들이 하와이 섬에 정착하였다.

마우이의 마술 낚싯바늘

폴리네시아의 부족신인 마우이(Maui)는 태평양지역의 전설에 통상적으로 등장하고 하와이와 뉴질랜드의 섬들을 형성한 것으로 찬양받는다. 문화에 따라 차이가 있지만 기본적인 이야기는 다음과 같다. 어린 시절 마우이는 형들에게서 낚시를 같이 못 간다는 말을 듣고 배 안에 숨어 있는다. 배가 출항하여 먼바다로 나갈 즈음에 마우이는 모습을 드러내고 자신의 마법 낚싯대를 바다로 던진다. 이 낚싯대를 잡아당기자 육지와 바다가 끌려나온다. 마오리(Maori)의 번안에서 마우이는 신들이 노할 것을 우려해 신들을 달래기 위해 형제들을 놔두고 혼자 떠난다. 형제들은 마우이가 떠나자 서로 다투고 그들의 방망이는 뉴질랜드의 북쪽 섬에 있는 산맥과 골짜기를 만든다.

1888년 매사추세츠 주의 우즈 홀Woods Hole에 해양 생물 연구소가 생겼고 영국의 플리머스 대학에도 해양연구소가 생겼다. 이러한 기관들은 지금까지 세계에서 가장 영향력 있는 연구소로 각광 받고 있다.

얼음처럼 추운 북극 챌린저호가 북극의 항해를 포기한 한 가지 이유는 유빙pack ice 때문이었다. 이곳에 갇히면 얼음의 압력 때문에 배가 산산조각 난다. 그러나 노르웨이인인 프리조프 난센Fridtjof Nansen, 1861–1930은 북극의 해류에 대한 호기심 때문에 그런 환경에 견딜 만한 선박을 만들기로 결정했다.

　　난센과 조선 기사인 콜린 아처Colin Archer는 굉장히 튼튼하며 둥글고 낮고 폭이 넓어 빙판에 걸리면 위로 들리기만 할 뿐 부서지지 않도록 특수하게 디자인된 선박, 프램Fram을 만들었다. 1893년 9월 말에 난센과

선원들은 시베리아의 부빙에 갇힐 것을 목표로 출항했다. 그들은 유빙과 함께 표류하여 수년 동안 북극해의 서쪽 가장자리에 도달하기를 희망했다. 배는 완벽하게 얼음의 압력을 견뎌 냈고 계획은 멋지게 성공하여 3년 후 시작했을 때와 같은 상태로 귀항했다. 프램호는 북극해의 해양, 기상, 해수에 관한 귀중한 자료들을 관측 조사할 수 있었다. 북극점 정복을 위해 배에서 내린 난센은 1895년 3월 혼자서 귀항했다.

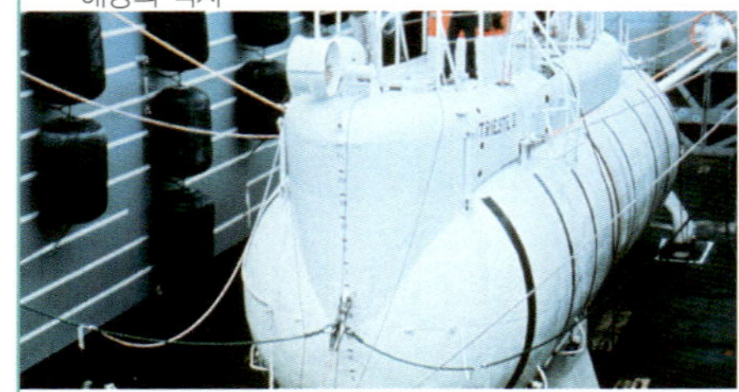

근대의 탐험

음향 측심과 스쿠버 다이빙의 발명에서부터 특수 해양 위성 프로그램까지, 최근 100년 동안 해양학 기술은 엄청난 발전을 이루었다. 해양 속을 들여다볼 수 있는 이 능력 덕분에 해양과 그 서식 동물에 대한 이해가 넓어졌다. '국제해양 탐구10년', '국제해양관측시스템'과 같은 장기적인 국제 연구 프로그램은 과학자들이 해양을 지구적 규모로 이해하도록 도왔다.

수심을 들여다보며 해저지형을 지도에 표시하는 데 가장 어려운 점은 수면에서 해저 바닥을 볼 수 없다는 것이다. 초기 해양학자들은 무거운 추를 단 줄을 천천히 해저 바닥까지 내려 측정한 후 다시 끌어 올리는 방법을 사용하였다. 줄의 길이는 물의 대략적인 깊이를 나타냈다. 이 방법은 두 가지 단점이 있다. 필요한 줄이 길고 한 곳의 깊이를 측정하는 데 너무 오래 걸린다는 것이다. 18세기 말 과학자들은 소리를 이용하는 방법을 생각해 냈다. 소리가 해저 바닥에서 반사되어 오는 데 걸리는 시간을 측정하여 해저면까지의 깊이를 측정하는 것이다. 1922년 최초로 심해 음향 측심기는 일주일간 대서양을 가로지르면서 챌린저호가 3년 반 동안 한 것보다 세 배나 더 많이 측정했다. 1925년부터 1927년까지 독일 선박 메테오르호Meteor는 음향 측심기를 사용해 처음으로 대서양 해저면에 대한 상세한 지도를 그려 냈다.

구식 방법보다는 훨씬 개선되었지만 음향 측심법은 한 장소에서만 측정이 가능하다. 이 한계는 수중 음파 탐지기소나, Sonar; Sound Navigation And

위 구형 잠수장치 트리에스테 2호(Trieste II)
아래 와이어 드래그 시스템(wire-drag system)으로 해저를 연구하는 장치. 측방 수중 음파 탐지기를 개발하기 전까지 이는 해저면의 돌출부를 찾는 유일한 방법이었다.

Ranging에 의해 해결됐다.

전쟁과 해양 탐사 1차 세계대전에서 독일이 잠수함을 효과적으로 사용한 이후 영국 과학자들은 수중 잠수함의 위치를 파악할 수 있는 기술을 고안해 냈다. 수중 음파 탐지기라는 이 기술은 음파를 통해 수중 물체의 크기, 속도 그리고 위치를 탐지할 수 있게 해준다. 이는 음파가 수중에서 전파되는 성질 때문에 가능하다. 수중 음파 탐지기는 2차 세계대전에 많이 사용되었지만 1960년이 되어서야 해저의 지도 작성에 도움이 된다는 것이 알려졌다.

천문학자들이 사용하는 시스템에서 영감을 얻어 미 해군과 민간인 과학자들이 1962년에 그때까지 사용하던 수중 음파 탐지기를 다중 수중 음파 탐지기로 개량했다. 여러 개의 송신기와 수신기를 사용하여 그들은 수심만큼이나 넓은 공간의 해저를 측정할 수 있었다. 비슷한 기술인 측방 수중 음파 탐지기는 반사파의 세기 차이를 이용해 해저의 이미지를 만든다.

우주에서 조망 해양을 연구하기에 우주는 엉뚱한 장소인 것 같지만 위성은 해양에 대한 우리의 지식을 엄청나게 늘려 주었다. 해수면 온도와 수면의 플랑크톤 수를 측정하는 위성이 있으며 이는 해류에 대한 정보를 준다. 지난 30여 년 동안 세계측지위성은 지구, 해양, 대기 시스템 그리고 이들의 상호작용 연구에 대한 정보를 제공하였다. 미 해군은 1985년에 지구측지위성 지오셋, GEOSAT; GEOdetic SATellite을 발사하였다. 이 위성은

2인치 오차 범위로 수면의 높이를 측정할 수 있다. 해수면의 높이는 해저 지형도를 반영하기 때문에 지오셋은 해양학자들에게 세계 해저의 대략적인 지도를 그릴 수 있게 해주었다. 10 km보다 작은 것은 놓칠 수 있으므로 오늘날에도 기술 향상을 위해 연구자들은 노력 중이다.

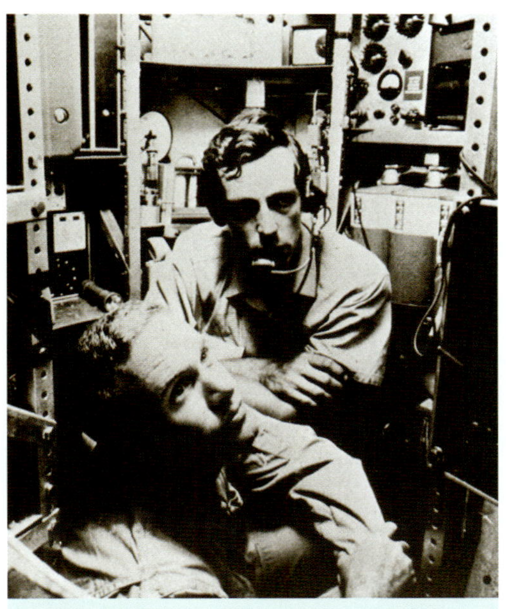

1960년 도날드 월쉬(Don Walsh) 중위와 자크 피카르(Jacques Piccard)가 마리아나 해구에서 트리에스테 잠수정 안의 사진을 찍었다.

해저를 보며

심해로의 첫 번째 탐험은 1934년 윌리엄 비브(William Beebe)와 오티스 바튼(Otis Barton)에 의해 이루어졌으며 그들은 구형 잠수장치로 923 m까지 내려갔다. 그들은 해저를 보지 못했다. 그러나 1960년 새로운 잠수정인 트리에스테가 2명을 태우고 마리아나 해구의 수심 약 10,916 m 해저에 도착하는 데 성공했다. 그 후에도 이만큼 깊은 곳까지 내려간 잠수정은 없었다.

지금은 여러 개의 유인 잠수정이 사용되면서 심해의 해저를 본 사람의 수는 점차 증가하고 있다. 최근에 이루어진 심해 산호초의 발견은 아직 우리가 해저에서 탐험해야 할 것들이 얼마나 많은지 알려 준다.

수단 상공의 NASA 위성. 위성은 지형과 세계 해양 현상에 대한 귀중한 정보를 제공한다.

변화무쌍한 지구

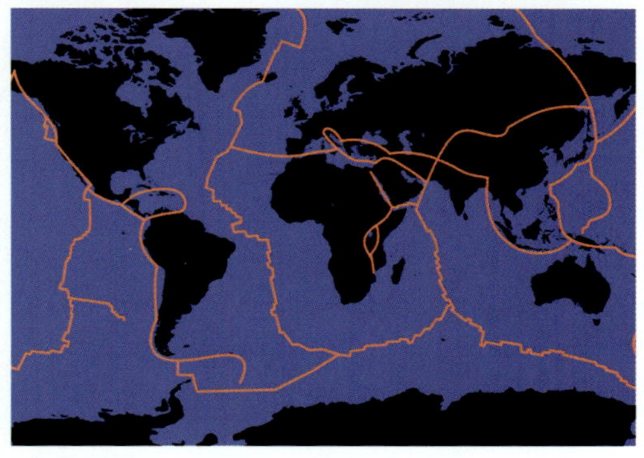

왼쪽 다양한 해저 생명들의 서식지인 산호초는 기후, 염분, 해수면 높이의 변화에 민감하다.
위 아리스토텔레스의 흉상
아래 붉은색으로 표시한 것은 판의 경계이다. 이 판이 움직이면서 대륙이 움직이며 산과 해구를 만들고 지진이나 화산의 원인이 되기도 한다.

아리스토텔레스 기원전 384-322는 "한 장소는 시간의 흐름 속에서 영원히 육지이거나 바다인 것은 아니며, 육지는 해양이 될 수 있고 지금 해양인 곳이 건조한 육지가 될 수 있다. 그러나 이 과정은 우리의 삶과 비교도 안 될 만큼 엄청난 시간의 흐름 속에서 천천히 일어나기 때문에 관측이 불가능하다."고 하였다.

아리스토텔레스의 생각은 자신의 시대보다 2,000년이나 앞섰다. 그의 사상은 오늘날 지질학 현상을 예상했다. 수 세기 동안 사상을 지배해 온 그리스도 교인들은 이러한 생각은 불경한 것이라 여겼고 이를 주장한 학자들을 억눌렀다. 그러나 화석과 지형의 연구는 다른 목소리를 냈다. 지금은 멀리 떨어져 있는 대륙 간의 지형적 특색이 일치하다는 것을 알았다. 그 이후 해저에 대한 연구는 대륙 이동설을 더욱 뒷받침했다. 과학자들은 한때 생각했던 것처럼 지구가 고체 상태가 아니란 것을 깨달았다. 오히려 대륙판이, 더디지만 끊임없이, 유동성 있는 물질에 얹혀 움직인다. 평균적으로 대륙은 인간의 손톱이 자라는 것과 같은 속도로 움직인다.

층층이 쌓인 지구

지구의 내부 구조를 밝히는 것은 정교함이 필요하다. 과학자들은 유성이나 용암에서 지구 표면 밑에 무엇이 있는가에 대한 단서를 찾고 있지만 가장 효과적인 도구는 파동이 지구를 어떻게 지나가는가를 측정하는 지진 관측법이다. 종을 치면 진동하는 것처럼 지진이나 화산 활동, 폭발이 일어나면 지구도 진동한다. 물질의 화학적 특성이나 밀도는 파동의 속도나 방향에 영향을 주기 때문에 파동은 지나온 길에 대한 많은 정보를 담고 있다.

파동 두 종류의 지진파가 지구를 통과한다. P파가 가장 빨라서 지진이 일어날 경우 지진계에 가장 먼저 기록된다. 이는 고체, 액체, 기체를 모두 통과할 수 있다. 이 지진파는 물질의 빠른 압축과 팽창에 따라 전파되는 압축파이다.

S파는 그 후에 도착한다. P파와 달리 이 지진파는 S 모양으로 옆으로 흔들듯 움직인다. S파가 액체를 통과하지 못하는 성질은 지구의 내부 구조를 밝히는 데 있어서 중요한 열쇠이다.

층 지구가 형성되면서 서로 다른 물질들이 밀도에 따라 깊게 가라앉거나 위로 떠올랐다. 기름과 물의 경계선이 명확한 것처럼 밀도에 따른 지구 층의 경계도 명확하다.

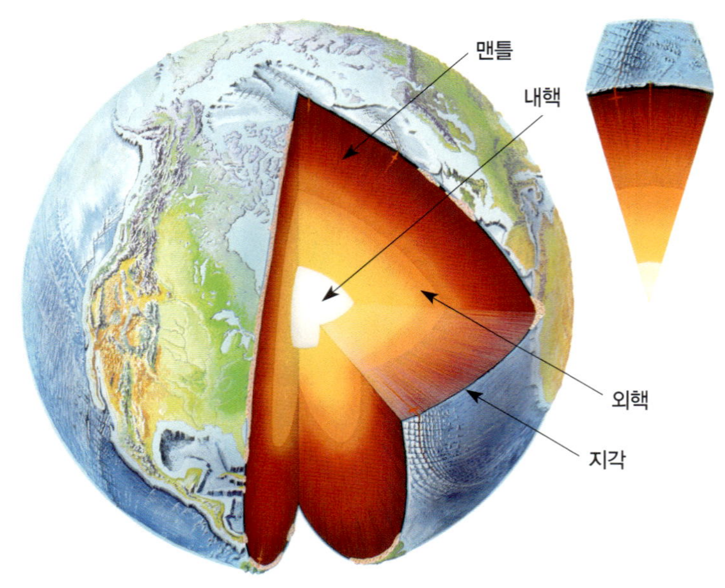

위 1980년 분화한 워싱턴 주 세인트헬렌스(St. Helens) 화산의 분화구
가운데 지구의 구조. 단면에서 빨간색 부분은 맨틀 위의 암석, 지각을 보여준다. 안쪽의 용융상태인 핵 부분은 노란색으로 보이며 고체의 핵 부분은 흰색이다.
아래 지면의 운동이나 지진 활동을 측정하는 지진계

세 가지 층이 밀도와 구성 물질에 따라 명확하게 구별되는데 지각, 맨틀과 핵이 그것이다. 지각crust이 가장 밀도가 작고 그중 현무암으로 이루어진 해양지각이 화강암인 대륙지각보다 밀도가 크다. 맨틀mantle은 지각보다 밀도가 크다. 약 2,900 km 두께의 맨틀은 규소와 산소 그리고 소량의 다른 물질을 함유하며

빙산은 물보다 밀도가 낮아 물 위에 뜨는데 이것으로 부력의 원리가 증명된다.

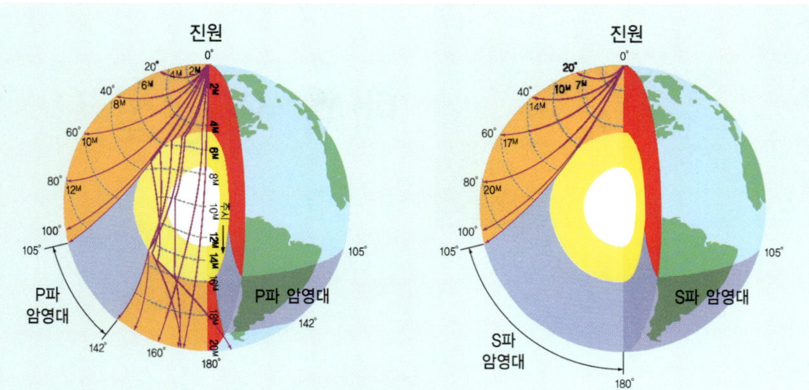

P파와 S파의 암영대를 보여주는 그림. 좌측의 그림은 P파의 암영대, 우측의 그림은 S파의 암영대를 나타낸다.

암영대

리처드 올드햄(Richard Oldham)이 20세기에 P파와 S파를 확인했을 때 이상한 점을 발견했다. 지진파가 지구를 통과했을 때 특정 지역에서는 예상보다 빠르게 그리고 다른 지역에서는 예상보다 천천히 통과하였다. 또한 S파는 지진과 정반대에 위치한 곳을 통과하지 못했고 P파는 탐지되지 않는 대역이 있었다. 올드햄은 P파와 S파의 암영대(shadow zone)는, 지구가 액체로 된 핵이 있다는 것을 의미한다는 것을 깨달았다. 액체로 된 핵은 S파를 완전히 막고 P파의 굴절각과 속도를 변화시킬 것이다. 1935년 덴마크 과학자 잉게 레만(Inge Lehmann)은 감도가 좋은 지진계를 사용하여 약한 P파가 지구의 중심을 통과할 때 약간의 가속도가 붙음을 알아챘다. 레만의 관측은 지구의 외핵이 액체이며 그 속에 고체로 된 내핵이 있다는 결론을 갖게 했다.

3,200 ℃ 이상이다. 중심핵inner core은 이보다 더 밀도가 높고 온도도 높다. 90 % 정도가 철이고 4,000−5,500 ℃이다. 중심핵은 태양의 표면보다 온도가 더 높을 수도 있다.

지구의 층은 물질의 상태에 따라 구별할 수 있다. 지각과 맨틀의 표면부분은 고체이다. 둘은 100 km 두께의 암석권lithosphere을 형성한다. 이 암석권은 상부맨틀의 일부분인, 부분적으로 용해되어 있는 연약권 바로 위에 있다.

하부맨틀은 연약권asthenosphere보다는 온도와 압력이 더 크고 고체 상태이다. 중심핵은 이와 비슷하게 액체 상태인 외핵과 고체 상태인 내핵이 있다.

빙산처럼 떠 있는 암석 연약권은 부분적으로 액체여서 부력에 의해 암석권이 지탱된다. 물보다 밀도가 작은 빙산이 물에 뜨는 것처럼 대륙이 엄청나게 커도 밑에 있는 연약권보다 밀도가 낮다. 짐을 가득 실은 배보다 텅 빈 배가 더 높이 뜨는 것처럼 가벼울수록 물체는 더 높이 뜨게 된다.

빙산처럼 대륙의 대부분은 아래에 연약권이 있다. 얼마나 깊은 곳까지 대륙의 뿌리가 있는지는 시간의 흐름에 따라 다르다. 새로운 산맥이 형성되면 그 주변을 둘러싸는 지각은 새로운 무게를 지탱하기 위해 천천히 가라앉는다. 산맥이 침식에 의해 깎여서 가벼워지면 천천히 뜨게 된다. 녹아내리는 빙하도 비슷한 효과가 있다. 10,000년 전 빙하기 때 엄청난 두께의 빙하로 덮인 지역의 빙하가 녹으면서 가벼워져 그 지역은 떠오르는 과정에 있다. 육지의 이러한 상승과 침강은 특정 지역에 해수면 높이의 변화를 가져올 수 있다.

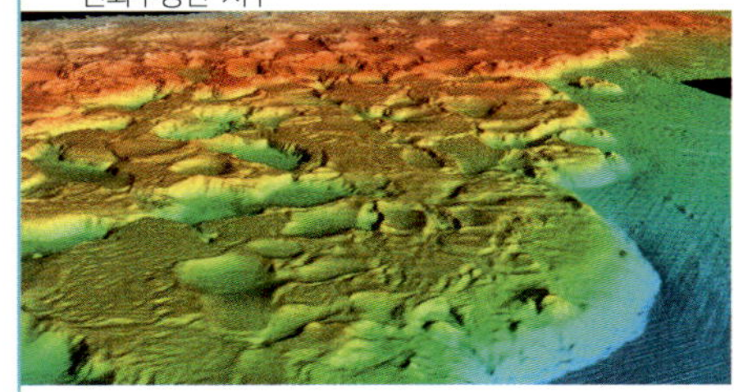

대륙 이동설

지구의 지도를 보면 지구의 대륙들이 퍼즐조각처럼 서로 맞물릴 수 있게 보인다는 것을 알 수 있다. 특히 남아메리카와 아프리카의 서쪽 해안이 그렇다. 이 관측은 16세기에 대서양의 양쪽 부분을 표시한 정확한 지도가 등장하면서 과학자들을 매혹시켰다. 19세기에 독일에서 일한 오스트리아인 에두아르트 쥐스Eduard Suess와 프랑스에서 일한 안토니오 스나이더 펠레그리니Antonio Snider Pellegrini는 대서양 양쪽 대륙에서 발견되는 화석이 비슷하다는 점을 지적하며, 예전에는 하나였던 대륙이 떨어져 있는 것이라고 주장했다. 쥐스는 수백만 년 전 대륙은, 곤드와나 대륙Gondwanaland이라는 하나의 광대한 대륙으로 시작했다고 주장했다. 그는 과거 남반구에 있던 곤드와나 대륙이 2억 2천 5백만 년 전인 중생대 초기에 여러 개의 대륙으로 분리된 뒤 이동되어 현재의 아프리카, 남극대륙, 오스트레일리아, 인도, 남아메리카 대륙을 형성했다고 하였다. 쥐스와 동료들은 대륙의 일부분이 가라앉고 육지가 성경의 대홍수에 의해 침식하면서 해양이 생겼다고 제안했다.

움직이는 대륙 1915년 독일의 기상학자인 알프레드 베게너Alfred Wegener, 1880-1930는 고대 대륙의 관계에 대해 포괄적으로 수집한 데이터를 출

위 컴퓨터로 그린 루이지애나 주 연안의 해저 이미지는 대륙붕(적색, 주황색, 황색)과 심해 평지(짙은 청색)를 보여준다.
아래 고생대 말기에 대륙 이동으로 형성된 초대륙 판게아(약 3억 년 전)

판했다. 그는 바다를 사이에 두고 떨어져 있는 두 대륙에서 발견되는 화석, 산맥 그리고 침식지형의 유사점을 북대서양과 남아프리카 그리고 브라질에서 발견하였다. 다른 증거는 열대 지역이 아닌 곳에서 발견된 열대 우림의 식물과 동물 화석, 그리고 유명 탐험가인 어니스트 섀클턴Ernest Shackleton이 남극대륙에서 발견한 석탄이다. 베게너는 이러한 사실들이 대륙이 연결되어 있었다는 것을 입증할 뿐만 아니라 이동하였다는 것을 뜻한다고 생각했다. 베게너는 대륙을 이동시키는 힘이 원심력이라고 제시했으나 그 힘이 터무니없이 작기 때문에 이 생각은 즉각 학계의 비웃음을 샀다. 그러나 대륙 이동설Continental Drift은 사라지지 않았다. 1935년 일본의 기요 와다티Kiyoo Wadati는 일본의 빈번한 지진과 화산이 대륙 이동설과 연관되어 있을 것이라는 가설을 세웠다. 1940년 휴고 베

알프레드 베게너. 독일 기상학자로 대륙 이동설을 제안했다.

니오프Hugo Benioff는 세계의 깊은 지진들을 표시하며 많은 경우 대륙과 평행인 뚜렷한 선을 따라 일어난다는 점을 발견하였고 해구에서 대륙 쪽으로 갈수록 45° 경사로 지진의 깊이가 깊어진다는 것을 발견하였다. 이곳을 베니오프–와다티대Benioff–Wadati Zone라고 하는데 해양판이 섭입하기 때문에 지진의 깊이가 점점 깊어지는 것이다. 많은 지진들은 1925년에서 1927년의 독일 기상학 원정에서 발견된 대서양중앙해령에 위치하였다. 이 해령은 대륙과 나란히 발달했다. 1950년대에 해양지각에 대한 연구가 활발하게 진행되어 더 많은 증거가 확보되었다.

해양지각은 대륙지각보다 젊다는 것과 중앙해령에서 멀어질수록 더 오래되었다는 것이 발견되었다. 더욱 흥미로운 것은 지구물리학자들이 북극이나 다른 대륙이 이동했다는 것을 증명한 것이다. 철을 포함한 광물이 나침반의 역할을 하며 암석 생성 당시의 자기장의 북극을 가리키는데 서로 다른 대륙에서 서로 다른 곳을 가리켰고 두 대륙을 붙이면 암석이 가리키는 고지구자북극이 일치하는 것이다. 암석 생성 당시에는 지구 자기장의 북극은 한 곳이었을 것이므로 그 당시에는 두 대륙이 붙어 있었다는 증거이다.

마침내 밝혀진 과정

다음으로 큰 발전은 1960년 프린스턴 대학의 해리 헤스Harry Hess와 스크립스 해양연구소의 로버트 디츠Robert Dietz가 해저 확장에 대한 논문을 쓰면서 이루어졌다. 그들은 중앙해령에서 맨틀의 용융된 물질이 지각을 뚫고 나오면서 새로운 해양지각이 생겨난다는 것을 이론화하였다. 이것은 거대한 맨틀대류가 원인이다. 고온의 물질이 상승

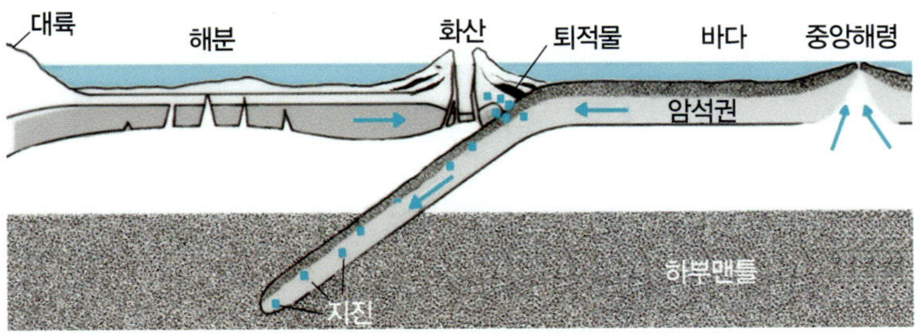

해양판의 생성과 중앙해령 그리고 해양판과 대륙판이 충돌하면서 생기는 섭입을 나타낸 그림

애리조나 주의 인공 호수인 파월(Powell) 호수. 지층들은 한때 전 지역을 덮고 있던 내해가 해침과 해퇴를 반복하며 생겨난 것이다.

대륙 이동과 기후

지구 표면의 대륙이 이동하면서 그들은 대륙의 위치뿐만 아니라 다른 것에도 영향을 준다. 해로가 열리고 닫히면서 해양 생물체가 고립되거나 연결되며 대륙을 잇는 육교가 생겨나거나 사라지기도 한다. 대륙의 위치는 세계적인 기후에 영향을 미치기도 한다. 지구의 대륙이 극지방에 가까이 있는 경우 빙하가 생겨나기 쉽다. 이때는 지구의 기후가 추워지며 해수면의 높이가 낮아지고, 얕은 내해는 완전히 사라질 수 있다. 바다의 소금이 증발하면 해양의 염분이 감소한다는 증거가 있다. 얕은 해양 서식지는 대륙이 합쳐지거나 내륙의 기후 변화가 크면 사라지게 된다. 하나의 거대 대륙으로 연결된 대륙은 대륙의 중앙이 넓고 해안가가 적다. 바다에 가까워지면 기후가 온화해지기 때문에 대륙의 안쪽에 위치할수록 해안가보다 기후 변화가 더 크다.

하여 수평으로 이동하며, 식으면 가라앉는데 다시 가열되면서 이 과정은 계속 반복된다.

판 구조론에 의하면 대륙은 훨씬 더 거대한 지각과 암석권인 판 위의 승객에 불과하다. 새로운 지각이 중앙해령에서 생성되고 이동하여 오래된 지각은 해구에서 섭입된다. 이 정확한 과정은 학계에서 아직도 논란이 되고 있다. 판의 운동은 두 가지 과정의 결합에 의해 생겨났을 가능성이 크다. 판이 상승하는 마그마로 인해 내밀어지고 가장자리에서는 연약권으로 가라앉으면서 당기는 힘이 작용하여 분리되는 것이다.

두 개의 판이 만나는 곳

판 구조론의 확립은 지질학자들에게 즐거운 사건이었다. 수 세기 동안의 논쟁 끝에 마침내 베게너와 다른 이들이 내세운 모든 의문과 해저 관측들에 대한 설명이 완전히 설명되었다. 또한 이는 지구를 이해하는 새로운 방식을 제공해 주었고 또한 다른 의문점들도 낳았다. 가장 기본적인 의문점은 '판의 경계에서 무슨 일이 벌어지는가?' 이다.

서로 떨어져 나가다 두 개의 판이 갈라지게 되면 특징적인 지형들이 생겨난다. 확장 경계에서는 고온의 물질이 상승하면서 지각은 갈라지며 열곡rift valley을 만들고 양쪽에 높은 산맥을 만든다. 해령에서는 종종 특징적으로 솟은 지형이 늘어서 있는 것을 형성하는데, 이를 지루horst* 라고 한다. 판들이 서로 갈라지면서 그 아래 마그마가 화산에 의해 분출한다. 용암이 물속에서 분출하면 베개 용암pillow lava을 형성한다. 용암은 또한 거대한 호수를 형성할 수도 있다. 이러한 호수에서 용암이 굳기 전에 물이 빠지면 괴상한 기둥이나 욕조 모양의 고리들이 남아 있다. 갈라지는 중앙해령에는 온천이 있기도 하다. 1977년 처음 발견된 이러한 열수 분출공 주변에는 특이한 생물의 군집이 형성되어 있다. 광물이 많이 함유된 이 검은 굴뚝들은 해저에서 55 m 높이까지 솟아

위 아프리카 케냐의 그레이트 리프트 밸리. 아프리카와 아라비아 판은 계속 분리되고 있다.
가운데 아이슬란드의 지진 단층. 북아메리카 판과 유라시아 판이 갈라지는 곳이다.
아래 하와이 연안의 베개 용암

오른다.

확장하는 중앙해령이 보통 수면 밑에 숨겨져 있지만 대서양중앙해령은 아이슬란드 주변에서 육지 위로 모습을 드러낸다. 여기서 해령은 연간 15 cm 정도로 벌어진다.

서로 만나다 갈라지는 경계에도 높은 산이 형성되긴 하지만 이는 두 판이 충돌하면서 생기는 습곡 산맥에 비하면 아무것도 아니다. 한 판이 다른 판 밑으로 밀려 연약권으로 들어가 용융되기 시작한다. 이 판이 용융되며 많은 마그마를 만들어서 화산 활동이 왕성하게 발생한다. 이러한 화산 분출에 의해 북아메리카의 캐스케이드Cascade 산맥, 남아메리카의 안데스Andes 산맥이 만들어지거나, 일본의 섬들과 같은 호상열도가 만들어진다. 수렴하는 경계에서는 화산 활동과, 섭입하는 판에서 떨어져 나간 물질들이 새로운 대륙을 형성한다.

대륙지각은 해양지각보다 가볍기 때문에 대륙판이 해양판을 만나면 무거운 해양지각은 대륙지각 밑으로 밀려들어 간다. 두 개의 해양판이 만나면, 더 오래되거나 밀도가 큰 것이 다른 것 밑으로 섭입하게 된다. 두 해양판의 수렴지대에서는 두 판의 밀도가 모두 크기 때문에, 마리아나Mariana 해구와 같이 매우 깊은 해구를 형성할 수 있다. 가장 큰 산맥은 두 대륙이 충돌할 때 생기는데 이는 대륙지각이 연약권으로 밀려들어 가기에는 너무 가볍기 때문이다. 예를 들어 히말라야 산맥은 인도 대륙과 나머지 아시아 대륙의 충돌에 의해 생겨나며 오늘날에도 상승하고 있다.

태평양 북서쪽의 해안. 화산 활동은 하얗게 보이는 눈과 빙하로 덮인 캐스케이드 산맥을 형성하였다.

나란히 미끄러지다 두 개의 판이 갈라지는 확장 경계에서, 확장하는 속도와 방향의 차이로, 판이 생성되거나 파괴되지 않고 단지 어긋나는 경계를 만든다. 이곳을 변환단층transform fault이라 하며, 길게 발달하는 확장 경계에 수직으로 발달한다. 대서양중앙해령에는 이렇게 변환된 단층이 있다. 이러한 변환단층은 항상 평온하게 일어나는 것은 아니다. 가끔씩 판은 딱딱한 가장자리가 갑작스러운 힘에 밀리기 전에 조금씩 움직일 수 있다. 이러한 움직임이, 북아메리카에서 가장 유명한 산안드레아스San Andreas 단층에 엄청난 규모의 지진을 일으킬 수 있다. 이곳의 태평양판은 북서쪽으로 매년 5 cm 정도 북아메리카 판과의 경계를 따라 서로 스치고 있다. 섭입대의 지진과는 다르게 변환단층 지역의 지진은 얕은 곳에서 일어난다.

• 지루와 지구 : 지루(地壘)는 상승한 단층블록이고 내려앉은 지형은 지구(地溝)라 한다.

판의 경계 작성

판의 경계에서 어떤 일이 일어나는지를 안다면 판의 경계를 그리는 것에 도움이 된다. 앞서 언급했듯이 베니오프와 동료들은 세계의 지진 발생지점을 찾아내어 지도에 표시하고 다른 이들은 화산 분출지점을 표시하였다. 지진과 화산이 발생한 지점을 표시한 지도는 지구 표면에 선을 그렸다. 이러한 선들이 진짜 판의 경계를 나타내는지에 대해서는 더 많은 증거가 필요하다.

고지자기 두 개의 판이 갈라지면 맨틀에서 용융된 마그마가 상승하면서 새로운 해양지각이 형성된다. 마그마가 식으면서 암석이 생성되는 것이다. 암석 속에 포함된 자성을 띤 광물이 뜨거운 마그마에서는 자성을 잃었다가 분출한 마그마가 식으면서 퀴리 온도* 이하가 되면 생성되었을 당시의 지구 자기장 방향으로 자화되어, 그 당시 지구 자기장의 북극의 위치를 암석에 기록하게 된다.

1950년대 말 지질학자들은 자력계를 사용하여 해저 암석의 자기장을 측정하였다. 그들은 많은 측정을 하여 특이점을 찾아냈다. 해양지각에 나타나는 고지구자기장의 기록이 지금의 방향과 반대 방향이 나타나기도 했는데 이것은 과거에 지구의 자기장이 오늘날과 반대였다는 것을 나타낸다. 과거의 어떤 시기에 양극이 지금과 반대

로, 나침반의 N극이 북쪽이 아닌 남쪽을 가리켰을 것이다. 해양지각에 과거 7,600만 년 동안 170번의 역전의 기록이 있었다. 그러나 이런 변화에 어떤 규칙이나 주기가 있는 것은 아니다. 백악기에 지구의 자기장은 4천만 년 동안 그리고 페름기에는 5천만 년 동안 정상이었다.

지구의 자기장이 때때로 정상과 역전을 반복하였는데 과학자들은 대서양중앙해령을 중심으로 양쪽에 정상과 역전의 기록이 대칭으로 나타나는 것에 의문을 가지게 되었다. 1963년 판 구조론 이론의 중요한 발전에 있어서 매튜Drummond Matthews, 바인Frederick Vine 그리고 몰리Lawrence Morley는 이러한 일대가 해령에서 새로운 해저가 생겨나는 것

위 히말라야 산맥은 그 높이가 7,000 m에 이르지만 이는 하와이의 해저면에서 시작한 마우나케아 산에 비하면 아무것도 아니다. 마우나케아는 높이가 10,205 m 정도이다.
가운데 해저의 자기장을 측정하는 자기력 계를 들고 있는 스쿠버 다이버
아래 중앙해령 열수 분출공의 블랙 스모커*에서 서식하는 관벌레

이라는 가설을 세웠다.

해저의 자기장 정보는 판이 움직이는 속도 그리고 세계적으로 비슷한 연령을 가진 곳들을 찾아내기 위해 사용된다.

열점 모든 화산이 판의 경계에서만 일어나는 것은 아니다. 하와이의 섬들은 열점 hot-spot 화산으로 판의 경계와 관계없이 화산이 빈번히 일어나는 지역의 대표적인 예이다. 이러한 열점은 지구의 핵에서 과열된 맨틀이 상승하는 플럼이 원인이다. 아직 이유는 모르지만 열점 기둥은 수백 년 동안 안정적인 상태를 유지하고 있다. 하와이의 열점은 현재 7,500만 년 동안 활동 중이며 이 기간 동안 하와이 섬과 황제 해산군이 생성되었다. 줄지어 있는 하와이 섬의 방향과 황제 해산군 줄은 많이 구부러져 있다. 교과서적인 설명은 열점은 고정되어 있고 태평양판이 이동 방향을 바꾸면서 생겨난 것이라는 데 반해 최근 연구는 열점이 맨틀 안에서 움직였다고 생각한다.

일부 맨틀 플럼은 그 크기가 엄청나 슈퍼 플럼superplume이라고 한다. 현존하는 최대 크기의 슈퍼 플럼은 스코틀랜드에서 인도양 그리고 대서양중앙해령에서 홍해까지 뻗어 간다. 이러한 슈퍼 플럼의 활동은 그레이트 리프트 밸리Great Rift Valley를 따라 아프리카 대륙을 잘라내고 있다. 또 홍해와 아덴 만도 형성하고 있다.

홍해와 시나이 반도의 위성사진. 이러한 지질학적 지형들은 맨틀의 슈퍼 플럼이 지구의 핵에서 상승하면서 생긴 것이라고 알려져 있다.

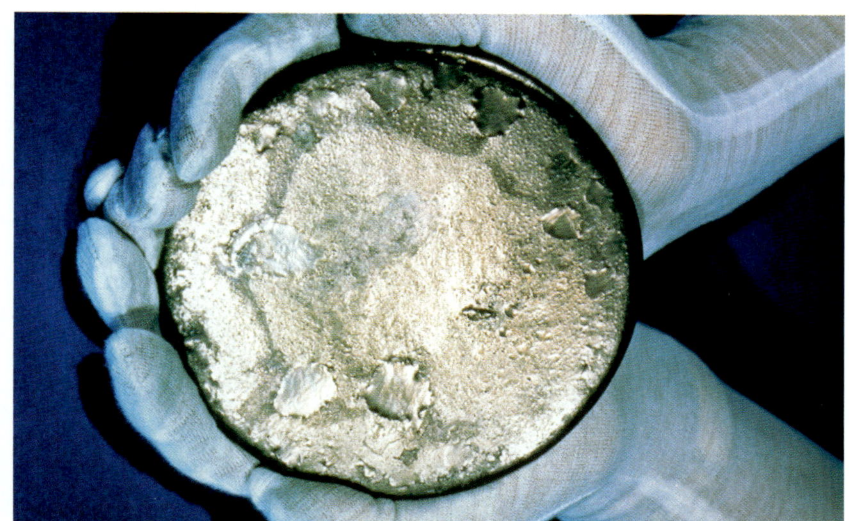

우라늄–235의 반감기는 7억 4백만 년이며 방사선 연대 측정에 사용될 수 있다.

방사선 연대 측정

앙투안 앙리 베크렐(Antoine Henri Becquerel)은 방사능 붕괴의 현상을 1896년 발견하였다. 11년 후 버트램 보든 볼트우드(Bertram Bodern Boltwood)는 우라늄의 방사능 붕괴로 암석의 연대를 측정할 수 있다는 것을 보여주었다. 방사선 연대 측정은 오늘날 학계에서 매우 중요한 도구로 사용되고 있다.

기본적인 이론은 쉽다. 방사성 원소는 불안정한 핵을 가지며 핵이 붕괴하여(양성자, 중성자, 전자 감소) 안정된 다른 원소로 바뀐다는 것이다. 예를 들어, 우라늄–238은 납–206(이 숫자는 원자 속의 중성자, 양성자의 총수를 나타낸다)으로 붕괴되며 16개의 양성자와 16개의 중성자를 잃는다. 이 붕괴는 일정한 속도로 일어나기 때문에 시간을 측정하는 데 사용될 수 있다. 표준 단위는 반감기이며 이는 원소의 반이 붕괴되는 데 걸리는 시간을 나타낸다. 우라늄–238의 반감기는 45억 년으로 이는 45억 년 후에 이 암석의 반은 납–206으로 바뀔 것이라는 것이다.

• 퀴리 온도 : 자석을 가열하여 일정 온도 이상이 되면 자성을 잃는데, 이 온도를 퀴리 온도라고 한다. 자성이 있는 광물은 저마다 고유의 퀴리 온도를 가진다(옮긴이).

•• 블랙 스모커(black smoker) : 해저의 지각 속에서 마그마가 식어서 굳어질 때에 분출되는 고온의 수용액이 바닷물과 반응하여 검은 연기처럼 솟아오르는 것(옮긴이)

음향 측심

대양저는 전 지역이 기복이 없는 평지로 여겨져 왔다. 아직 대부분의 대양저는 자세한 지도를 만들어야 하지만 우리는 대양저의 기본적인 특징에 대해 충분한 정보를 가지고 있다. 우리가 이러한 특징을 알 수 있는 것은 판 구조론과 두 개나 그 이상의 판이 만날 때 어떤 일이 발생하는지 알고 있기 때문이다.

해령과 해팽 세계에는 축구공의 이음매와 같이 주목할 만한 해령 시스템이 있다. 해령ridge은 보통 2 km 정도 높이로, 새로운 해저가 생성되는 곳을 나타낸다. 그들은 대서양중앙해령과 같이 해양의 중앙을 따라 뻗어 있다. 이 경우에는 대륙이 반으로 갈라지면서 해령이 생겨난다. 태평양과 같은 경우에는 해령이 바다의 중앙보다는 동쪽 가장자리에 치우쳐 있다. 판이 천천히 갈라지면 높고 가파른 해령이 생겨난다. 판이 빠르게 움직일수록 해령은 동태평양해팽East Pacific Rise과 같이 더 평평하다. 이러한 해령과 해팽*은 이곳이 판이 서로 갈라지는 곳이기 때문에 확장 경계spreading center라고 한다.

언덕과 평지 지구의 4분의 1은 심해 평지로 그야말로 해저이다. 아무런 지형적 특징 없이 퇴적물에 덮인 이 지역은 지구에서 아마도 가장 평평

한 곳일 것이다. 이곳의 퇴적물 층의 두께는 1,000 m 정도이다. 퇴적물의 대부분은 해양 자체에서보다는 육지에서 공급된다. 태평양에서는 육지가 침식되어 공급되는 대부분의 퇴적물이 해구나 호상열도에 의해 갇히고 심해저로 운반되지 않기 때문에 심해 평지가 잘 안 나타난다.

평지인 것은 밑에 있는 암석이 평평하기 때문이 아니라 퇴적물이 축적된 곳의 깊이가 같아서이다. 확장 경계에서 생성됐을 때 만들어진 우툴두툴한 기복은 존재하지만, 해구로 이동하는 동안 퇴적물이 쌓여 평지가 된 것이다. 해령에서 가까운 곳에는 퇴적물이 축적될 시간이 많지 않아 밑에 있는 언덕이나 골짜기가 해저지형에 드러나 있다. 활동을 그친 화산이나 언덕 그리고 산맥은 해령에서 상승한 용암에 의해 형성된다. 이들은 확장 경계를 따라 형성되기 때문에 심해 언덕은 중앙해령이나 해팽

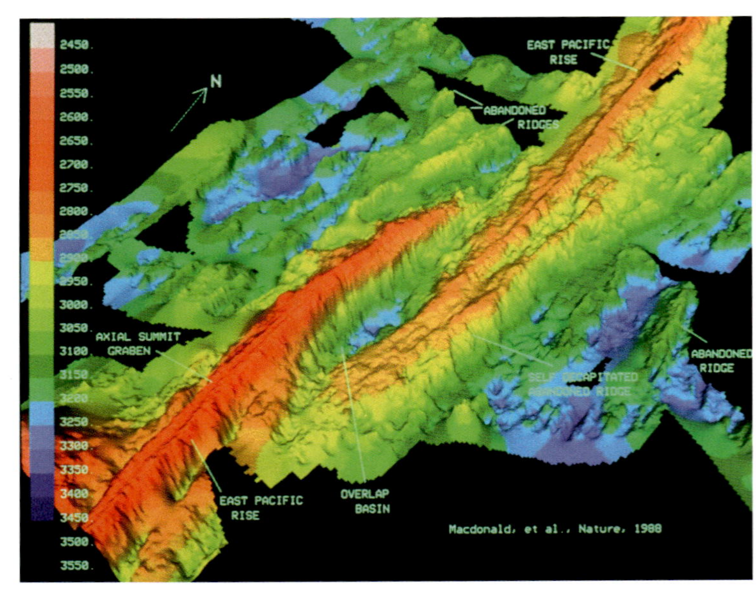

위 로이히 해산에서 활동을 그친 열수 분출공
아래 수심 측량 지도에 동태평양해팽의 확장 경계 중의 하나가 나타나 있다.

과 나란하게 생겨난다.

해산 심해의 언덕과 달리 해저 화산을 해산 seamount이라고 한다. 이들은 평균 400 m 정도의 높이이지만 가장 높은 해산은 3,500 m 정도이다. 이들은 주로 하와이 섬들이나 확장 경계 주변에 있는 열점에서 형성된다. 일부 해산은 섬이 될 수도 있다. 하와이의 마우나 로아Mauna Loa의 옆에 위치한 로이히Loihi 해산은 활화산으로, 어느 날 갑자기 화산이 폭발하여 용암이 쌓여 해수면 위로 올라와 섬이 되었다. 다른 해산들은 한때는 섬이었으나 지금은 완전히 침수한 것도 있다. 섬이 침식을 받아 가라앉으면서 해수면이 상승하여 침수가 일어날 수 있다. 이렇게 침식을 받아 정상이 평평한 해산이 해수면 아래로 가라앉은 것을 기요 평정해산, guyot라 한다.

바다 밑에 있어서 보이지 않는 거대한 해산은 그 위의 해수면의 높이가 증가하는 것을 탐지하여 위치를 알 수 있다. 해산 근처의 중력은 해산이 없는 깊고 평평한 해저보다 더 많은 물을 잡아당기기 때문이다. 2,000 m 높이에 반지름이 20 km인 해산이 있으면 그곳의 해수면의 높이가 2 m 정도 증가한다.

해구 바다의 해구trench는 보통 해양판이 모이는 지점에서 발견되며 육지에서 발견되는 협곡보다는 훨씬 깊을 수 있다. 페루의 코타후아시 Cotahuasi 협곡은 3,500 m로 세계에서 가장 깊은 육지 협곡이다. 이에 반해 바다의 해구는 주변의 해저보다 3-6 km 정도 깊다. 유명한 그랜드 캐니언Grand Canyon도 1,800 m보다 깊지 않다. 지구가 구이기 때문에 해구는 구부러져 있다. 보통 한쪽이 다른 쪽보다 더 경사져 있다. 대륙판 밑으로 섭입하는 해양판을 따라 육지 쪽보다 해양 쪽 경사가 더 완만하다.

위 페루의 안데스 산맥에 위치한 세계에서 가장 깊은 대륙 협곡인 콜카(Colca)와 코타후아시 협곡의 위성사진
아래 이 컴퓨터 이미지는 일본 연안의 마리아나 해구를 나타낸다. 이 해구의 가장 깊은 곳은 11 km이며 주변 해저보다 약 6 km 더 깊다.

• 해령과 해팽 : 확장 속도가 느린 곳에서는 해령이라 불리는 높은 산맥을 만드는데 반해, 확장 속도가 빠르면 해팽이라 불리는 낮은 산맥을 만든다(옮긴이).

심해의 끝

대부분의 사람들은 대륙은 해양이 시작하는 지점까지라고 생각한다. 그러나 지질학자에게 대륙은 이것보다 더 멀리 뻗어 있다. 더 가벼운 화강암으로 된 대륙지각의 특성상 침식이나 퇴적 작용은 해안에서 멈추지 않는다. 대륙 가장자리의 해저에는, 대양저에는 잘 나타나지 않고 대륙에 주로 나타나는 광물 퇴적물이나 퇴적암, 석유매장 같은 대륙의 특성이 나타난다. 이렇게 바닷속까지 연장하여 대륙 경계continental margin라 불리는 곳이 수백 킬로미터까지 계속 이어진다.

대륙붕, 대륙사면, 대륙대 해변과 가장 가까운 곳에는 대륙에서 침식 운반된 물질이 퇴적된 대륙붕continental shelf이 있다. 이러한 퇴적물의 두께가 평균 15 km이나 그보다 더 두꺼울 수도, 얇을 수도 있다. 해류가 빠른 지역은 퇴적물이 멀리까지 운반되므로 대륙붕이 얇고, 암초가 넓게 분포한 지역은 퇴적물 층이 더 두껍다. 대륙붕의 모양, 크기와 지형은 그 지역의 화산 활동이나 판의 종류에 따라 결정된다. 대륙이 섭입대 위에 놓여 있어 활동 중인 대륙 경계는 대륙붕이 넓지 않다. 예를 들어 안데스산맥의 경사는 대부분 수직이다.

대륙의 진짜 가장자리는 대륙붕에서 대륙사면continental slope으로 변하는 대륙붕단continental break이다. 많이 가파르지는 않지만 평균 4°에서 최고 기

위 그랜드 캐니언
아래 대서양의 대륙붕과 대륙사면의 그림은 해중 협곡과 비슷하다. 탑처럼 보이는 나선모양은 해산의 상승을 나타낸다.

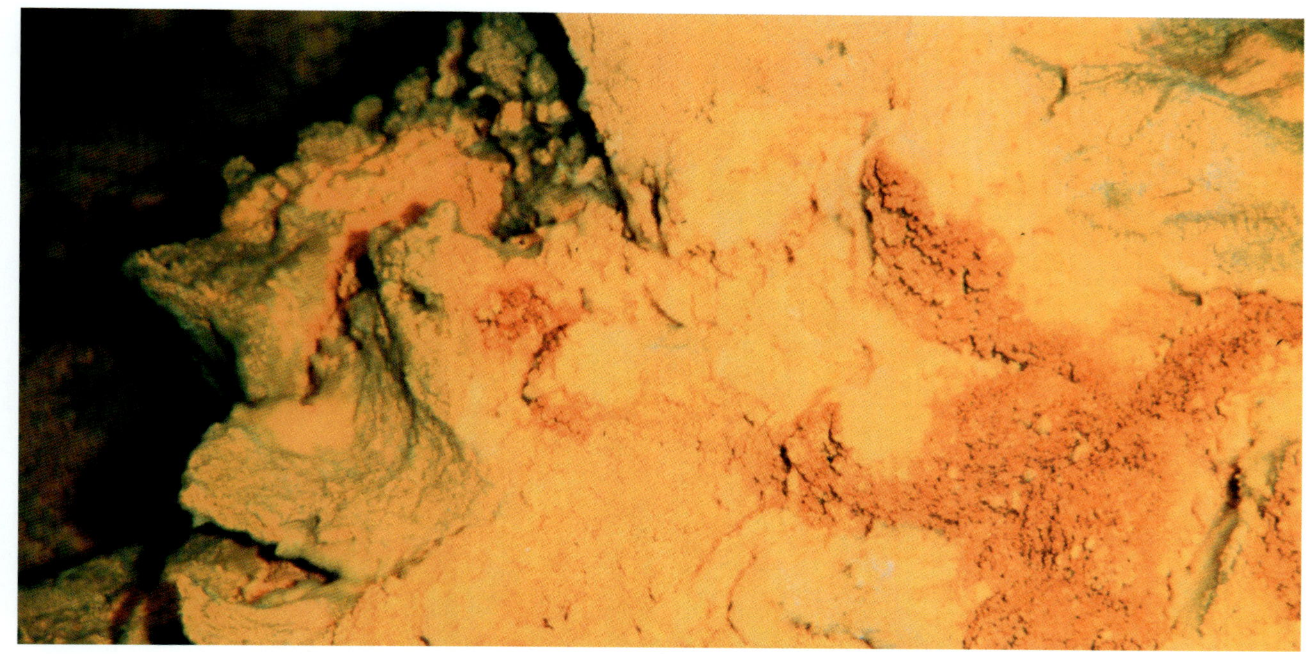

황색 산화 철에 덮인 굳은 용암으로 로이히 해산 측면에 있다. 하와이의 남동쪽에 있는 로이히는 해수면에서 1.6 km 정도 깊이에 있다.

록은 25°, 대륙붕보다는 많이 가파르다. 대륙붕단에서 밀도가 작고 두꺼운 대륙지각이 밀도가 크고 얇은 해양지각으로 된다. 일부 대륙사면의 바닥에는 대양저가 시작되기 전 마지막 지형, 선상지같이 퇴적물이 쌓여 있는 대륙대ocean basin가 나타나기도 한다. 가장 큰 대륙대는 큰 강과 관련 있으며 이는 연안에서 많은 퇴적물이 운반되면서 생긴 것이다. 해류가 빠른 곳이나 지형이 가파른 곳에는 대륙대가 형성될 수 없다.

그랜드 캐니언 인상에 남는 협곡은 보통 대륙붕이나 대륙사면을 가로지른다. 이러한 협곡들이 앞바다나 강 입구에 생기기 때문에 지질학자들은 한때 이것이 낮은 해수면일 때 생긴 것이라 생각하기도 하였다. 아직은 해수면이 지금보다 200 m 더 내려간 적은 없었겠지만 많은 협곡들은 해수면 아래 3,000 m까지 이어진다.

이러한 협곡이 생성되는 데 있어서 중요한 열쇠는 1929년 뉴펀들랜드Newfoundland의 연안에서 생겨난 지진에서 찾았다. 이 지진이 발생했을 때 대서양을 횡단하는 통신 케이블이 많이 끊어졌다. 그런데 한꺼번에 같은 시간에 끊어지지 않고 진앙에서 가까운 케이블에서 점차 진앙에서 먼 남쪽 케이블일수록 나중에 끊어졌다. 지진에서 480 km 떨어진 케이블도 끊어졌다. 왜 그랬을까?

과학자들은 바닷속에서 사태가 벌어졌을 것이라고 믿었다. 퇴적물이 물과 섞이면서 물보다 밀도는 크고 퇴적물보다는 더 유체인 저탁류turbidity current가 형성된다. 이 저탁류는 약 시속 27 km인 빠른 속도로 흐른다. 이러한 저탁류는 해저 협곡을 형성할 수 있으며, 협곡은 무제한으로 계속될 수 있다. 한번 형성되면 미래의 저탁류가 흐르는 가장 안전한 길이 된다.

불가사의한 분자

물의 화학적 구조는 간단하다. 두 개의 수소 원자가 하나의 산소 원자에 붙어 있다. 그러나 이 간단한 구조가 물에게 주목할 만한 물리적 화학적 성질을 주며 지구에 둘도 없는 물질이 되게 한다.

물을 구성하는 수소 원자 두 개가 한쪽으로 쏠려 산소와 결합되어 있기 때문에 수소 원자가 몰려 있는 한쪽 끝의 물 분자는 양전하를 띠고 다른 쪽은 음전하를 띤다. 이것이 각 분자로 하여금 자석과 같이 작용하여 다른 분자들을 끌어당기는데, 이것이 바로 물이 많은 물질들을 용해시키는 특성의 비밀이다. 각각의 물 분자는 다른 물 분자와 결합할 뿐 아니라 수소 결합을 생성한다. 이 수소 결합은 표면장력surface tension이라 말하는 수축력으로 물 표면에 피부와 같은 것을 생성한다. 표면장력이 없다면 파도도 만들어지지 않는다. 물의 표면이 스스로 수축하여 되도록 작은 면적을 취하려는 표면장력 덕분에 소금쟁이와 같은 곤충이 물 위를 걸을 수 있고 물방울이나 비눗방울이 둥글게 만들어진다. 물이 얼 때는 이 수소 결합에 각도가 약간 바뀌어 오히려 부피가 늘어나서, 얼음이 물보다 밀도가 낮게 되어 물에 뜨게 된다. 옷을 입은 채 물에 뛰어들면 젖는다는 간단한 사실도 물의 분자 구조의 산물이다.

왼쪽 조각난 빙산. 해질녘, 바다가 햇빛 때문에 붉게 물들었다. 빙산 위의 구름도 모두 물로 만들어진 것이다.
위 하나의 물 분자와 다른 물 분자의 표면장력은 물방울들을 서로 끌어당긴다.
아래 각각의 물 분자는 세 개의 원자가 있다. 이 그림은 전형적인 물의 두 개의 수소 원자(청색)와 하나의 산소 원자(녹색) 모형을 보여준다.

뜨다, 가라앉다

물은 세 가지 형태, 즉 액체, 고체 그리고 기체로 존재한다. 물의 순수한 고체 상태인 얼음은 0 ℃보다 낮을 때 생긴다. 기체 상태인 수증기는 100 ℃ 이상일 때 생겨난다. 물이 다른 물질들과 가장 다른 점은 고체인 얼음이 액체인 물보다 밀도가 작다는 것이다. 얼음은 물에 뜬다. 이 사실은 지구의 기후와 생명에 있어서 매우 함축적인 의미를 가진다.

빙산을 왜 주목해야 하는지 밀도에 대해 우선 알아보자. 밀도는 특정 물질의 일정 부피의 무게이다. 1 cm³의 물은 1 g이며 같은 부피의 공기는 0.0012 g이다. 물은 공기보다 훨씬 밀도가 높다. 그러나 물의 밀도는 항상 같은 것은 아니다.

온도 물의 정확한 밀도는 온도에 따라 다르다. 물이 가열되면 분자는 더욱 빨리 움직이며 서로에게 부딪히면서 액체에 많은 공간을 할애하게 된다. 그러므로 더운물은 찬물보다 밀도가 작다. 실제로 17세기 영국의 물리학자 로버트 훅Robert Hooke, 1635~1703은 적도 근처에서는 물의 온도가 상승해서 물의 밀도가 낮기 때문에 선박이 훨씬 낮게 뜰 것이라고 걱정을 했다. 그는 북극에서 남쪽으로 항해하는 선장들에게 배에 물건을 많이 싣지 말도록 조언했다. 아직까지 밀도에 의한 선박 사고가 일어나지 않았지만 차가운 물이 가

위 눈에 보이지 않는 수증기는 주전자의 주둥이 부분에서부터 수백만 개의 작은 물방울이 모여, 하얗게 흐릿해지며 김이 서릴 때부터 볼 수 있다.
아래 연안 습지대에서는 민물과 소금물이 섞이며 각기 다른 밀도의 층을 이루게 된다.

라앉는다는 것은 지구의 기후를 조절하는 전 지구적인 해류의 분포에 필수적으로 작용한다.

그러나 물이 어는점에 가까워질 때 이상한 현상이 벌어진다. 분자들이 느려지고 가까워지면서 각 물 분자는 다른 네 개의 물 분자와 함께 수소 결합체를 형성할 수 있다. 액체에서 고체로 변할 때 이 결합체의 각도는 약간 넓어지며 약 4° 물 분자는 격자 크리스털을 형성한다. 27개의 물을 채웠던 공간은 24개의 얼음만 채울 수 있고 이는 물이 얼면서 9 % 정도 부피가 팽창한다는 것을 뜻한다.

염분과 수압 소금은 물보다 밀도가 크기 때문에 소금물은 담수보다 밀도가 크다. 담수는 4 °C일 때 밀도가 1 cm³당 1 g이면 해수는 같은 온도에서 1 cm³당 1.0278 g의 밀도를 갖는다. 이는 작은 차이처럼 보이지만 담수가 소금물 위에 뜨도록 하기에는 충분하다. 이 현상은 진흙물이 바다와 만나는 지점에서 확인할 수 있다. 갈색 강물은 맑은 해수 위로 흐를 것이다. 큰 강물이 유입되거나 빙하가 녹거나, 강수량이 높은 곳은 염분이 낮아 해수의 밀도가 작다. 증발이 잘 일어나는 바다나, 바닷물에서 물만 빠져나가 빙하가 생성되는 해빙 sea ice 지역은 염분이 높아져 해수의 밀도가 크다.

18세기에 일부 과학자들은 물의 밀도에 압력이 큰 역할을 한다고 믿어 특정 깊이에서는 우리가 알고 있는 어떤 것보다도 물이 무거워서 주물 탄피도 통과할 수 없다고 생각했다. 그러나 이제는 압력이 물의 밀도에 끼치는 영향이 적고 물은 압축할 수 없다는 점이 분명해졌다.

해수가 처음 얼게 될 때 침상 결빙 크리스털을 형성한다. 침상 결빙으로 인해 바다는 기름기 있는 모습으로 보인다.

물을 빠르게 냉동하려면?

일반적으로 사람들은 뜨거운 물이 차가운 물보다 훨씬 빠르게 냉동된다고 믿지만, 밀폐된 용기 안에서 이것은 불가능하다. 모든 물은 어는점에 이르러야 얼음이 되며 뜨거운 물은 이 점에 이르기까지 더 오랜 시간이 걸린다. 그러나 1969년 캐나다의 켈(G. S. Kell)은 덮개가 없는 양동이에는 일반적인 믿음이 사실이라는 것을 밝혔다.

켈은 추운 날 저녁 두 개의 양동이를 준비해서 하나는 뜨겁게 하고 하나는 차갑게 했다. 뚜껑이 없었기 때문에 물은 증발할 수 있었다. 뜨거운 물은 찬물보다 빠르게 증발한다. 그러므로 뜨거운 물은 16 %의 물이 줄어들어 얼어야 할 물이 적게 되었다. 그리고 증발하면서 열도 함께 사라져 냉각에 속도를 가했다.

이는 얼음이 필요하면 뜨거운 물을 사용하라는 것인가? 아니다. 더 작은 얼음 조각만 남고 냉동고의 온도도 낮아질 것이며 결과적으로 전기세가 많이 나올 것이다.

뜨거운 물로 얼리기 시작하면 더 작은 얼음 조각을 만든다.

지구의 온도조절장치

물은 지구의 어떤 물질보다도 열용량이 크다. 즉, 자신의 온도를 조금만 변화시키고도 많은 양의 열을 수용할 수 있다. 뜨거운 커피나 차가 식기를 기다려 본 적이 있다면 이것이 무슨 말인지 이해가 될 것이다. 전 지구적인 규모에서 열을 바다에서 차가운 공기로 방출하거나 더운 공기에서 가져오는 동안, 바다 자신의 온도는 거의 변하지 않게 할 수 있다는 것이다. 이는 낮과 밤의 온도 변화가 크지 않고, 여름은 덥지 않게 겨울은 춥지 않게 하며 내륙 지역보다 연안 지역에 온화한 기후를 가져온다.

온도와 열의 차이는 분명하게 구별해야 한다. 온도temperature는 평균적으로 얼마나 빠르게 특정 물질의 분자가 움직이는가를 측정하는 것이다. 높은 온도는 분자가 더 빠르게 움직인다는 것이고 낮은 온도는 분자가 느리게 움직인다는 것이다. 열heat은 분자가 움직이는 속도가 아니라 가지고 있는 에너지의 양이다. 그러므로 차 한 잔과 욕조에 가득찬 물은 같은 온도여도 부피가 많은 욕조의 물이 열용량이 크다.

위 연안 지역은 내륙 지역보다 온화한 기후를 갖는데 이는 똑같은 열을 방출해도 땅이나 공기보다 물의 온도 변화가 작기 때문이다.
아래 왼쪽 이 열상은 주전자에서 찻잔으로 열이 이동하는 모습을 보여준다(황색과 주황색은 뜨거움, 보라색과 청색은 차가움을 나타낸다).
아래 오른쪽 액체가 기체로 변하는 끓는 물에는 기포가 생긴다. 기포 속의 기체는 순수한 물로 된 수증기이다.

열의 유지 물을 냉동실에 넣어 온도가 내려가 0 ℃가 되면 고체인 얼음으로 변한다. 있는 물이 모두 얼음으로 변하기 전에는 열을 더 빼앗아도 물의 온도가 0 ℃ 이하로 낮아지지 않는다. 물이 얼음으로 변하면서 물의 수소 결합이 열을 발생시키므로 이 열이 더해져서 온도가 변하지 않는 것이다. 사실, 0 ℃의 물 1 g을 얼음으로 상태 변화시키는 데 80칼로리의 열이 방출된다. 이는 1 g의 물을 0-80 ℃까지 온도를 상승시키는 것과 같은 열량이다. 끓는 물에서 80칼로리를 뺀다면 눈에 띄게 온도는 줄어들 것이지만 냉동 중에 액체 상태에서 80칼로리를 뺀다면 온도의 변화는 없다. 물을 0 ℃ 이하로 냉각시키는 것은 물이 모두 얼은 이후에만 가능하다. 그때부터 열을 제거하면 얼음의 온도가 낮아진다.

열의 방출 물이 액체에서 기체로 변할 때에도 비슷한 현상이 일어난다. 액체 상태의 물에 열을 가하게 되면 끓는점 100 ℃에 이를 때까지 온도는 높아진다. 이 상태에서 물의 온도는 모든 물이 증발할 때까지 변하지 않는다. 100 ℃의 물 1 g이 기체로 상태 변화하기 위해서는 터무니없이 큰 540칼로리나 필요하다. 증발에 필요한 열량이 큰 이유는 수소를 결합하는 힘이 강하기 때문이다. 물이 수증기로 변하기 위해서는 모든 결합이 끊어져야 하며 이는 많은 에너지를 필요로 한다. 땀을 흘리면 몸이 식는 것과 같은 원리이다. 땀이 증발하면서 증발에 필요한 열을 흡수하기 때문이다.

물이 증발하고 응결되면서 흡수하거나 방출하는 열은 물이 대기와 해양 사이를 열로 움직이는 또 다른 방법 중 하나이다. 태양이 지구의 표면을 가열하면 물이 수증기로 증발되면서 열을 함께 가져간다. 수증기가 다시 물로 응결되어 구름과 안개를 형성하면 열은 방출된다. 물의 상태 변화에 필요한 열은 지구의 온도를 조절하고 동시에 폭풍, 바람 그리고 해류를 일으키는 근원이 된다.

이런 형태의 고적운은 2-6 km 상공에 형성된다. 주로 물방울로 이루어져 있지만 온도가 낮으면 빙정도 있다.

만능 용매

물은 다른 액체들에 비해 기체와 액체, 고체상태의 많은 물질들을 녹일 수 있다. 왜 그럴까? 정답은 물의 구조에 있다. 물 분자의 한쪽은 음전하, 다른 쪽은 양전하를 띠고 있기 때문에 이는 각각 양전하, 음전하를 띠는 분자나 이온을 끌어당길 수 있어서 양전하, 음전하로 결합된 분자를 분리시킬 수 있다. 예를 들어 소금은 음전하를 띠는 염소 이온과 양전하를 띠는 나트륨 이온으로 구성되어 있다. 물 분자는 이 나트륨과 염소를 분리하여 각 이온을 감싸게 된다.

무엇이 들어 있는가? 맑은 해수도 순수한 물로만 되어 있지는 않다. 평균적으로 해수에서 3.5 % 가량은 용해된 무기염류들이 들어 있다. 염화 나트륨이 가장 잘 알려진 성분이지만 다른 것들도 많이 있다. 증발하는 379 L의 해수에는 11 kg의 염화 나트륨이 들어 있고 그 밖에 1 kg의 황산염, 0.45 kg의 마그네슘, 142 g의 칼슘과 칼륨이 있다. 지구의 지각과 대기에 있는 모든 원소들은 비록 미세한 양이지만 해수에서 발견된다. 해양의 일정 부피에 들어 있는 무기염류의 총량으로 정의하는 염분은 지역에 따라 다르다. 큰 강 주변이나 녹아내리는 빙하 근처에는 담수의 유입량이 크므로 염분은 낮다. 북아메리카의 연안의 경우 3.3 % 정도가 소금이다. 증발이 더 잘 일어나는 중위도 지역에서는 염분이 3.7 %까지 증가할 수 있다.

염분은 물의 특성에 많은 영향을 준다. 염분이 높으면 열용량이 낮아지고 물이 더 빨리 가열된다. 또 염류들이 포함되어 있으면 어는점이 낮아진다. 해수는 −2 °C까지 얼지 않고 액체로 있을 수 있다.

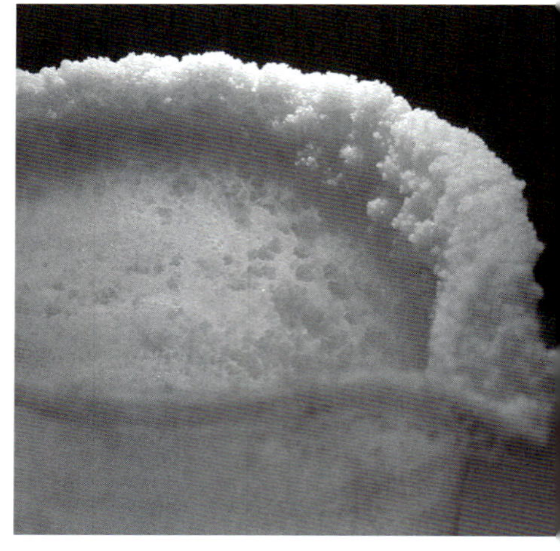

위 사해가 지구상의 생물이 살지 못할 정도로 가장 높은 염분을 갖게 된 것은 증발량이 크고 유입되는 강물이 적기 때문이다. 상단의 30 m 이내에 있는 물은 30 % 이상이 소금이며 이는 해양의 10배 정도이다.
가운데 염화 나트륨 결정 사진. 결정 모양은 이온의 구조를 보여준다.
아래 바다로 내려가는 연구원들은 해수와 얼음 위에 녹아 있는 담수의 빛의 흡수도, 염분, 영양염류, 생물을 조사할 것이다.

소금 분자가 물과 결합되어 있으므로 해수는 담수보다 더 느리게 증발하게 된다.

염분은 또한 물속에 전기를 전도할 때 영향을 준다. 순수한 물은 전기를 전도하지 않는다. 해수의 염분이 높을수록 전기 전도가 잘 된다. 이러한 사실은 해양학자들에게 염분을 측정할 쉬운 방법을 제공한다. 물속에서 전기가 얼마나 잘 전도되는지에 따라 염분을 측정하는 것이다. 전도도 측정기는 해양학 연구에서 염분을 측정하는 가장 일반적인 방법이다.

왜 이렇게 짠가? 해양의 부피는 어마어마하며 바닷속에 포함된 소금의 양도 그렇다. 일부 사람들은 152 m 두께의 소금 층을 지구에 한 바퀴 두를 수 있을 정도로 바다에 많은 소금이 있다고 이야기한다. 해양에는 어떻게 이렇게 많은 소금이 들어 있고 강과 호수에는 없을까? 소금이 용해된 강물은 바다로 흘러간다. 해저 화산 분출이나 열수 분출구도 바다에 무기염류를 공급한다. 심지어 공기도 바람이 미립자들을 운반하면서 바다에 소금을 뿌린다. 강물이, 해저 화산이, 공기가 바다의 나이만큼 바다에 소금을 뿌린 것이다. 그런데 바다의 해수면에서는 물만 증발하여 다시 육지에 비로 돌아가고 소금은 그대로 남아 있다. 이러한 현상은 염분이 높으나 배출구가 없어 죽어 가는 사해Dead Sea나 그레이트솔트Great Salt 호수에서 찾아볼 수 있다. 바다는 특정 생명체예를 들어 산호들이 자신의 껍질이나 다른 단단한 신체 부분을 만들기 위해 염류 중 특정성분예를 들어 탄산 칼슘만 섭취할 때만 그 염류의 양이 줄어든다.

왜 어떤 빙산은 녹색일까?

대부분의 빙산은 푸른빛을 띤 엷은 색조를 가지고 이 뚜렷한 색은 빛의 성질에 따라 바뀔 수 있다. 그러나 일부 빙산들은 어두운 녹색이다. 왜 얼음이 이러한 색인지는 아직 불가사의하다.

대부분의 과학자들은 녹색 빙산이 빙산 밑의 언 해수 덩어리에서 시작한다는 것에 동의한다. 그러나 그 동의는 여기서 끝난다. 일부 연구자들은 얼음 속에 갇힌 여러 종류의 금속에 의한 것이라고 말하지만 화학적 분석은 이러한 주장을 반박했다. 다른 이들은 붉은빛과 청색 빙산의 상호작용에 의한 것이라고 하며, 빙산 자체가 녹색인 이유도 있다고 한다. 일부는 범인이 용해된 유기체 물질로, 얼음 옆에 자라는 식물 플랑크톤이 배출한 것이라고 한다. 이것이 주된 경우이지만 이는 보편적으로 사실이 아니다. 그러므로 미스터리는 계속된다…….

빛과 어둠

바다가 항상 푸르기만 한 것은 아니다. 열대 산호의 맑은 청색부터 심해의 어두운 색조 그리고 조류가 많은 연안의 흐린 녹색까지 다양하다. 이렇게 다양한 색조가 되는 이유는 빛이 물과 생물체들 그리고 미립자들에 의해 반사되거나, 흡수되거나 퍼지기 때문이다.

전자기파 스펙트럼의 일부가 우리가 말하는 빛이다. 빛의 색깔은 파장에 따라 다르다. 한 물체나 액체의 색은 물체에서 반사되어 우리의 눈 속에 다시 들어오는 파장에 의해 결정된다.

자외선과 엑스선 그리고 감마선은 너무 짧은 파장을 가지고 있어서, 적외선과 마이크로파 그리고 전파는 너무 긴 파장을 가지고 있어서 우리의 눈에 보이지 않는다.

위 이 열대 섬 주변의 해양은 청록색이다. 이는 이 해양의 물이 빛을 흡수하는 것에 영향을 주는 조류나 퇴적물 등의 다른 물질들이 상대적으로 적기 때문이다.
아래 왼쪽 카리브 해의 맑은 물에서도 수중 사진작가들은 좋은 사진을 찍기 위해 빛이 필요하다.
아래 오른쪽 적조는 많은 와편모조류(dinoflagellate)라는 미생물들이 적색을 띠게 한다. 와편모조류는 독소를 형성하는데 이는 동물들에 의해 흡수되기 때문에, 적조에 있던 조개나 홍합을 먹는 것은 위험할 수 있다.

푸른 해양 바다가 푸른 것은 바다에서 파장이 긴 빨간빛은 흡수되고, 파장이 짧은 푸른빛이 많이 산란되어 우리 눈으로 반사되기 때문이다. 이것은 파장이 짧을수록 산란이 잘 일어나기 때문이고, 하늘이 파랗게 보이는 이유이기도 하다. 사실 사람이 수심 10 m 깊이에서 자신의 손을 베여도 피는 전혀 붉게 보이지 않고 회색으로 보인다. 이는 붉은 광자들은 수심 몇 미터 아래는 투과하지 못하기 때문이다. 106 m 정도의 수심에서는 주황색과 황색 빛이 전부 흡수되고 152 m 수심에서는 녹색 빛이 전부 사라진다.

빛의 양과 색깔은 수심에 따라 확연하게 변한다. 맑은 바다에서 들어오는 빛의 10 %는 수심 75 m 이내에 흡수되며 99 %는 152 m 이내에 흡수된다. 수심 1,006 m 아래에는 햇빛이 극히 적어 가장 예민한

한 연구자가 세치 디스크로 해양의 투명도를 측정하고 있다. 이러한 디스크는 18세기 말 교황의 과학고문인 천문학자 피에트로 안젤로 세치(Pietro Angelo Secchi, 1818–78)에 의해 발명되었다.

물고기도 이를 감지하지 못한다. 그러나 스스로 빛을 내는 발광 덕에 눈은 아직 유용하다.

물에 첨가되는 것에 따라 흡수되거나, 산란되고 반사되는 파장은 영향을 받는다. 강에 있는 침나나 퇴적물은 빛을 더 산란되게 해서 물에 갈색 색조를 띠게 하며, 적조는 막대한 양의 미생물이 붉은 파장을 반사시켜 생긴다. 열대 바다의 물은 부유하는 물체나 미생물이 없기 때문에 매혹적인 청색을 띠는 것이다.

물의 투명도는 가장 간단한 도구인 세치 디스크Secchi Disk나 흑백 디스크를 줄에 매달아 물에 넣음으로써 측정된다. 세치 디스크가 시야에서 사라지는 깊이를 세치 깊이Secchi depth라고 하는데 이는 세계적으로 해양의 투명도를 구분할 때 사용한다. 더 정확한 방식은 일정량의 물 샘플이 얼마나 많은 빛을 흡수하는지를 측정하는 것이다.

나는 다르게 보인다 해양학자 태미 프랭크Tammy Frank와 에디스 위더 Edith Widder는 심해 새우가 자외선에 반응한다는 연구에 놀랐다. 선행 연구는 짧은 파장의 빛은 해수에서 더 빠르게 흡수한다고 했기 때문에 사람들은 오랫동안 자외선ultraviolet은 수심 몇 미터 내에서 흡수되었을 것이라 예상했다. 이러한 새우는 수심 수백 미터에 사는데 어떻게 자외선을 지각할 수 있었을까? 이에 대한 호기심에 프랭크와 위더는 잠수정을 타고 내려가면서 빛을 측정했다. 결과적으로 바하마Bahamas의 맑은 물에는 자외선이 530 m에서 610 m까지 내려가는 것으로 나타났다. 자외선이 많은 양은 아니었지만 새우가 감지하기엔 충분했다.

우리는 자외선 파장을 볼 수 없지만 많은 동물들에게는 자외선이 가시광선visible light 영역이 되는 중요한 부분이다. 바다에 사는 많은 작은 동물들은 자외선으로 밝게 빛나지만 자외선이 없다면 배경에 섞여 있는 검은 점으로 보인다. 자외선이 없게 되면 유충기일 때 굶어 죽는 물고기 종들도 있을 것이다.

소리

빛의 세계에서 사는 사람들에게는 보는 것이 소리보다 더 중요하게 생각된다. 그러나 고래에게는 소리가 중요하다. 빛은 물에 의해 흡수되지만 소리는 그렇지 않기 때문이다. 소리는 건조한 상온의 공기에서보다 물속에서 5배 빠르고 60배 멀리 전달되며 고래가 내는 저음은 더 먼 거리까지 전달될 수 있다. 고래와 다른 동물들은 소리를 이용하여 거리와 방향을 측정하고 주변 환경의 정보를 얻는다. 우리들도 소리를 이용하여 '이미지'를 만들어 눈에 보이지 않던 것을 보게 됐다. 심해저는 햇빛은 닿을 수 없는 거리지만 소리는 닿기 때문이다.

해양의 반사파 소리는 파동으로 전파되며 모든 다른 파동과 마찬가지로 그것이 통과하는 매질에 따라 속도와 방향이 바뀐다. 소리는 물고기나 잠수함과 같은 단단한 표면에 부딪히게 되면 반사한다. 이렇게 간단한 원리가 오늘날 선박에 꼭 필요한 수중 음파 탐지기의 기본 원리이다. 소리의 속도를 안다면 해수에서 초당 1,500 m, 어떠한 물체가 얼마나 멀리 있는지는 발사된 소리가 그 물체에서 반사되어 되돌아오는 시간을 계산하면 알 수 있다.

소리는 모든 표면에서 똑같이 반사되지는 않지만 해양학자들은 소리를 분석하여 해저를 분류할 수 있다. 해양학자들은 해수뿐만 아니라 해저면도 통과할 수 있는 저주파를 이용하여 해저 아래의 층들도 볼 수 있다. 이러한 기술로 퇴적물 밑에 있는 단단한 암석의 등고선도 그릴

위 다른 고래처럼 범고래(orc)들은 '소리'로 본다. 이 때문에 강력한 군사용 음향탐지는 방향 감각을 상실하는 등 고래들에게는 치명적이다.
아래 지중해 심해에서 생존하고 있을지 모르는 고생물체를 찾기 위해 음파 탐지기를 내리고 있다.

수 있다.

　　제2차 세계대전에서는 음향탐지가 보편적으로 사용되었는데, 선원들은 수중 음파 탐지기 화면에 이중 바닥과 심해 산란층DSR이 있음을 발견했다. 이 층은 저녁에는 올라가고 낮에는 가라앉는 것으로 나타나 잠수함들은 이를 이용하여 숨을 수 있었다. 이 층은 물속을 통과하는 수만 마리의 물고기나 다른 생물체들 때문에 생기는 것이다.

가까우면서 아직은 먼 곳 음파sound wave는 서로 다른 밀도로 된 층을 통과할 때 굴절되거나 방향이 바뀐다. 그들은 일반적으로 속력이 낮은 곳으로 구부러진다. 온도와 압력이 커지면 소리의 속력이 증가하는데 수심이 깊어짐에 따라 온도는 낮아지고 압력은 높아지므로 이 현상은 해양 음파기술에 흥미로운 현상을 만들었다.

　　표면의 물이 잘 섞여 있다면 보통 수심 100 m 정도에서 최고 속력이 나타난다. 음파는 이 층 위에서는 위로 구부러지며 밑에서는 아래로 구부러진다. 이 현상은 음파의 암영대를 만든다. 이는 음원에서 일정한 거리가 되면 최대 속력 지역 바로 아래에는 음파가 전해지지 않는 곳을 말한다. 잠수함은 이러한 지대를 활용하여 해수면에서 음파로 잠수함을 찾는 선박으로부터 숨을 수 있다.

　　또한 조건에 따라 변하지만 600–1,200 m 사이에 음파가 최소속력인 특별 구역이 있다. 음파는 해수면과 가까운 곳에서 온도에 큰 영향을 받으므로 아래로 구부러진다. 더 아래에서는 압력의 영향으로 음파는 위로 구부러진다. 온도가 급격하게 변하는 수온약층에서 온도가 낮아짐에 따라 음파는 아래로 구부러지지만, 압력이 증가함에 따라 바로 다시 위로 구부러지고 다시 아래로 구부러지고…. 한마디로 말하면 음파는 음속 최소층으로 계속 굴절하여 그 층 안에 갇히게 된다. 이러한 음속 최소지대를 소파sofar; sound fixing and ranging 채널이라고 하며 여기에서 발생한 소리는 특히나 먼 거리를 이동한다. 이로써 호주에서 일어난 폭발이 버뮤다만큼 먼 곳까지 들리게 된다.

잠수함은 해양의 심해 산란층에 숨을 수 있다.

과학자들이 북극에 음향기기를 설치하려고 준비하고 있다.

기후 변화를 측정하기 위해 사용되는 소리

다른 조건이 동일하다면 더운물은 찬물보다 소리를 빨리 전달시킨다. 과학자들은 이 기본적인 현상과 소파 채널을 가지고 해양 온도의 변화를 측정한다. 소리가 발생한 지점으로 이동하기까지 얼마나 많은 시간이 소요되는지에 따라 과학자들은 온도 변화를 측정할 수 있다. 이러한 방식으로 과학자들은 0.006 ℃까지의 온도 변화를 감지할 수 있다. 연구자들은 음향기기가 해양 동물에 방해가 될 것이라는 걱정을 하지만 고래와 바다표범들은 이를 피하기 위해 노력하지 않는다.

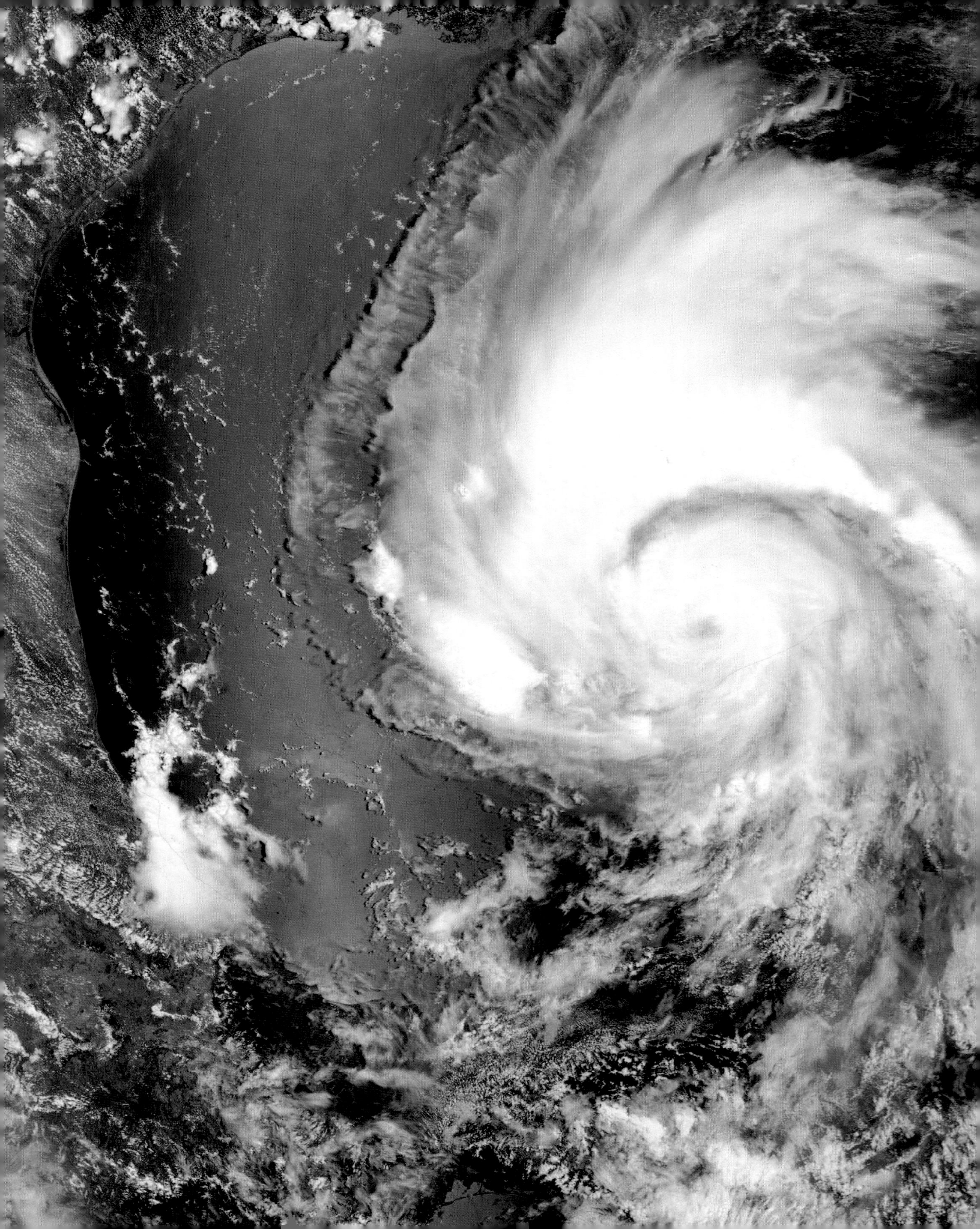

CHAPTER 5

상층부의 공기

왼쪽 이 위성사진은 2005년 7월 18일 태풍 에밀리(Emily)가 멕시코 만을 지나 미국 연안으로 들어설 때 찍은 것이다.
위 대기와 육지, 바다의 상호작용은 캐나다 연안의 이 나무가 바람에 얼마나 흔들릴지 결정한다.
아래 새로운 위성 기술로 지구의 대기를 위쪽이 아닌 옆쪽에서 볼 수 있다. 성층권, 중간권 그리고 열권이 구름 위로 푸른 후광을 만든다.

해양과 대기는 긴밀하게 연결되어 있다. 두 층은 바로바로 열을 흡수하고 전달한다. 두 층은 밀도 차이에 영향을 받고 내부에 밀도가 서로 다른 층이 존재한다. 지구가 자전하기 때문에 생겨나는 힘은 대기와 해수 흐름의 방향을 바꾸고 파동이 두 층을 이동한다. 공기와 물은 많은 면에서 서로 다르게 행동하기도 하지만 대기와 해수 운동의 기본 원리는 놀랄 만큼 비슷하다.

대기와 육지 그리고 해수의 상호작용은 온화한 산들바람에서 강력한 태풍까지 일으킨다. 위도에 따라 받는 태양에너지 양의 차이는 무역풍, 계절풍 그리고 무풍대를 형성한다. 대기가 움직이는 원리를 이해함으로써 우리는 단기적인 일기예보를 할 수 있었다. 장기적인 일기예보와 기후 패턴을 결정하는 힘을 이해하기 위해 과학자들은 수많은 모델을 만들고 실험하고 있으며 이는 미래의 세계 기후 변화를 예상하는 데 큰 도움이 될 것으로 보인다.

대기

대기atmosphere는 여러 가지 기체가 혼합되어 지표면에서 우주공간의 일정 높이까지 있는 층이라고 정의할 수 있다. 평균적으로 79 %는 질소이고, 21 %는 산소 그리고 1 %는 다른 가스이다. 농축된 이 가스들과 대기 자체는 지구와 멀어질수록 밀도가 낮아진다. 대기는 고도에 따라 온도가 변하는 특성에 의해 네 가지 층으로 구분한다.

네 개의 층 가장 낮은 층은 대류권troposphere으로 대기는 태양에너지보다 지표면의 복사에너지에 의해 가열되기 때문에 지표면에서 멀어질수록, 즉 고도가 높아질수록 지구 복사에너지가 감소하여 온도가 빠르게 낮아진다. 따라서 높은 산을 올라가면 기온이 낮아지는 것을 느낄 수 있게 된다. 대류권의 두께는 열대에서는 16 km 그리고 극지방에서는 10 km 정도이다. 공기 전체의 양 중에서 80–90 %의 양이 대류권에 있으며 수증기는 대류권에만 있기 때문에 수증기의 대류현상, 즉 날씨는 이곳에서 일어난다. 공기는 차갑지만 –60 ℃ 안정적인 대류권 계면tropopause에 의해 덮여 있다.

다음 층은 성층권stratosphere으로 이곳에서 자외선을 막아 주는 오존층이 발견된다. 오존은 태양에너지를 흡수하여 높은 고도일수록 에너지가

위 매년 집채만 한 크기의 혜성이 지구의 대기에서 분쇄되며 수증기 구름을 방출한다. 모든 혜성처럼 이들은 대부분 얼음으로 이루어졌지만 먼지와 철의 함유량이 적어 사진의 헤일–밥(Hale–Bopp) 혜성과 같이 밝은 꼬리를 갖지는 못한다.
가운데 와편모조류 미생물은 황화 메틸을 생성한다. 이는 황을 포함하는 가스로 해양의 기후에 영향을 준다.
아래 각 층에서 고도와 온도의 변화를 보여주는 대기의 단면도이다. 열권은 훨씬 높이 뻗어 있고, 고온이지만 기체 분자의 농도가 서서히 감소하기 때문에 위에 계면이 없다.

더 많기 때문에 성층권에서는 고도가 높아질수록 온도가 상승하는 안정한 층이며, 이를 비행기의 항로로 이용한다. 성층권의 윗부분인 성층권 계면stratopause은 50 km 상공에 있다.

다음은 중간권mesosphere으로 다시 고도가 높아질수록 온도가 낮아지는 부분이다. 중간권에 오존층이 적기 때문에 그곳 온도는 –114 ℃까지 낮아진다.

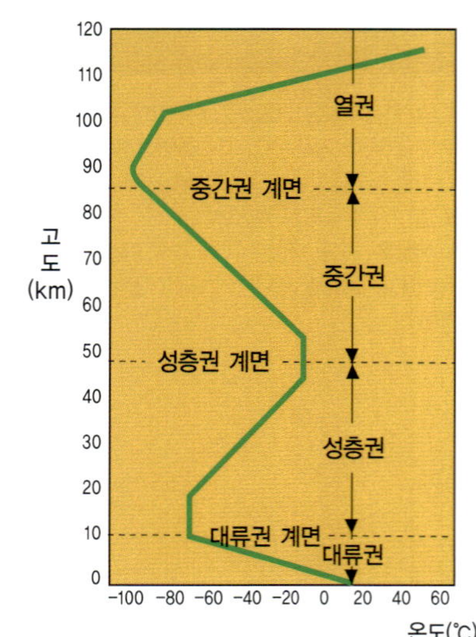

위로 갈수록 온도가 낮아져 무겁기 때문에 불안정하여 대류는 일어나지만 수증기가 없기 때문에 기상현상은 일어나지 않는다. 즉, 대류권 계면이 구름이 생길 수 있는 최고 높이이다. 하루에도 수백 만 개씩 우주에서 날아오는 고체물질들이 대기 기체와의 충돌로 타서 유성이 생길 수 있을 정도로 대기의 밀도가 높아지기 시작하는 층이다. 중간권은 중간권 계면 mesopause이 지상 85 km 상공에서 덮고 있다.

지구 대기의 가장 바깥쪽에 있는 층은 열권thermosphere이다. 이곳의 온도는 고도가 높아짐에 따라 높아지는데 이곳에서는 오존보다는 산소 분자가 열을 발생시킨다. 열권의 온도는 1,500 ℃보다 높을 수 있지만 분자의 밀도는 아주 낮아 춥게 느껴진다 열용량이 작다. 또한 분자의 밀도가 낮기 때문에 낮과 밤의 일교차가 크다. 열권에는 전자들이 모여 있는 여러 층의 전리층이 있어 전파가 지구로 반사되게 하며 이는 위성 통신 기술 개발 이전에 무선 통신이 가능하게 했다.

엄청난 태양 방사능이 열권의 기체 분자를 이온으로 분해한다. 이러한 것으로 이루어진 층을 이온층ionosphere이라 하며 이러한 이온이 오로라를 형성한다.

물체들을 덥히면서 대류권의 일부 기체들은 지구를 따뜻한 상태로 유지하기 때문에 온실 기체라 불린다. 이 기체들은 가시광선은 흡수하지 않고 주로 적외선을 흡수하는 성질이 있다. 이런 특성 때문에 가시광선 파장으로 대부분의 에너지를 방출하는 태양에너지는 지구로 들어오게끔 하지만, 적외선 파장으로 대부분의 에너지를 방출하는 지구 복사에너지는 다시 빠져나가지 못하게 막는다. 가장 일반적이고 강력한 온실 기체는 이산화 탄소이다. 또 다른 온실 기체는 수증기와 오존이다. 인간 활동에 의해 많은 온실 기체들이 생겨났고 이는 지난 세기 동안 지구가 더워진 이유 중 하나일 수 있다. 온실 효과가 없으면 지구는 인간이 살기에 너무 추운 곳이 되지만, 너무 많은 온실 효과는 예상치 못한 환경을 만들 수도 있다.

물체들을 식히면서 온실 기체가 지구의 열을 유지하는 동안 대기의 다른 물질들은 열을 식힌다. 황 화합물과 대류권의 다른 미립자들은 행성이 가열되기 전에 태양에너지를 반사시킨다. 이런 물질은 화산과 공해 그리고 놀랍게도 해양 미생물체인 와편모조류에서도 생성된다. 선박들은 황 공해에 일조하는 것으로 보이는데 대류권에 황이 나타나는 패턴이 해양에서 선박의 항로와 비슷하기 때문이다.

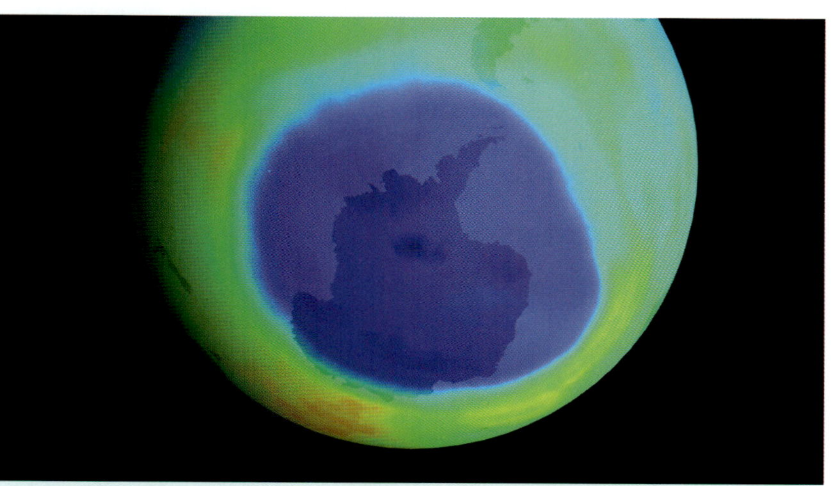

어두운 청색 부분이 남극대륙 성층권의 오존 농도가 희박한 오존층 구멍이다.

햇빛을 막아 주는 방패의 소멸

1980년대부터 과학자들은 지구 오존층에 나타나는 계절별 구멍을 추적했다. 가장 크고 예상하기 쉬운 것은 남극대륙 상공에 있지만 북극에서도 생겨나기 시작했다. 1987 국제 몬트리올 의정서는 오존층을 파괴하는 많은 화학물질들을 규제하였다. 약 200여 국가가 오존층을 파괴하는 화학물질을 규제하는 이 조약을 체결했다. 이 조서가 매우 성공적이기는 했으나 아직까지 이러한 화학물질은 계속 사용되고 있다.

지구를 보호하는 오존층은 염화 플루오르화 탄소(프레온 가스)의 증가로 계속 파괴되고 있다. 오존의 파괴는 성층권이 차가울수록 많이 일어나는데, 온실 기체에 의해 대류권에 많은 열이 갇히면서 성층권을 더욱 차게 만든다. 오존이 태양에너지를 흡수하여 성층권을 가열시키므로 오존의 파괴 또한 성층권을 차게 하는 데 기여한다.

빙하기 주기의 원인

지구의 기후는 수십 년에서 수천 년 동안 간빙기와 빙하기, 다습기와 건조기를 반복한다. 이러한 주기 중 예상하기 쉬운 것도 있지만 그렇지 않은 것들도 있다. 세르비아의 과학자 밀라틴 밀란코비치Milutin Milankovitch, 1879~1958는 1900년대 초에 기후 변화의 주기성에 대해 가장 조리 있게 설명하였다. 지구 공전궤도의 변화와 빙하기를 연결시킨 것이다. 밀란코비치가 주목한 지구 공전궤도의 3가지 변화는 지구의 자전축 기울기와 기울어진 방향, 그리고 지구 공전궤도 모양의 변화이다. 이러한 주기를 밀란코비치 주기Milankovitch cycle라고 한다.

주기 지구는 자전축이 기울어져 공전하기 때문에 계절이 생긴다. 태양 쪽으로 기울어진 반구는 여름이고 그때 다른 반구는 겨울이다. 태양이 가까이 있으면 여름이고 멀리 있으면 겨울인 것이 아님에 주목해야 한다. 1년 동안 지구가 태양을 공전하면서 태양 쪽으로 기울어진 반구는 6개월 간격으로 바뀌므로 6개월마다 여름과 겨울이 생긴다. 지구자전축이 기울어지지 않았으면 계절이 생기지 않았을 것이고 자전축이 기울어진 기울기가 클수록 계절의 차이는 커질 것이다. 41,000년을 주기로 지구자전축의 기울기는 22°–29° 사이 값으로 변화하는데 지금은 23.5°로 연교차가 작다.

위 빙하에 의해 운반된 거대한 빙퇴석은 계절이 바뀌어 빙하가 녹으면 옮겨진 자리에 퇴적된다.
가운데 어떤 반구가 태양을 바라보는지에 따라 계절이라는 기후의 변화가 생긴다. 밀란코비치 주기는 수천 년의 주기로 작용하며 전 지구의 기후에 영향을 준다.
아래 세르비아의 수학자 밀라틴 밀란코비치

지구의 공전궤도는 원이 아니라 타원이고 타원의 초점 중의 하나에 태양이 있다. 그러므로 지구가 1년 동안 공전하면서 태양이 가까이 있을 때 근일점도 있고 상대적으로 멀리 있을 때 원일점도 있다. 이것에 의해 여름과 겨울이 결정되지는 않지만 연교차에는 영향을 준다. 현재 지구는 1월에 근일점에 있는데 이때 북반구는 겨울이고 남반구는 여름이다. 반대로 7월에 지구는 원일점에 있고 이때 북반구는 여름이다. 따라서 태양에 가까이 있을 때 겨울이고 멀리 있을 때 여름인 북반구는 연교차가 상대적으로 작게 나타나고, 그 반대인 남반구는 연교차가 크게 나타난다. 그런데 22,000년을 주기로 자전축이 기울어지는 방향이 바뀐다. 11,000년 뒤 기울어지는 방향이 지금과 반대 방향으로 바뀌면 북반구는 태양에 가까이 있는 1월에 더운 여름이 되고 멀리 있는 7월에 추운 겨울이 될 것이다. 그러면 북반구의 연교차는 지금보다 증가하고 남반구의 연교차는 감소할 것이다.

밀란코비치 주기 중에서 가장 긴 것은 지구 공전궤도 모양의 변화이다. 지구 공전궤도 모양은 원에 근사한 타원에서 가장 납작한 타원까지 9만 5천 년, 12만 5천 년, 40만 년 주기로 변한다. 공전궤도가 원에 가까우면 근일점과 원일점의 태양–지구 간 거리 차이가 작고 납작한 타원이면 근일점에 있을 때는 태양에 아주 가까이, 원일점에 있을 때는 태양에서 아주 멀리 지구가 있다. 현재 지구는 태양에서 7월보다 1월에 5백만 km 더 가까우며 이로 인해 1월과 7월에 지구에 입사하는 태양 복사에너지가 6 % 차이난다. 지구의 궤도가 가장 타원형일 때 이 차이는 30 % 이상이 될 수 있다.

밀란코비치와 기후 밀란코비치는 지구의 공전궤도와 관련된 이 모든 주기가 지구에 얼마만큼의 태양에너지가 도달하는지 결정하며 이는 빙하기 주기의 원인이 된다고 이론화하였다. 북반구에 대부분의 육지가 있기 때문에 밀란코비치는 북반구에서 일어나는 일이 빙하기의 시작과 끝에 가장 큰 영향을 준다고 추측했다.

북반구의 여름이 시원하면 여름에도 얼음이 녹지 않아 대륙빙이 더 크게 형성될 것이다. 큰 대륙빙은 더 많은 태양에너지를 우주로 반사시키기 때문에 지구를 더 춥게 할 것이다. 1976년 밀란코비치가 이론을 정립한 지 50년이 지나, 심해에서 채취한 샘플을 조사하여 지난 45만 년간의 지구의 기후 변화가 밀란코비치가 예상한 주기와 일치함을 밝혔다.

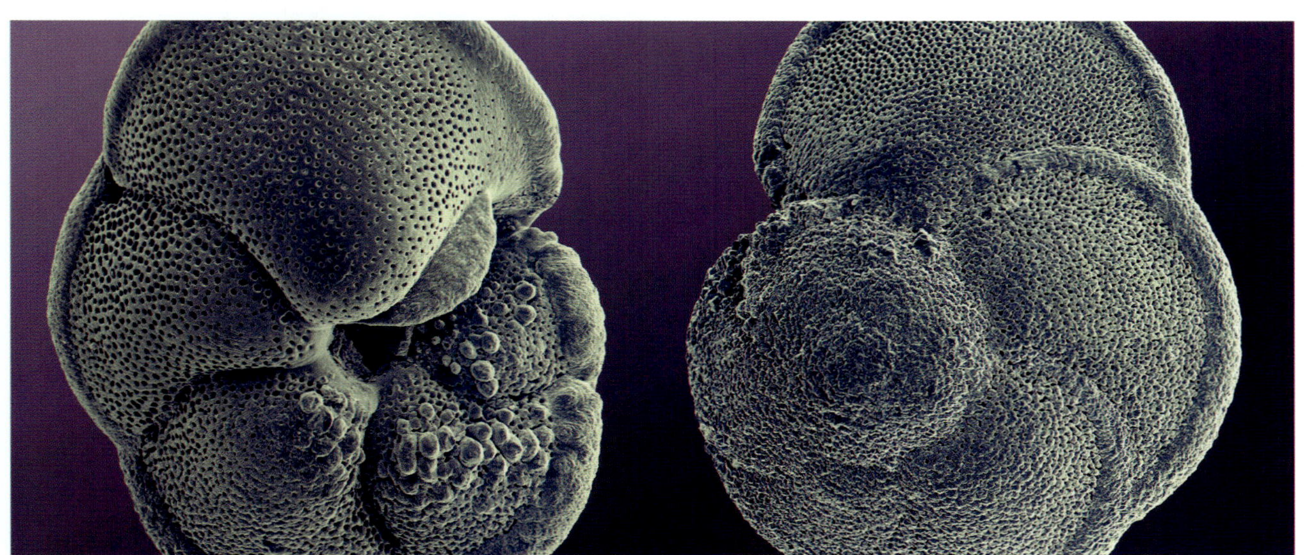

이런 유공충과 같은 많은 해양 석회질 생물체들은 해수의 산소를 사용하여 탄산 칼슘으로 된 골격을 만든다.

산소로 알 수 있다

산소는 자연 속에 O^{16}, O^{17}, O^{18} 세 가지 동위원소로 존재한다. 이 숫자는 산소의 무게를 나타내며 O^{18}이 가장 무겁고 O^{16}이 가장 가볍다. 많은 해양 생명체들은 해수의 산소를 사용하여 만든 탄산 칼슘으로 골격이나 이빨을 만든다. 동위원소 양의 비는 해수의 온도에 따라 다른데, 일부 해양 생명체 골격에 들어 있는 O^{18}/ O^{16}비율을 조사하여 그 생명체가 살던 시대의 온도계처럼 사용할 수 있다. 실제로 과학자들은 이 방법으로 1억 년 전 바다의 온도까지 알아냈다. 각각 해저면이나 해수면에서 살던 생명체들의 화석에서 산소 동위원소의 비율을 찾아 과거 시간대별로 해저면과 해수면의 온도 차이가 얼마나 변했는지도 연구할 수 있다.

지역적 기후 시소^{Seesaw}

어떤 기후 변화는 천년에서 십만 년 주기로 일어나는 반면 어떤 것들은 수년이나 수십 년 주기로 일어난다. 이들 중 가장 유명한 것은 엘니뇨-남방진동으로 6개월에서 18개월 동안 지구전체의 기후에 영향을 미칠 수 있다.

평상시에는 적도를 따라 인도네시아가 있는 서태평양쪽의 기압이 낮고, 이스터 섬이 있는 동태평양쪽에 고기압이 위치한다. 이러한 기압의 차이는 무역풍을 불러일으킨다. 공기는 동태평양의 고기압에서 서태평양의 저기압으로 이동한다. 이런 기압의 차이와 바람 때문에 해수면의 높이가 서태평양보다 중앙아메리카와 남아메리카가 위치한 동태평양이 50 cm 정도 낮아진다. 따라서 중앙아메리카와 남아메리카 연안을 따라 차갑고 영양염류가 많은 물이 용승하고, 광합성을 하는 영양염들로 인해 세계에서 가장 풍부한 어장이 형성된다.

몇 년마다 이러한 환경은 역전된다. 무역풍이 약해지면서, 더운 물이 남아메리카와 중앙아메리카 연안에 쌓이게 된다. 평균 온도는 상승하며 해수면은 30 cm 정도 높아진다. 용승은 일어나지 않고 연안의 풍부한 어장도 사라진다. 이러한 현상이 주로 크리스마스 전후로 일어나기 때문에 엘니뇨^{El Niño, 예수의 아이}라는 명칭이 붙었다. 이러한 일반적인 대기 기압 상태의 역전을 남방

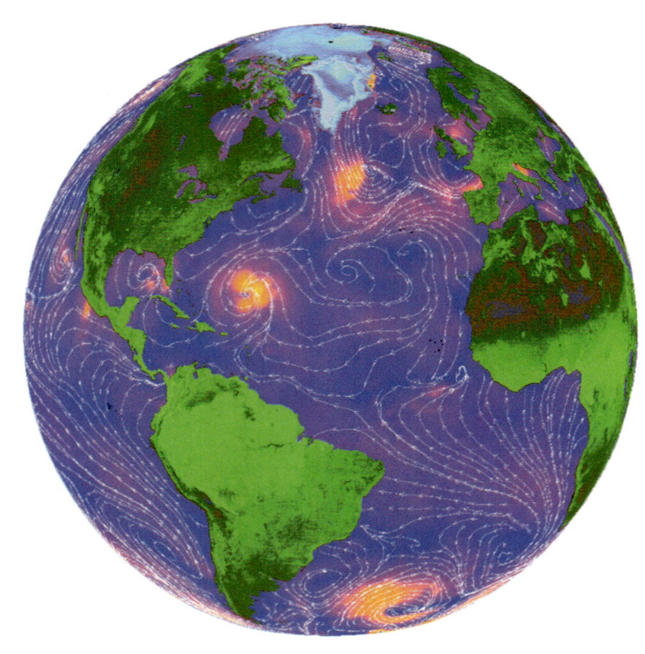

위 미국 국립 해양 기상청의 한 직원이 70개 중에 하나의 부표를 표시한다. 이러한 부표는 실시간 해양 온도와 정보를 제공하여 과학자들로 하여금 엘니뇨현상을 예측하게 한다.
가운데 이 색보정 이미지는 해양에서의 풍속과 풍향을 나타낸다. 주황색은 더 빠른 풍속, 청색은 느린 풍속이다. 이 이미지는 시윈즈 산란계*의 데이터로 작성하였다.

진동이라 하며 과학자들은 엔소^{ENSO, El Niño–Southern Oscillation; 엘니뇨-남방}진동라는 명칭을 많이 사용한다. 반대로 무역풍이 평년보다 강해지면 서태평양 지역에서 해수면 온도와 해수면의 높이가 평년보다 상승하게 되고, 동태평양의 적도 지역에서는 차가운 해수의 용승 현상이 강해져 평년보다 해수면 온도가 낮은 저수온 현상이 나타난다. 이러한 이상 저수온 현상을 라니냐^{La Nina, 스페인어로 '여자아이'라는 뜻} 라고 한다.

엔소의 광범위한 영향 대기와 해양에서의 복잡한 상호과정에 의해 지구의 기후가 결정되기 때문에 엔소는 광범위하게 영향을 끼친다. 해양 및 대기의 지구 규모의 관측 자료가 늘어나면서 지속적으로 해수면 온도가 높게 나타나는 현상이, 단지 남아메리카 연안의 국지적인 현상이 아니

라, 전 지구적인 대기 순환에 영향을 미쳐 열대 지역에서부터 중위도, 고위도 지역에까지 세계 각지의 날씨에 영향을 주고 있음을 알게 되었다. 북미와 캐나다에 온난한 겨울을 가져오기도 한다. 건조한 지역은 더 다습한 환경이 되고 보통 다습했던 태평양의 서쪽은 건조해진다. 극한 엔소기에 해류의 변화와 해양 온도의 상승은 열대 동물을 알래스카까지 끌어올 수 있다.

10년간의 사이클 엔소와 마찬가지로 또 다른 기후 사이클도 수산업에 끼치는 영향 때문에 주목을 받는다. 어류 생물학자인 스티븐 헤어Steven Hare의 연구는 1990년대 알래스카의 연어 파동이 지역적 기후와 연관 있음을 밝혔다. 이러한 발견이 태평양의 10년 주기 진동PDO, Pacific Decadal Oscillation을 밝히는 계기가 되었다. 더 더워졌다가 더 추워지는 PDO 주기는 수년에서 십여 년이다. PDO가 온난한 단계에 있을 때 알래스카의 어부들에게는 어업에 도움이 되지만 남쪽 연안의 어부들은 상황이 나쁘다. 차가운 단계에서는 상황이 역전된다.

다른 큰 사이클은 많은 과학자들이 기후가 고위도에서 조절된다고 생각하게 하는 북극–북대서양진동Arctic–North Atlantic Oscillation과 남극진동Antarctic Oscillation이 있다. 대부분이 몇 개월 사이에 온난한 단계에서 차가운 단계로 바뀌지만 지난 수십 년 동안 온난한 단계에 머물렀다. 정확하게 어떠한 것들이 엔소와 PDO 그리고 극지방의 진동을 조절하는지는 분명치 않다. 화산 분출과 오존 파괴 그리고 온실 기체가 원인일 가능성이 있다고 여겨지지만 미스터리는 아직 해결되지 않았다.

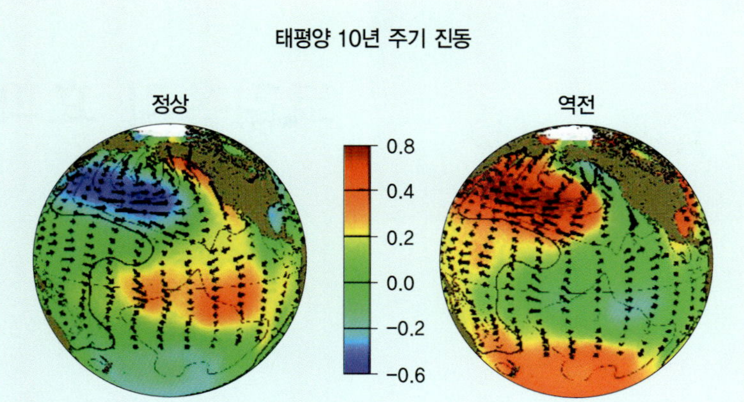

이 그림은 겨울철에 태평양 10년 주기 진동에서 태평양 바다가 따뜻했을 때(왼쪽)와 추웠을 때(오른쪽) 해수면 온도차, 풍향(화살표)과 해수면 기압(등고선)을 보여준다.

미래를 예보하다?

세계적인 기후는 변하고 있다. 대부분의 곳들은 더워지지만 일부는 추워지고 있다. 강수와 강설 패턴은 변하고 있다. 과학자들은 이것이 지구의 미래에 어떠한 영향을 주는지 궁금해 하고 있다. 인간의 기록에는 이러한 역사가 없었기 때문에 이에 대한 해답을 찾기는 어렵다.

일부 과학자들은 태평양 10년 주기 진동, 즉 PDO를 사용하고 있다. 지난 100년 동안 두 번의 간빙기와 두 번의 빙하기가 있었다. 이때의 변화는 북아메리카 연안의 해류, 용승과 생태계에 어떠한 영향이 있었는가를 과학자들에게 보여준다. PDO는 세계적인 기후 변화보다는 규모가 작지만, 이에 대한 연구는 과학자들에게 세계적 기후 변화에 대비할 수 있게 해준다.

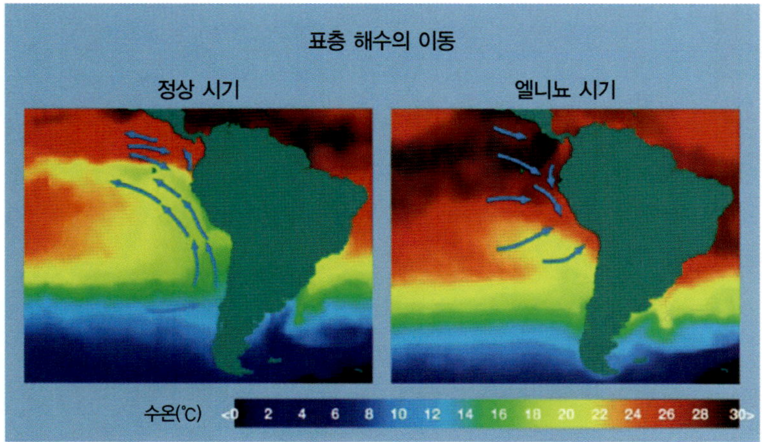

일반적으로 서쪽보다 높은 동태평양 공기의 압력은 해안의 용승을 일으키는 바람을 형성한다. 이것은 차고 영양염류가 풍부한 바닷물을 북아메리카와 남아메리카 해안에 가져다주며, 생산적인 어업을 가능하게 해준다. 엘니뇨가 일어날 때에는, 이 동–서 기압의 차이가 감소하거나 역전되어, 용승을 억제하고, 그것에 의존하는 어업에 피해를 준다.

• 시윈즈 산란계(SeaWinds scatterometer) : QuikSCAT 위성에 탑재된 전 세계 해양 표면의 풍속을 측정하는 전파레이더(옮긴이)

코리올리 효과

1835년 프랑스의 물리학자 겸 기술자인 구스타프 가스파르 코리올리Gustave-Gaspard Coriolis, 1792-1843는 회전하는 물체에 운동 법칙이 어떻게 적용되는지에 관한 논문을 발표했다. 비록 그가 이 연구를 해양이나 대기의 순환과 연결 짓지 않았지만 윌리엄 페렐William Ferrel, 1817-91은 코리올리 효과가 고위도의 전선이 휘어지는 것에 영향을 끼친다는 것을 증명하였다. 이 힘은 북반구에서는 물체의 움직임을 오른쪽으로 편향시키고 남반구에서는 왼쪽으로 편향시킨다. 얼마만큼 편향되는가는 속도가 빠를수록, 움직인 거리가 길수록, 날아가는 물체의 질량이 클수록 그리고 고위도일수록 크다. 대중적인 생각과 달리 코리올리 효과는 운동의 규모가 수천 킬로미터 정도여야 영향이 나타나므로 욕조같이 작은 규모에서는 나타나지 않는다. 따라서 북반구에서 배출되는 욕조의 물이 항상 시계 반대 방향으로 빠지지는 않는다. 규모가 작은 돌풍이나 용오름 같은 경우 북반구에서도 시계 방향과 시계 반대 방향의 회전이 거의 반반씩 일어난다. 그러나 지구 규모의 바람이나 고기압, 저기압 같은 종관 규모의 기상 현상에서, 그리고 세계적 해류 패턴에서는 중요한 역할을 한다. 적도에서도 전향력이 작용하지 않아 적도와 적도가 아닌 곳에서 대기와 해수의 운동이 차이가 있다. 전향력이 작용하지

않는 적도에서는 회전력을 얻지 못하여 태풍이 발생하지 않는다.

북-남으로 각각 움직일 때의 편향 적도에 있는 아무 도시를 골라 보자. 가령 에콰도르의 키토Quito처럼 말이다. 키토는 지구상에 있는 많은 다른 곳들과 마찬가지로 자전축을 축으로 매일 한 바퀴를 돈다. 적도에서 지구의 둘레는 40,075 km이며 키토에 서 있는 사람은 시속 1,699 km로 돌고 있는 셈이다. 그러나 북극에 있는 사람은 이 속도의 반도 못 미친다.

위 미국 국립 해양 기상청의 허리케인 헌터(Hurricane Hunter)이다. 과학자들과 기술자들은 태풍 속을 비행하여 기상학적 자료를 수집하며 태풍의 방향을 예측한다.
아래 북반구에서 저기압일 때, 코리올리 효과 때문에 바람이 시계 반대 방향으로 고기압 쪽에서 불어 들어온다.

이곳의 둘레는 17,662km이다. 하루는 24시간이기 때문에 북극에 서 있는 사람은 겨우 시속 736 km로 움직인다.

그럼 키토에 있는 사람이 북쪽으로 미사일을 쏠 경우는 어떻게 되는가? 그것이 발사되는 힘은 북쪽으로 날아가는 속도를 결정하지만 동—서쪽 속도는 지구의 축을 자전하는 속도에 의해 결정된다. 그 미사일은 1,699 km의 동쪽 속도 성분을 가지고 북쪽으로 날아갈 것이다. 그 미사일의 동쪽 속력은 점차 느려지겠지만 날아가는 지점의 육지보다는 더 빠른 속도로 동쪽으로 움직일 것이다.

우주에서 이 미사일은 일직선으로 움직이는 것처럼 보이지만 키토에서 보는 지구에서 보는 사람은 동쪽으로 곡선을 그리는 것처럼 보일 것이다. 이와 비슷하게 공이 북극에서 적도로 움직일 경우에도 오른쪽으로 굽어지는 것처럼 보인다.

동—서 움직임의 편향 적도에서 북쪽 혹은 남쪽에 있는 사람이 같은 위도의 동쪽으로 미사일을 발사한 경우는 어떠할까? 이 경우 같은 위도의 동쪽으로 던지니 위도별 자전 속도의 차는 없어도, 여전히 그 공은 북반구에서는 오른쪽으로 편향될 것이고 남반구에서는 왼쪽으로 편향될 것이다. 왜 그럴까?

원형으로 움직이는 물체에는 두 가지 힘이 작용한다. 안쪽으로 미는 구심력과 바깥쪽으로 미는 원심력이다. 움직이는 물체가 속도를 바꾼다면 이 두 힘의 균형이 이동한다. 가속이 되면 물체는 회전하는 중앙에서 바깥쪽으로 멀어지고 감속이 되면 중앙 쪽으로 떨어진다.

지구 표면의 물체는 실제로 큰 원형으로 돌고 있으며 지구의 축이 회전의 중심이 된다. 동쪽으로 발사된 미사일은 땅보다는 더 빠른 속도로 움직인다. 원심력은 미사일을 바깥으로 끌어당길 것이다. 그러나 중력이 이것이 우주로 날아가는 것을 막기 때문에 미사일이 축에서 멀어지는 방법은 적도 쪽으로 움직이는 것, 즉 북반구에서는 오른쪽, 남반구에서는 왼쪽으로 날아가는 것이다. 서쪽으로 발사된 미사일은 지구보다 더 느리게 움직이므로 지구의 축과 가까워져야 한다. 중심축으로 가까워질 수 없으니 이 경우 극 쪽으로 움직여야 하므로 북반구에서는 오른쪽, 남반구에서는 왼쪽으로 움직인다.

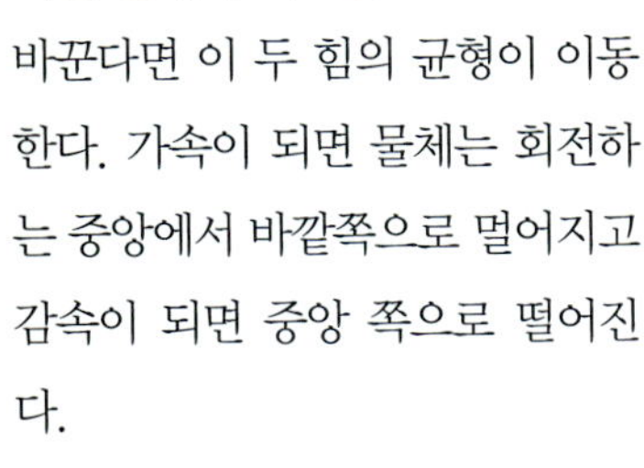

QuikSCAT 위성에 탑재된 시윈즈는 해수면의 풍향을 탐지한다.

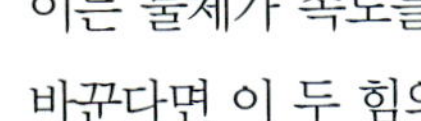

북—남으로 움직이는 것과 동—서로 움직이는 것에 물리적인 차이가 있지만 코리올리의 편향은 북쪽에서는 오른쪽, 남쪽에서는 왼쪽이다. 이 그림은 날아가는 물체가 자전에 의해 궤도에서 이탈하는 모습을 보여준다.

바람이 부는 방향

바람은 한곳에서 다른 곳으로 공기가 움직이는 것이다. 공기는 항상 고기압에서 저기압 쪽으로 이동한다. 이러한 기압의 차이는 온도의 차이에서 비롯된다. 가열된 공기는 팽창해서 가벼워져 상승하므로 지상에 저기압이 발달한다. 그러면 주변 지역에서 이곳으로 공기가 들어와 채워진다. 지구 규모의 대기 대순환을 만드는 온도 차이는 왜 생길까? 이것은 위도에 따라 흡수되는 태양 복사에너지가 다르기 때문이다. 적도 부근에서는 태양 빛이 거의 수직으로 입사한다. 이때 통과하는 대기의 거리가 짧으므로 지표에 도달하기 전에 더 적은 양이 대기에서 흡수된다. 또한 대기의 두께는 극지방보다 적도에서 더 얇다. 그리고 빛이 수직으로 입사하면 같은 양의 빛에너지가 고위도에서보다 더 좁은 면적을 비춘다. 마지막으로 고위도는 육지와 빙하가 더 많기 때문에 저위도보다 더 많은 빛을 반사한다. 이것들은 모두 적도가 극지방보다 기온이 높다는 사실을 명백하게 보여준다.

주요 바람의 패턴 위도에 따른 온도의 차이 때문에 적도에서는 가열된 공기가 상승하며 열과 수분을 함께 운반한다. 적도에서 대류권 계면까지 상승한 공기는 이곳에서 북쪽과 남쪽으로 이동한다. 양극지방으로 이동하던 공기가 코리올리 효과로 차츰 이동 방향이 동쪽으로 편향되어 각각 북반구와 남반구 30° 부근에서 동쪽으로 부는 제트류 jet stream, 서풍를 만든다. 이 공기는 차가워지며 압축되어 북반구와 남반구 30° 부근에서 다시 지표 면으로 하강한다.

30°에서 이러한 공기의 침강은 고기압 띠인, '말의 위도 horse latitude'라는 아열대 무풍대를 형성한다. 이곳은 바람이 약하다. 이 이

위 적도 상공에 퍼져 있는 구름이 북동 무역풍과 남동 무역풍이 만나는 것을 보여준다.
아래 구름 틈 사이로 사우스조지아 섬이 보인다. 이러한 구름의 형상은 이곳이 서로 다른 바람에 의해 만들어졌음을 보여준다. 사진 왼쪽 상단에 대류세포가 끈 모양의 패턴으로 보인다.

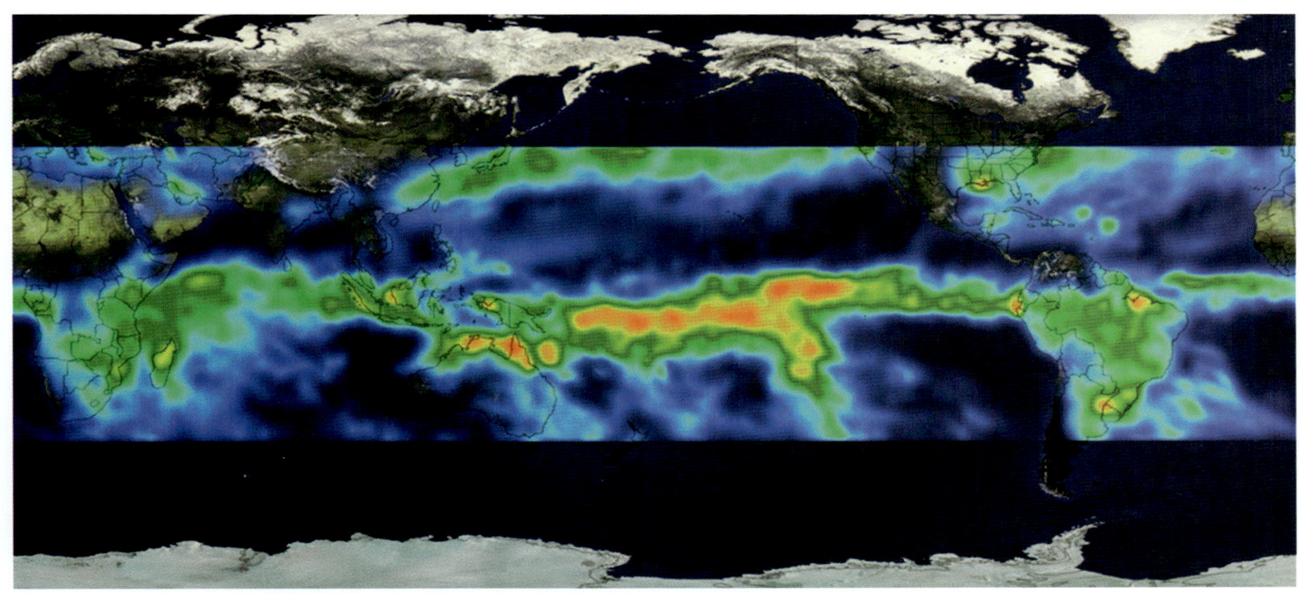

지구의 한 달 평균 강수량을 보여주는 그림. 강수량이 적은 지역은 밝은 청색이고 폭우 지역은 주황색과 적색이다.

름은 바람이 잔잔하여 항해하던 선박이 몇 주 동안 멈추면 식수를 아끼기 위해 말을 바다로 던져버린 데서 유래했다. 또 저기압 지역인 적도에도 일반적으로 약한 바람이 부는데 이 지역은 적도 무풍대doldrums이다.

30°의 대류권 계면에서 하강한 공기가 각각 북반구, 남반구 지표면에 도달하면 적도나 극지방으로 향한다. 적도 방향으로 가는 공기는 무역풍을 만들며 이는 코리올리 효과에 의해 남서쪽북반구이나 북서쪽남반구으로 향하는 북동 무역풍북반구과 남동 무역풍남반구이 된다. 극지방으로 향하는 공기는 서쪽에서 동쪽으로 부는 바람을 형성한다. 바람의 이름은 불어오는 방향으로 정하기 때문에 이러한 바람을 편서풍westerlies이라 한다.

북반구와 남반구 60°에서는 공기가 다시 상승하여 대류권 계면에 도달하여 북쪽이나 남쪽으로 향한다. 이곳에서 두 번째 동쪽 방향으로 부는 제트류가 생긴다. 공기는 북반구, 남반구 30°와 극지방 주변에서 하강한다. 하강하여 극지방에서 적도 쪽으로 부는 공기는 극동풍polar easter-lies이라 한다.

이 모든 공기 대순환을 대류세포convection cell라고 한다. 적도에서 북반구와 남반구 30° 사이를 흐르는 대류를 해들리 세포Hadley cell라 하고 중위도의 것을 페렐 세포Ferrel cell라 하며 고위도의 것을 극세포polar cell라고 한다.

강수 북반구와 남반구 30°에서 하강하는 공기는 고기압을 형성하여 하늘이 맑고 건조하다. 이 때문에 지구의 큰 사막들이 위도 30°에 분포한다. 적도, 북반구와 남반구 60°의 상승하는 공기는 비를 내려 이곳이 다습한 지역이 되게 하고 적도에는 열대 우림을 형성한다. 이러한 강수 패턴은 해양에도 영향을 준다. 열대, 북반구와 남반구 60°의 폭우는 해양의 염분을 낮추지만 북반구와 남반구 30°의 건조 기후는 염분을 높인다.

19세기 돛단배. 국제 무역과 초기 해양 탐험은 바람에 의한 영향을 많이 받았다.

• 저기압과 고기압은 지상의 기압 배치로 말한다(옮긴이).

해륙풍

몇 가지 원칙을 알면 많은 것을 쉽게 이해할 수 있다. 첫째, 바람은 항상 고기압에서 저기압으로 분다. 높이차가 생기면 물이 높은 곳에서 낮은 곳으로 움직이듯이 같은 유체인 공기도 그렇게 움직이며 공기가 움직이는 것을 바람이라 한다. 둘째, 다른 조건이 같으면 차가운 공기가 뜨거운 공기보다 무겁다. 즉, 고기압이 된다. 하강기류가 있는 고기압일 때는 날씨가 좋지만 상승기류가 있는 저기압일 때는 날씨가 흐리다. 넷째, 비열이 큰 물은 흙보다 더 천천히 가열되고 천천히 차가워진다. 낮에 해가 뜨면 육지는 바다보다 더 빠른 속도로 더워지므로 육지 위의 공기는 바다 위의 공기보다 더 빨리 가열된다. 가열된 공기는 상승하면서 육지에 저기압이 형성된다. 차갑고 밀도가 큰 해양의 공기는 이러한 저기압 지역으로 흘러 해양에서 육지 쪽으로 불어가는 해풍을 일으킨다. 이 바람은 하루가 주기인데 이른 오후에 최고이며 육지와 해양의 온도가 같아지면 없어진다. 저녁에는 육지가 바다보다 더 빨리 차가워지며 낮의 패턴이 역전되어 육풍을 형성한다.

대체로 해륙풍은 날씨가 맑은 날 탁월하게 나타난다. 이러한 해륙풍은 강할 때도 있어 육지의 냄새를 30 km까지 이동시킬 수 있다. 해륙풍은 바람에 의존하는 어부들에게 많은 영향을 준다.

위 샌프란시스코의 유명한 안개는 더운 공기가 차가운 연안의 해양에서 식으면서 생긴다.
가운데 쌍둥이 태풍이 필리핀 근처의 태평양에 있다.
아래 비그늘 효과는 우주에서 볼 수 있을 만큼 괴력을 지닌다. 바람이 불어 가는 쪽인 하와이 섬의 남서쪽은 바람이 불어오는 북동쪽보다 확연히 갈색임을 볼 수 있다.

또한 캘리포니아에 유명한 베이 에어리어Bay Area에 안개를 일으키는데 이는 주변 해류가 해안가에 차가운 물을 공급하면서 생긴다. 아침에 이 해풍이 더운 공기를 물 위로 운반하면 차가운 물에 수증기가 응결하여 안개를 형성한다. 안개는 저녁에도 형성되는데 육지에서 더운 공기가 찬물로 이동할 때도 생긴다.

폭우 몬순monsoon은 계절풍으로 해륙풍과 마찬가지로 물과 흙의 비열차 때문에 생기는 바람이나 육지와 해양의 온도가 차가워지고 가열되는 주기가 1년인 것이 다르다. 몬순과 같은 계절풍은 세계적으로 일어나지만 이 용어는 인도양과 남아시아의 계절풍에 많이 사용된다. 몬순이라는 단어는 계절을 뜻하는 아라비아 단어 *mausin*에서 유래되었다.

해륙풍이 하루 온도의 변화에 의한 것이라면 몬순은 계절적인 변화에 의한 것이다. 여름에는 넓은 육지가 빨리 더워지며 내륙의 공기가 상승하여, 바람은 차가운 해양 쪽에서 육지 쪽으로 분다. 해양의 공기는 수증기를 많이 가지고 있어 폭우를 동반한다. 보통은 이 폭우가 큰 피해를 주는 홍수를 일으키지만 아시아의 농업에는 많은 기여를 한다. 겨울에는 이 상황이 역전되어 건조한 겨울계절풍이 육지에서 바다로 분다. 인도에서 여름에는 남서계절풍이, 겨울에는 북동계절풍이 분다.

비그늘 많은 사람들에게 하와이의 섬은 무성하고 습한 열대 낙원을 연상케 한다. 실제로 바람이 불어오는 섬의 한쪽은 이러한 특징을 지닌다. 바람이 해양에서 불어오면서 섬의 산맥을 넘어간다. 이때 공기는 가지고 있는 수증기를 비로 내리고 산 정상을 넘어간다. 즉, 바람이 산의 정상을

디메틸 황화물은 구름의 생성과 모양을 결정하는 많은 화합물 중의 하나이다. 큰 화산 활동으로 생기는 화산재와 미립자는 일몰 때 하늘을 붉게 만든다.

무슨 냄새인가?

사람들은 대부분 해양의 냄새에 대해 이야기하곤 한다. 그 냄새는 무슨 냄새일까? 한 가지 큰 원인인 디메틸 황화물(DMS; Dimethyl Sulfide)은 냄새뿐만 아니라 기후에도 많은 영향을 끼친다.

특정 종류의 식물 플랑크톤과 광합성을 하는 미생물들은 전구물질·로 DMS를 생성한다. 이러한 식물 플랑크톤은 손상을 입으면 내용물을 주변의 물에 방출하여 다른 박테리아나 생명체들도 전구물질로 DMS를 생성한다. 일부 DMS는 흩어지거나 공기 중으로 퍼지며 그곳에서 작은 미립자를 형성하여 구름의 응결핵이 된다. 또한 DMS는 구름의 반사도도 변화시킨다. 많은 DMS 혹은 다른 황 미립자를 가진 구름은 더 많은 태양 복사를 반사시킨다. 이러한 과정은 주로 '자기조절'이 된다. 구름이 많을수록 더 적은 양의 빛이 해수면에 닿게 되고 이는 광합성을 하는 미생물의 성장을 조절하여 DMS의 양을 조절하게 된다.

넘어 반대쪽으로 넘어갈 때 대부분의 수증기가 사라진다. 이러한 현상은 산맥이 높을수록 크게 나타난다. 열대 우림인 아마존은 안데스 산맥의 바람이 불어오는 쪽에 있으며 지구에서 가장 습한 지역 중에 하나이나, 그 반대쪽인 남아메리카의 서쪽 연안은 세계적으로 강수량이 가장 적은 비그늘이다.

· 전구물질(precursor) : 어떤 화합물을 합성하는 데 필요한 재료가 되는 물질(옮긴이)

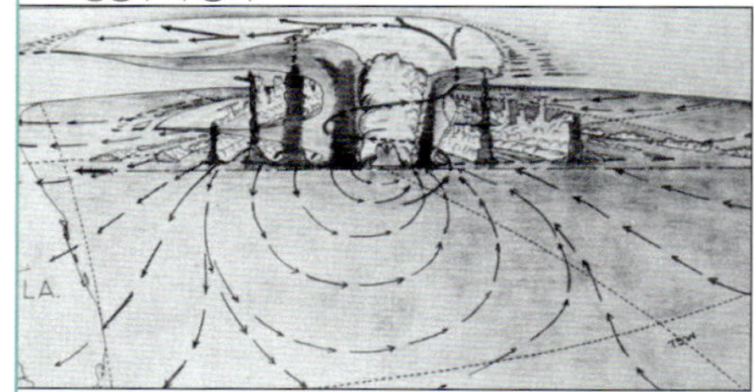

폭풍

2005년 여름 미국의 걸프 해안에 허리케인 카트리나Katrina가 가져온 재난은 엄청났다. 시속 217 km의 바람은 나무와 집을 파괴했으며 해수면을 9 m 상승시켰다. 매년 태풍이나 다른 폭풍들은 세계의 연안 지역을 파멸시킨다. 1970년 벵골Bengal 만에 일어난 한 태풍은 30만 명의 사상자를 냈다.

태풍의 분류 국립기상청에 의하면 사이클론cyclone이란 저기압의 중심을 순환하는 대규모 바람이며 북반구에서는 시계 반대 방향으로, 남반구에서는 시계방향으로 회전한다. 사이클론은 열대에서 가장 흔하지만 열대 밖에서도 생겨나며 북극에서도 일어난다.

시속 62 km 이하의 풍속을 유지하는 열대 사이클론을 열대 저기압tropical depression이라고 한다. 이는 태풍의 눈이 없으며 대부분 나선 모양이 아니다. 최대풍속이 시속 62－117 km이면 열대폭풍tropical storm이라 한다. 최대풍속이 시속 119 km 이상이 되면 어느 지역인지에 따라 명칭이 다르다. 대서양과 북태평양 동부에서는 허리케인hurricane이라고

불리고 북태평양 서부와 남태평양에서는 태풍typhoon이라고 불린다. 인도양과 남대서양의 경우에는 열대 사이클론 혹은 단순히 사이클론cyclone이라고 불린다.

허리케인은 풍속에 의해 새피어－심슨Saffir－Simpson 척도로 더 자세히 분류한다. 가장 약한 태풍은 시속 119－153 km 사이로 1－1.5 m 정도의 파도를 일으킨다. 가장 강력한 5등급 태풍은 시속 249 km 이상의 풍속을 지니며 5.5 m의 파도를 일으킨다. 홍수는 태풍의 가장 최악이 다가오기도 전에 저지대의 비상 탈출구를 끊어 버릴 수 있다.

위 1958년의 이 도표는 태풍의 단면을 보여준다.
가운데 열대 저기압이 미국을 지나간다. 평상시보다 차가운 물과 그 주변은 이 태풍의 세력을 많이 소모시켰다.
아래 이 사진은 허리케인 헌터의 조종사가 찍은 것으로 미국 걸프 만을 강타하기 하루 전 카트리나 눈의 난층운 벽을 보여준다. 이때 카트리나는 5등급 허리케인이었다.

태풍의 눈과 난층운의 벽 허리케인에서 공기는 지표면을 따라 중심의 저기압 지역으로 몰린다. 바람이 안쪽으로 불어 들어오면서 코리올리 효과는 바람을 북

반구에서는 오른쪽으로, 남반구에서는 왼쪽으로 편향시켜 전형적인 소용돌이 모양이 된다. 북반구에 시계 반대 방향의 소용돌이로 바람이 빠른 속도로 불면 원심력이 크게 작용하여 중심에 있는 공기가 바깥쪽으로 이동하고, 빠져나간 공기를 채우기 위해 중심부에 약한 하강기류가 있는 태풍의 눈이 형성된다. 더욱 강력한 사이클론은 50 km 정도 크기의 고요한 태풍의 눈이 중심부에 있다. 태풍의 눈 바깥쪽에는 난층운의 구름벽이 있는데 이곳이 바람과 비가 가장 강하다.

태풍과 지구 온난화 열대 사이클론은 해양에서 에너지를 얻는다. 해양의 온도가 높을수록 사이클론은 더 많은 에너지를 얻는다. 이 때문에 많은 컴퓨터로 예측한 기후 모델들이 지구 온난화가 더 큰 태풍을 더 자주 형성시킬 것이라고 한다. 그러나 과거의 증거는 엇갈린다. 조지아 기술 대학의 피터 웹스터Peter Webster와 동료들은 최근 35년 동안 4등급과 5등급 태풍이 증가하는 현상을 발견하였으나 이를 지구 온난화로 탓하기에는 기간이 너무 짧다. 콜로라도 대학의 로저 피엘크Roger Pielke는 어느 곳에 마을과 도시가 지어지느냐에 따라 미래의 태풍이 끼칠 피해가 결정된다고 했다.

허리케인 프랜시스(Frances)가 대서양이 아닌 남태평양에서 발생했다면 태풍이라고 불렸을 것이다.

이름의 비밀

사이클론, 태풍, 허리케인은 한 가지를 지칭하는 서로 다른 말이다. '사이클론' 이라는 단어는 원형을 뜻하는 그리스어 *kyklos* 에서 유래되었고 이는 회전을 뜻하는 이집트어 *cykline* 과 연관 있어 보인다. '태풍' 이라는 단어의 근원에는 많은 논란이 있다. 위험한 바다를 뜻하는 그리스 신화 속의 인물 'typhone' 에서 생겼거나 아라비아, 페르시아와 힌두어의 *tufun* 에서 유래되었을 것이다. 남중국해에서 생겨난 태풍을 지칭하는 말이었다는 것을 볼 때 중국의 어원에서 '엄청난 바람'을 뜻하는 *'t'ai fung'* 이라는 중국말에서 유래되었다는 것이 중국학자들의 생각이다.

이에 반해 '허리케인' 이라는 말은 하이티의 타이노(Taino) 사람들에게서 유럽으로 전해졌다. 아마도 남아메리카에서 처음 생겨나 마이아의 바람과 폭풍의 신인 후라칸(Hurakan)에서 유래되었을 것이다. 후라칸은 창조자로 자신의 숨으로 해양을 마르게 하여 육지를 창조하였다.

움직이는 물

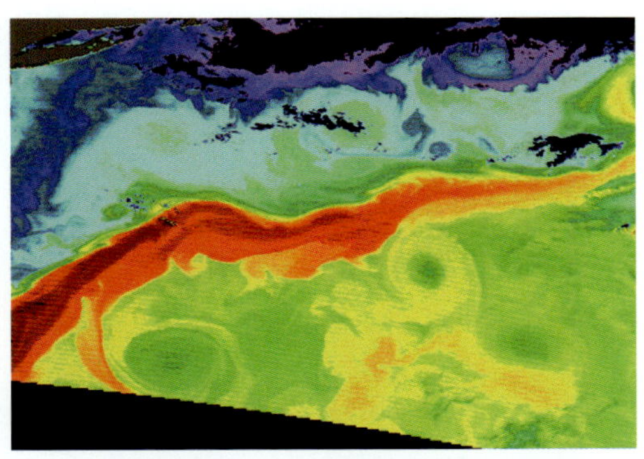

왼쪽 북미 연안, 노스캐롤라이나 주의 해터러스(Hatteras) 곶에서 갈라지는 멕시코 만류의 인공위성 사진
위 멕시코 만류는 미국 동부 해안을 따라 체서피크(Chesapeake) 만의 남쪽에서 영국 제도까지 대서양을 횡단한다. 이 가상 이미지는 해류와 주변의 물의 온도 차이를 보여준다. 가장 차가운 곳은 보라색이고 청색, 녹색, 황색 그리고 적색 순으로 따뜻하다.
아래 스코틀랜드의 웨스트 하일랜드에 있는 트리흐(Traigh) 비치는 멕시코 만류가 흐르는 곳에 있다.

해류에 관한 연구는 무역, 기후 그리고 국가 안전에 끼치는 영향 등 많은 이유에서 중요하다. 매튜 폰타인 모리는 항해 일지를 이용하여 전 지구의 바람과 해류의 지도를 최초로 만들었다. 모리가 1855년 쓴 책《해양물리학 *The Physical Geography of the Sea*》에는 해양 과학을 시처럼 썼다.

해양에는 강이 있다. 가장 심한 가뭄에도 쇠하지 않으며, 심한 홍수에도 범람하지 않는다. 해류는 따뜻해서 차가운 물이 둑과 바닥을 만든다. 멕시코 만이 수원이며 입은 북극해이다. 그것은 멕시코 만류이다. 세계의 어떤 곳에도 이만큼 웅대한 물의 흐름은 없다. 이 해류는 미시시피나 아마존 강보다 더 빠르다.
걸프 만에서 캐롤라이나 연안까지 뻗은 이 물은 남빛으로 뚜렷하게 차이가 나서 다른 해수와의 경계를 육안으로 구별할 수 있다. 종종 선박의 반은 멕시코 만류를 따라다니고 나머지 반은 다른 해수에서 항해한다. 그 선은 너무나도 뚜렷하여 같은 물끼리는 끌리고 해류와 해양과는 꺼리는 것처럼 보인다.

멕시코 만류는 해양에 흐르는 많은 해류 중 하나이다. 바람, 중력 그리고 다른 요소들의 복잡한 상호작용이 해류에 영향을 주고 해류는 또 상업, 기후 그리고 해양 생물들에 셀 수 없이 많은 영향을 미친다.

보이지 않는 경계

해양은 많은 지역으로 나누어져 있으며 각 지역은 고유의 물리적·화학적·생물학적 특성을 가지고 있다. 이러한 지역은 지협이나 해저능선과 같은 물리적 장벽에 의해 나눠지거나 밀도차나 해류 같이 물에 의해 분리될 수도 있다. 해양학자들은 주변의 물과 물리적·화학적으로 구별되는 특성을 가진 수역을 수괴water mass라고 한다. 이러한 수괴는 일시적일 수 있다. 예를 들어 해수면에 있는 일시적인 민물이 폭풍에 의해 섞여 영속적이고 안정적이 물이 된다. 계속 유지되는 수괴는 남극저층수Antarctic Bottom Water나 북극중층수Atric Intermediate Water와 같은 명칭이 주어진다.

밀도 일반적으로 밀도가 낮은 액체는 밀도가 높은 액체 위에 뜬다. 이러한 현상을 밀도성층density stratification이라고 하며 지구의 맨틀, 샐러드드레싱, 해양과 같은 모든 액체에서 나타난다.

해양의 표면에는 혼합층mixed layer이 있다. 이곳은 바람과 파도에 의해 물이 충분히 섞여 온도와 염분이 일정하다. 이 혼합층은 보통 두께가 150 m 정도이지만 1,000 m까지 되기도 하고 실질적으로 없을 수도 있다. 바람이 강하여 혼합이 왕성하면 두껍고, 잔잔한 환경에서는 얇다.

이 혼합층 아래에는 밀도약층pycnocline이 있으며 이곳은 물의 밀도가 수심에 따라 급격하게 변한다. 밀도약층 아래에는 1,500 m까지 중층수가 있고 약 4,000 m까지는 심층수가 있다. 물의 가장 아랫바닥이 밀도가 가장 높은 부분이다.

안정성 물속의 각층의 밀도 차이가 크면 수주water column는 더 안정적이며 수직 혼합을 할 가능성이 적어진다. 이는 밀도 차이가 클수록 표면의 물을 아래로 끌어내리고 아래의 물을 끌어올리는 에너지가 더 많이 소요되기 때문이다. 공기가 가득 찬 공과 진흙이 가득 찬 공을 물에 넣는다고 생각해 보라. 밀도가 낮은, 공기로 가득 찬 공을 물 아래로 내리는 것이 훨씬 어렵다.

밀도의 차이는 수면에 있는 물의 밀도 변화에 영향을 받는다. 증발이 증가하면 해수면의 염분이 높아지고 따라서 밀도도 높아져 밀도 차이가 작아진

위 사하라 사막 서쪽의 대서양 연안을 찍은 위성사진이다. 이곳은 증발작용이 왕성하여 해수면의 물은 평균보다 염도가 높다.
아래 남극대륙을 둘러싼 남쪽 해양은 차갑고 고밀도의 남극저층수를 만든다. 해양이 차가워지면서 겨울에 얼기 시작하면 물의 밀도는 커지므로 심해로 가라앉기 시작한다.

꽁꽁 언 남극해의 항공사진에서 얼어 버린 표면이 해류와 바람에 의해 갈라져 해수가 보이는 것을 알 수 있다. 이러한 지역은 리드(lead)라 불리며 수마일 동안 굽이쳐 흐를 수 있다.

다. 강수량이 증가하면 염분이 낮아지고 해수면의 밀도를 낮게 하여 밀도 차이가 커진다.

해수면의 밀도는 계절적인 변화도 있다. 고위도에서 해수면의 물은 겨울에 굉장히 차가워진다. 충분히 차가워져서 밀도가 커지면 그곳의 물은 가라앉기 시작한다. 물이 더운 곳에서 추운 곳으로 이동하면 온도와 밀도가 변하게 된다. 거꾸로도 마찬가지다.

해류 플랑크톤은 잘 헤엄치지 못하기 때문에 어디로 가는지는 해류가 정한다. 물의 층 사이의 혼합은 드물기 때문에 플랑크톤은 밀도약층 위나 아래에 갇혀 있을 가능성이 높다. 강한 해류

어린 쏨뱅이. 쏨뱅이의 다른 종류들은 얕은 연안부터 대륙붕의 끝인 깊은 곳까지 해양의 다양한 지역에서 서식한다.

는 장벽이 될 수도 있다. 예를 들어 남쪽 캘리포니아의 포인트 컨셉션 Point Conception의 북쪽과 남쪽에서는 조간대 생물체의 중요한 이동이 있다. 포인트 컨셉션의 해안선은 동쪽으로 급격하게 구부러져 있어 남쪽으로 흐르는 캘리포니아 해류는 먼바다로 흐른다. 많은 해양 동물들은 애벌레를 수주로 내보내 새로운 장소로 퍼뜨리는데 북쪽에서 오는 애벌레는 적합한 서식지에서 쓸려 나갈 것이다. 남쪽에서 흘러오는 애벌레는 해류에 맞서 이동하지 못할 것이다.

용승과 침강류

세계에서 가장 어획량이 높은 어장은 연안의 용승upwelling 지역이다. 이러한 지역은 영양염류가 풍부한 물이 수면 아래에서 올라와 조류漢類와 식물성 플랑크톤이 풍부하고, 이러한 1차 생산자의 증가로 물고기들이 풍부하다. 남극대륙 주변에서의 연안용승 때문에 이곳에는 크릴펭귄이나 고래 등 다른 많은 동물의 먹이로 새우처럼 생긴 것이 많다. 바람과 물의 상호작용으로 용승 지역은 대체로 대륙의 서해안에 형성된다.

바람과 해류 해수면에서 물이 해안가에서 먼바다로 흐르면 그것을 보충하기 위해 심해의 물이 상승할 것이다. 해안에서 먼바다 쪽으로 해안선에 수직으로 부는 바람이 용승류의 형성에 가장 큰 역할을 할 것 같지만 오히려 용승류는 바람이 해안과 나란하게 불 때 주로 일어난다. 이는 코리올리 효과 때문에 최종적으로는 바람의 방향과 수직으로 물이 움직이기 때문이다.

전향력은 북반구에서는 오른쪽 직각 방향으로 작용하고, 남반구에서는 왼쪽 직각 방향으로 작용한다. 따라서 남반구의 남아메리카 서해안에서 남풍남쪽에서 북쪽으로 부는 바람이 불거나, 동해안에서 북풍이 불 때, 전향력이 작용하여 해수는 바람 방향이 아닌 바람 방향의 왼쪽 직각 방향으로 이동한다. 즉 해안가에서 먼바다로 향하는 해류를 만든다. 북반구의 북아메리카의 경우 해안선에 나란하게 서해안에서 북풍이 불거나, 동해안에서 남풍이 불면 물은 오른쪽으로 휘어져, 먼바다로 향하는 해류가 형성되어 용승류가 생긴다.

용승은 장소와 때와 세기에 따라 변화무쌍하다. 어떤 곳에서는 용승된 물은 연안 가까이에 머물고 있다. 또 어떤 곳에서는 깃털이나 가는 실처럼 먼바다로 뻗어 나간다. 북미의 노스캐롤라이나에서는 연안을 따라 200 km까지 뻗어 나가는 것도 있다.

훌륭한 어장 식물과 조류 그리고 다른 광합성 식물이 해양에서 자라면서 물속의 영양염류를 사용한다. 생명체가 죽게 되면 주로 아래로 가라앉으며 자양물을 가지고 간다. 새로운 영양소의 공급 없이는 1차 생산자

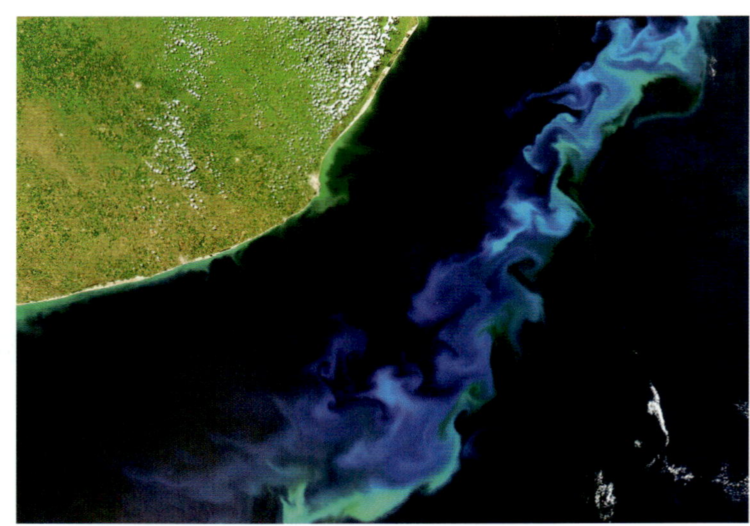

위 혹등고래(humpback whale)가 크릴을 먹고 있다.
아래 아르헨티나의 연안에서 식물 플랑크톤이 만발한 것을 사진에서 녹색과 청색 소용돌이로 볼 수 있다. 대서양의 이 지역은 차고 영양염류가 많은 남극의 물과 브라질 남쪽의 따뜻하고 염분이 높은 물이 섞이면서 특히 생산성이 높다.

의 생장은 한정될 수밖에 없다. 열대와 외해에서는 일반적으로 영양염류가 부족하며 이 때문에 바다가 맑은 청색이다. 탁하게 만들기 위한 충분한 1차 생산자가 없는 것이다.

심해에는 태양 빛의 부재로 1차 생산이 적어 더 적은 양의 영양염류가 사용된다. 게다가 위쪽에서 계속 내려오는 자양물의 공급 때문에 심해의 물에 영양염류가 더 많을 수밖에 없다. 용승작용은 이러한 심해의 영양염류를 태양 빛이 있는 곳으로 끌어 올려 식물, 조류 그리고 다른 생명체들이 사용할 수 있도록 한다. 사실 전 세계의 황금어장은 대부분 용승류 지역이라고 할 수 있다.

의외의 결과 많은 해양 생물체들은 해류를 따라 자유롭게 떠내려가며, 자신의 위치를 거의 통제할 수가 없다. 삿갓조개나 대합조개 같이 고착 동물들도 어릴 때는 수일, 수개월 동안 내던져져서, 고착해서 성체로 자라기 전에는, 바다를 떠돌게 된다. 먼바다로 흐르는 빠른 해류는 이러한 새끼들을 아주 멀리 보내 못 돌아오게 할 수도 있다. 특정 치어가 살아남아 성체가 되기 위해서는 서식지의 용승류의 일시적인 완화가 중요하다.

용승류는 예기치 못한 산업에 도움이 되기도 한다. 페루의 서해안에 풍부한 어장은 많은 새들을 그 지역으로 유인한다. 이 새들은 질소와 인산염이 풍부한 배설물을 떨어뜨려 사람들은 이를 채취해 거름을 만든다.

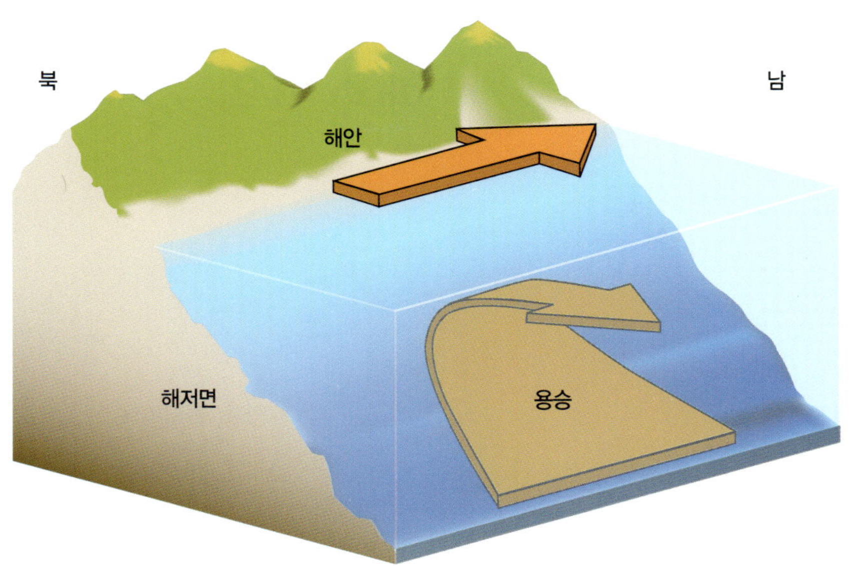

위 북아메리카의 서해안에 일어나는 용승작용. 북쪽에서 남쪽으로 부는 바람(적색 화살표)은 해수면의 물을 먼바다 쪽으로 흐르게 하고 밑에서 영양염류가 풍부한 물이 이를 보충하기 위해 올라온다.
아래 워싱턴의 산후안(San Juan) 섬 해안가에 있는 삿갓조개

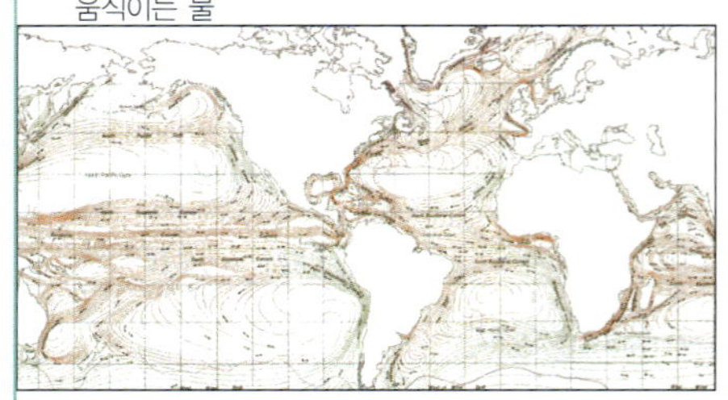

해수면의 강

바다는 지구라는 그릇에 담겨 있는 물에 비유할 수 있다. 물은 높은 곳에서 낮은 곳으로 흐르므로, 고여 있는 물이 흐를 수는 없다. 그런데 물이 고여 있는 바다에도 강물처럼 좁고 빠른, 일정한 물의 흐름이 존재한다. 이를 해류current라고 한다. 해류가 생기는 원인은 여러 가지가 있지만 가장 큰 원인은 바람이다. 꾸준히 부는 지구 규모의 바람과의 마찰로 바다에 강물이 존재하는데 이런 해류를 취송류wind-driven current라 한다. 해양의 표면은 취송류인 표층 해류에 의해 종횡으로 나누어진다. 무역풍은 서쪽으로 흐르는 남적도해류와 북적도해류를 형성하고, 중위도의 편서풍은 해수를 동쪽으로 이동시켜, 북반구에서는 북태평양 해류와 북대서양 해류를, 남반구에서는 남대서양 해류를 형성한다. 극지방에 부는 극동풍은 남반구에서 극동류를, 북반구에서는 오야시오 해류를 형성한다.

해양을 둘러싸며 동쪽으로 또는 서쪽으로 흐르던 해류가 대륙에 의해 막히게 되면 중력과 상호작용하여 남쪽이나 북쪽 방향으로 흐르는 해류를 형성한다. 예를 들어 북적도해류는 태평양의 서쪽에 물을 축적하여 수압이 높아지면 북쪽인 일본 쪽으로 물을 밀게 되면서 쿠로시오 해류를 형성한다. 태평양의 동쪽에서는 캘리포니아 해류가 물을 남쪽으로 운반하고 알래스카 해류는 북쪽으로 움직인다. 캘리포니아 해류는 북적도해류로 연결되어 흘러 북태평양 순환을 만든다. 남태평양의 중요한 남, 북 방향의 해류는 남아메리카 서해안의 페루 해류훔볼트 해류와 동호주 해류이다.

위 해수면의 주요 표층 해류는 아굴라스 해류(남아프리카), 쿠로시오 해류(일본), 멕시코 만류(북아메리카)와 같이 따뜻한 해역에 있다.
아래 왼쪽 태평양 적도에 있는 파도 선. 해수면의 더운 물과 차가운 물의 경계를 나타낸다.
아래 오른쪽 플로리다 해류는 플로리다와 쿠바 사이를 지나가며 압축되어 가속된다.

남대서양과 북대서양에는 이렇게 해류의 순환이 생긴다. 북대서양에서 동서류는 북동쪽으로 흐르는 멕시코 만류와 남쪽으로 흐르는 카나리아 해류와 만난다. 남대서양에 벤구엘라 해류는 아프리카의 서해안을 따라 북쪽으로 흐르고 브라질 해류는 물을 남쪽으로 운반한다. 남적도해류의 일부는 북쪽으로 편향되어 적도를 건너 결국 멕시코 만류와 합쳐진다.

속도 표층 해류는 초속 0.1–0.5 m 정도의 속도로 움직이며 10 m 높이의 바람 속도의 1 % 정도로 흐른다. 유속은 해류의 폭과 깊이에 따라 변한다. 플로리다 해류가 플로리다와 쿠바 사이를 지나며 폭이 좁아질 때에는 유속이 초당 1.5 m 증가한다.

이러한 현상은 서안강화^{western intensification}라 불리며 해양의 서쪽^{대륙의 동해안} 가장자리를 흐르는 해류는 좁고 빠르고 깊어, 동쪽보다 더 명확하게 나타난다. 이는 여러 가지 요인으로 생기는 것이다. 동적도해류가 해수를 동쪽에서 서쪽으로 이동시켜 서쪽에 해수가 퇴적되는 효과와 함께 행성파인 로스뷔 파^{Rossby wave}는 고정적으로 동쪽에서 서쪽으로 움직이면서 해류에 영향을 준다. 서안강화는 남반구에서는 대륙의 배열 때문에 훨씬 약하게 나타난다.

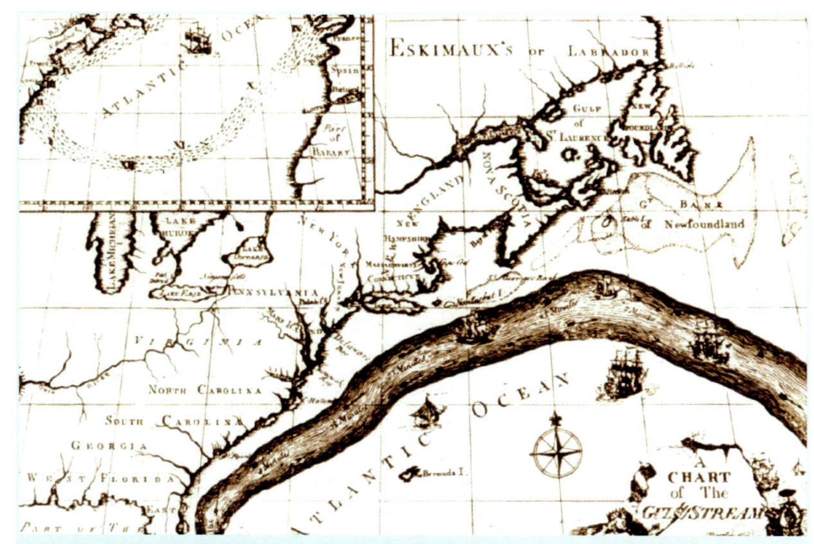

멕시코 만류를 그린 폴저와 프랭클린의 지도. 프랭클린은 해양에 해류가 존재하는 것에 대해 흥미를 가졌다. 그는 1755년 영국에서 식민지인 미국으로의 여정 중에 해양의 온도를 하루에 네 번씩 측정하였다.

영국에서의 느린 항로

혁명전쟁에 이은 몇 년 동안 벤자민 프랭클린(Benjamin Franklin, 1706–90)은 미 식민지의 우정공사 총재였다. 그때 편지가 선편으로 배달되었는데 영국 팔모스에서 미국 뉴욕으로 오는 것이, 영국 런던에서 미국 로드아일랜드로 가는 선박보다 몇 주 더 걸렸다. 프랭클린은 왜 그런지 알고 싶었다. 그는 자신의 사촌이며 낸터컷호(Nantucket)의 선장인 티모시 폴저(Timothy Folger)에게 조언을 구했다. 폴저는 북동쪽으로 흐르는, 즉 미국에서 유럽으로 흐르는 강한 유속의 멕시코 만류 때문이라고 했다. 팔모스와 뉴욕을 오가는 선박은 해류에 역행하며 항해하고 런던과 로드아일랜드를 건너는 선박은 해류를 가로질러서 항해했다. 멕시코 만류는 항해의 효율성뿐만 아니라 고래를 찾는 데도 유용하다. 이 포유동물들은 먹이가 많은 멕시코 만류의 가장자리에서 많이 발견되었다. 멕시코 만류는 뉴잉글랜드의 선장들에게 매우 중요하였기 때문에 폴저는 그 해류를 직접 그려 낼 수 있을 정도로 잘 알고 있었다.

소용돌이와 제방 빠르게 흐르는 해류와 그 주위의 느린 해수와의 상호작용은 해류에서 떨어져 나온 소용돌이를 만든다. 이 소용돌이는 그것이 떨어져 나오기 전 해류의 특성을 가지고 있다. 예를 들면 미국 남동쪽 해수면의 소용돌이는 4,000 km 떨어진 지브롤터^{Gibraltar} 해협의 해수의 화학적 특성을 그대로 보여준다. 소용돌이는 수마일에서 수백 마일 크기로 다양하며 수일 동안 지속되고 모든 깊이에서 일어난다.

가끔은 해수면에 긴 거품 띠와 떠다니는 물체가 바람과 나란하게 뻗어 있다. 이것은 랭뮤어 세포^{Langmiur cell}라 하는 얇고 평평한 나선 모양의 해류에서 만들어진다. 나란히 있는 셀들이 서로 반대 방향으로 돌며 수렴과 확산을 반복한다. 아래쪽으로 흐르는 셀이 만나는 곳에 수렴지대가 형성된다. 이 지대의 양쪽에 있는 물은 부양성 있는 물질을 운반하지만 물이 아래로 흐르면 그 물질은 표면에 갇혀 있게 되어 해수면에 평행선을 만든다.

소용돌이와 에크만 나선

노르웨이의 탐험가인 프리조프 난센Fridtjof Nansen, 1861-1930이 1890년대에 해류의 흐름을 연구하러 북극의 군빙에 선박을 일부러 가뒀을 때, 그는 배가 떠내려가는 방향이 보통 바람의 방향에서 약 20°–40° 오른쪽이라는 것을 인지했다. 그는 이것이 코리올리 효과에 의한 것이라고 추측했다. 난센은 북반구에 있었기 때문에 코리올리 효과는 바람이 군빙을 바람 방향의 약간 오른쪽으로 휘어져 움직이도록 작용했다. 그는 군빙 아래의 물은 바람의 방향보다 더 오른쪽으로 돌

것이라고 생각했다. 군빙이 바람의 각도와 같이 움직이면서 마찰력에 의해 해수를 움직이는데, 이때도 전향력이 작용하기 때문에 그 물은 군빙의 방향이 아닌 약간 오른쪽으로 움직일 것이다. 이 물은 그 밑의 물에 똑같은 작용을 반복하여 수심이 점차 깊어짐에 따라 오른쪽으로 도는 나선 모양이 생길 것이다. 이 주제에 관한 난센의 발표를 들은 스웨덴 해양학자 월프리드 에크만Walfrid Ekman, 1874-1954은 너무나 흥미로워 그에 대한 물리적 원리를 밝히고 수학적 계산을 하기 시작했다. 1902년 그는 이 현상에 대한 이론을 출판하여 이 나선은 에크만 나선Ekman sprial이란 명칭을 갖게 되었다.

물속의 언덕 에크만 나선의 놀라운 결과는 해수면에서부터 약 수심 150 m까지 물의 평균적인 이동 방향이 풍향의 오른쪽북반구과 왼쪽남반구으로 90° 방향이라는 것이다. 즉, 해수면의 물은 바람과 직각을 이루며 이동을 한다는 것이다. 이 현상을 에크만 수송Ekman transport이라고 하며 이 때문에 각 대양에는 두드러진 언덕이 생긴다.

이러한 언덕은 순환의 중심이나 나선형 해류 지역에 생긴다. 예를 들어 북쪽으로 흐르는 멕시코 만류와 동쪽으로 흐르는 북대서양 해류 그리고 남쪽으로 흐르는 카나리아 해류,

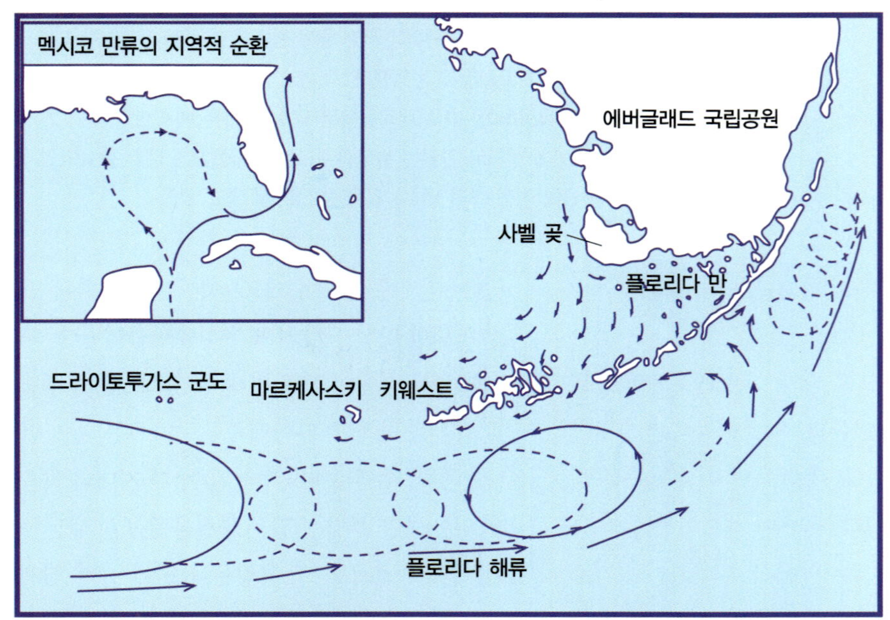

위 1912년 1월 프리조프 난센의 선박인 프램호의 사진
아래 이 지도는 플로리다 키즈의 해류 패턴을 보여준다. 많은 소용돌이가 플로리다 해류와 해안선 사이에 존재한다.

동해의 큰 나선형 소용돌이. 쿠로시오 해류의 지류인 쓰시마(Tsushima) 해류가 흐르는 이곳에는 소용돌이가 흔하다. 이 해류는 한국과 일본을 지나 태평양으로 흐른다.

서쪽으로 흐르는 북적도해류는 북대서양 순환을 형성한다. 동서 방향의 해류는 지구의 위도 차에 의한 기온 차와, 지구의 자전에 의한 코리올리 효과가 작용하여 생긴다. 남북 방향의 해류는 동서 방향의 해류로 인한 수압차에 의해 움직인다. 예를 들어 서쪽으로 흐르는 북적도해류로 인해 북아메리카의 대서양 연안에 해수가 쌓이며 북쪽으로 이동하는 해류가 생기는데 이것이 멕시코 만류이다.

북대서양의 순환은 시계 방향으로 회전하기 때문에 에크만 수송은 해수면의 물이 순환의 중심 쪽으로 흐르게 한다. 실제로 순환 중심부의 높이가 가장자리보다 1 m 정도 높고, 언덕의 중심은 서안강화 현상으로 서쪽으로 치우쳐 있다. 이 중심에 퇴적된 물로 인한 수압으로 언덕의 가장자리로 물이 이동되는데 코리올리 효과로 오른쪽으로 편향된다. 그 결과로 수압차로 생긴 힘과 전향력이 균형을 이루며 언덕의 가장자리를 따라 시계 방향으로 흐르는 표층 해류가 생긴다.

순환 주요 순환은 다섯 개가 있다. 북태평양, 남태평양, 북대서양, 남대서양 그리고 인도양의 순환이다. 이러한 순환은 같은 방향으로 시종일관 회전한다. 북반구의 순환은 시계 방향이고, 남반구의 순환은 시계 반대 방향이다. 작은 순환은 계절풍에 따라 움직이며 패턴은 주기적으로 반대로 될 수 있다. 예를 들어 아라비아 해의 순환은 몬순 바람이 역전할 때 방향을 반대로 바꾼다. 해수 순환의 역할은 대기의 순환처럼 저위도의 과잉 에너지를 고위도로 운반하는 것이다. 해수의 순환으로 운반되는 열은 지구 전체의 열수지에서 특히, 중위도에서 중요한 비중을 차지한다.

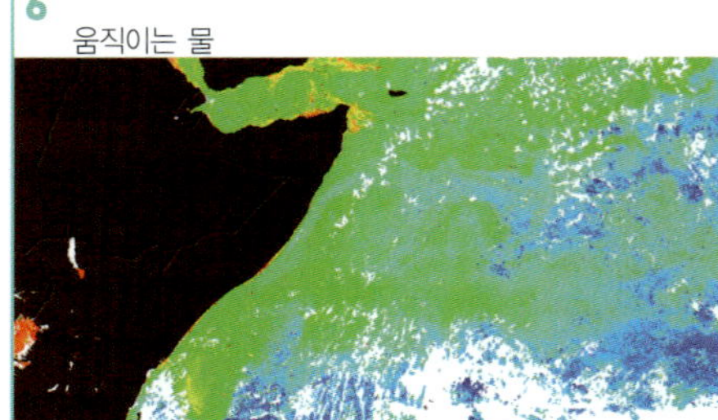

대양의 컨베이어벨트

일부 사람들은 대양의 컨베이어벨트를 세계에서 가장 큰 강이라 부른다. 초속 10 cm로 움직이며 이는 아마존 강의 100배의 부피를 가진다. 적도 지역에서 열을 운반하여 해수면의 북쪽과 남쪽을 따라 움직이며 서아프리카와 유럽을 온난하게 해준다. 차가워진 물은 극지방에서 가라앉고 다시 상승하기 전까지 엄청난 거리를 이동하여 1,000년 후에 태평양이나 인도양에서 떠오른다.

가라앉음 해수면의 물이 아래의 물보다 밀도가 높으면 가라앉는다. 계절이 변하면 열이 식어 밀도가 높아질 수 있다. 증발이 많은 지역에서 염분이 증가하여 밀도가 커질 수도 있다. 또한 빙산이 만들어지는 곳에서는 염분이 높은데 이는 해수에서 물만 빠져나가 빙산이 되기 때문이다. 이러한 온도와 염분의 변화 때문에 컨베이어벨트가 움직이므로 이를 열염 순환thermohaline circulation이라고도 한다.

고밀도의 물이 가라앉는 주요 지역으로 두 곳이 있다. 하나는 북쪽으로 흐르는 따뜻한 물이 북극의 얼음과 만나는 노르웨이 해이다. 표면의 물은 차가워지고 염분이 높아져 1,000–4,000 m를 가라앉으며 북대서양 심층수를 형성한다. 그 후 이는 남쪽으로 흘러 남아프리카를 돌아 인도양과 태평양으로 흐른다. 가장 밀도가 높은 해양은 남극저층수로 남극 연안에서 조금 떨어진 웨델Weddell 해에서 형성된다.

내려가는 것은 다시 올라가야 한다. 용승지대는 하강류지대보다 명백하지 않기 때문에 태평양과 인도양에 확산 용승 지역이 있을 것으로 추정된다. 과학자들은 심해수의 용승을 지도에 표시하고 있다.

심해의 대멸종 5천 5백만 년 전 많은 심해 동물들이 짧은 기간에 멸종하였다. 과학자들은 물이 짧은 시간에 따뜻하고 산소가 결핍된 물로 바뀌어 생물체와 껍질의 화학성분에 변화가 일어났다는 것을 알아냈다. 이는 열염 순환의 중단이나 역행 때문일지도 모른다. 이렇게 큰 변화는 어떻게 일어났을까? 한 가지 가능성은 강력한 온실 기체인 엄청

위 2002년 1월 인도양의 농축된 엽록소를 표시한 그림. 엽록소는 식물 플랑크톤에서 발견되며 이는 용승이 일어나는 곳에 집중되어 있다.
아래 열염 순환을 간단하게 설명한 그림으로 컨베이어벨트라고도 한다.

난 양의 메탄이 해저의 얼어 있는 퇴적물
메탄 하이드로이드에서 방출되어 지구 온난화
를 가져왔다는 것이다. 다른 가능성은 강
수량이 증가하고 빙하가 얼지 않아 고위도
해수면의 염분이 보통보다 낮아져 밀도가
높은 물의 형성을 방해했다는 것이다. 컨
베이어벨트의 시작은 극지방에서 결빙으
로 고염분인 차가운 해수가 고밀도로 무거
워져 심층수로 가라앉는 것이다. 또한 광
대하고 얕은 적도의 테티스Tethys 해는 많
이 증발되어 표층의 염분이 증가해서 해저
로 가라앉았을 수도 있다. 밀도가 높은 물
이 고위도가 아니라 적도에서 생성되었다
면 컨베이어벨트는 역행했을 것이다. 이것
이 심해의 대멸종의 원인이 아니었을까?

미래의 중단? 8천 2백 년 전 두 개의 대표
적인 빙하호수에서 물이 북대서양으로 방
류되면서 컨베이어벨트의 속도는 한 세기
동안 반으로 줄었다. 이 컨베이어벨트는
2만 년에서 10만 년 전 사이에 2번 정도
완전히 중단된 것으로 추정된다. 그것은
빙산이 녹아 해양에 두꺼운 민물층을 형성
하여 일반적인 침강류 과정을 중단시켰기
때문이다. 컨베이어벨트가 중단하게 되면
북대서양의 온도는 급격하게 하강한다.

현재 지구의 온난화 때문에 빙하와 극
지방의 빙산이 빠른 속도로 녹고 있다는
증거가 있다. 이에 과학자들은 또 한 번의
컨베이어벨트 중단이 올지 모른다며 걱정
하고 있다. 실제로 2005년 영국의 한 연구
소가 컨베이어벨트의 속도는 지난 50년간
30 % 감속했다고 보고했다.

위 8주 된 웨델 해표(Weddel seal)가 군빙 사이를 오르고 있다. 이 물개들은 해양에서 가장 밀도가 높은 웨델 해에서 서식한다.
아래 북쪽 베링 해의 녹은 빙산. 연구자들은 빙산이 녹는 것을 지구 기후 변화의 증거로 사용하고 있다.

해양의 모델링

해양 순환과 같이 복잡한 것을 이해하는 것은 매우 어려운 일이다. 해양학자들이 해류와 순환까지 연구 범위를 확장하면서 컴퓨터는 필수적인 도구가 되어 버렸다.

컴퓨터 모델은 입체적인 데이터를 보기 쉽게 해줄 뿐만 아니라 과학자들이 알지 못하는 패턴이나 경향을 분석할 수 있으며 데이터가 더 필요한 연구 분야를 지적해 줄 수도 있다. 이는 태풍의 궤도를 추적하거나 해수면의 온도나 기후 변화를 파악하고, 하수처리 시설을 건설하기 가장 적합한 곳 등을 결정할 수 있다. 또한 해양학자들에게 '만약에' 라는 가정에 대한 답을 줄 수 있다. 예를 들어 알래스카 만에 기름이 유출된다면

어떻게 될 것인가? 그리고 여름이 아니라 겨울이었고 바람이 강한 시기였다면 어떻게 되었을까? 이 물음에 대한 컴퓨터의 답은 완벽하지는 않지만, 정보가 없는 것보다는 좋을 것이다.

현실의 직시 과학자들은 새로운 모델을 만들 때 실제 데이터로 확인을 한다. 예를 들어 어떤 모델이 기후의 온난화와 해류의 상호작용을 얼마나 정확하게 예상하는지 확인해 보려면, 모델 설계자는 과거의 데이터를 입력하고 예상을 하게 하여서 정확하게 과거에 나타난 현상을 예상해 낸다면 좋은 모델이라고 확인이 되는 것이다. 그렇지 않다면 과학자들은 다시 시작해야 할 것이다. 어떤 모델이 왜 잘못되었는지를 알아보는 것은 우리가 해양에 대해 모르는 것을 찾아내는 것과 같다. 모델을 통해 해양학자들은 큰 규모로 세운 가정을 실험할 수 있다.

태풍 다가오는 태풍에 대해 대피령을 내려야 할지 말아야 할지는 어려운 결정이다. 어떤 지역이 불필요하게 대피한다면 시간적, 금전적 손해가 막대하고 자원이 낭비된다. 그러나 어떤 지역에서는 대피하지 않아 수백 명의 사람들이 목숨을 잃거나 다칠 수도 있다. 그래서 태풍이 얼마나 강력해질 것인지 예측하는 것은 매우 중요한 일이다.

영국과 미국의 과학자들이 모여 이러한 예측의 정확도를 높이기 위해 연구 중이다. 그들은 여러 가지 변수들, 바람과 파도의 상호작용, 에너지의 손실 등을 연구하여 태풍

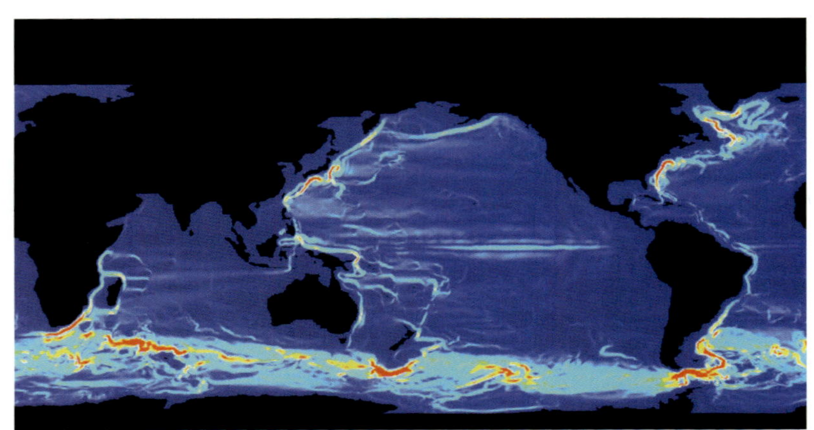

위 스크립스 해양연구소의 한 연구원이 캘리포니아의 라호이아(La Jolla)에서 파도를 검사하기 위해 물 운동 탐지기를 준비하고 있다.
아래 4년간 해양역학으로 컴퓨터 시뮬레이션한 해류. 색은 해류의 속도가 가장 빠른 것(청색)부터 느린 것(적색)까지 나타낸다.

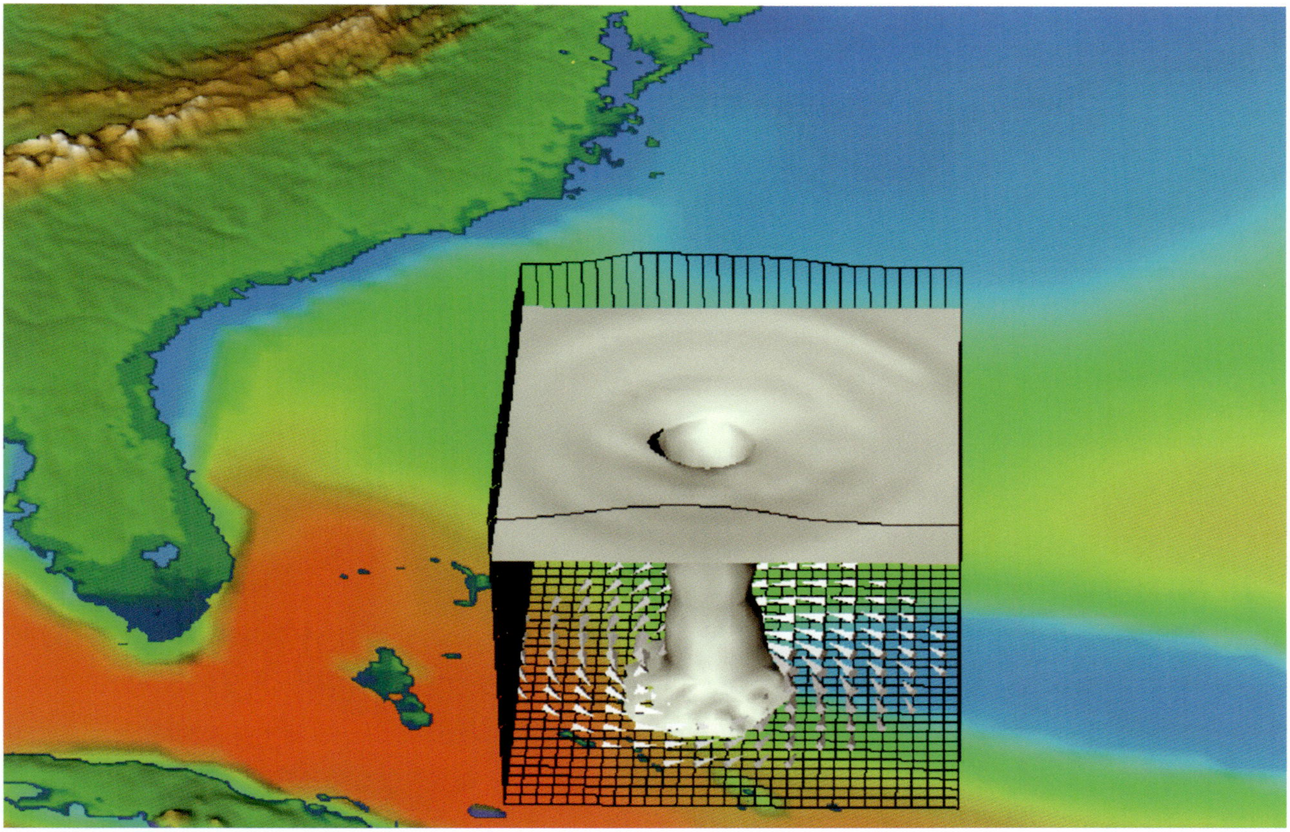

지구 예보 모델에 허리케인 플로이드(Floyd)의 모델을 함께 그린 것이다. 이러한 모델은 폭풍의 경로와 허리케인이 세계적 기후에 갖는 영향력을 연구하는 데 쓰인다.

을 형성하는 요소들을 알아내려 한다. 각 변수를 컴퓨터 모델에 넣어 바꿔 가면서 과거의 태풍 결과와 비교하여, 정확한 대피령이 내려지게끔 노력하고 있다.

가상의 강 하구 1997년 교육자와 과학자들로 이루어진 한 그룹이 미국에서 두 번째로 큰 강 하구인 퓨젓사운드Puget Sound의 가상 모델을 만들었다. 그들은 학생들이 3차원의 영상을 조작하면서 퓨젓사운드의 순환을 이해하는 데 도움이 될 것이라고 생각했다. 6개의 방향 이동키를 사용하여 학생들과 연구원들은 물속으로 다이빙을 할 수 있고 상공을 날아다닐 수 있으며 어떠한 방향이든 움직이면서 해류의 움직임을 볼 수 있다. 이 프로젝트는 성공적이었고 가상 퓨젓사운드는 교육과 연구를 위해 더 많이 발전되고 있다. 이 모델들은 퓨젓사운드의 생태계가 어떻게 작용하는지와 환경적인 문제와 대비책에는 어떠한 것들이 있는지를 알려주며 해양물리학의 신비를 경험하고 교육할 수 있도록 해주었다.

2002년 퓨젓사운드 주변의 특성을 보여주는 위성사진이다. 인구 밀도가 높은 지역은 검정색으로 표시되었다.

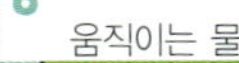

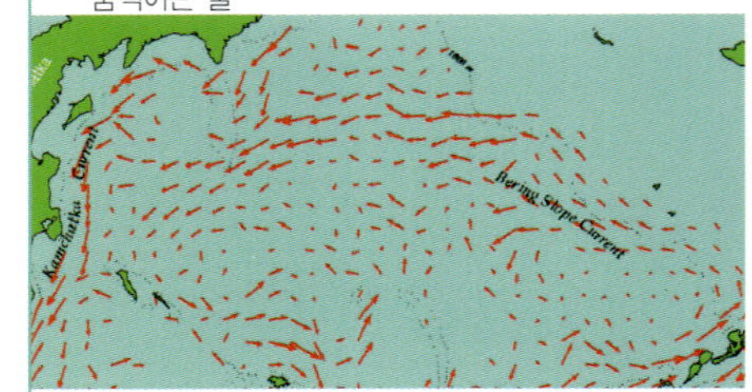

해류 연구

기후, 해양 생태계 여행에 있어서 해류의 중요성을 안다면 인류가 해류 연구를 위해 과다하게 노력하는 것이 그리 놀라운 일은 아니다. 해류의 연구는 두 가지 방법이 있다. 하나는 물이 움직이는 것을 따라가는 것이고 나머지는 특정 지점에서 물이 얼마나 빨리 지나가느냐를 측정하는 것이다.

전자는 부유하는 물체의 움직임을 탐지하는 방식으로 한다. 매튜 폰타인 모리와 선원들은 항해하는 동안 갑판에서 해양으로 병을 던졌다. 각 병 안에는 이 병을 어디서 던졌는지 적어 두었고, 이것을 줍는다면 모리에게 연락을 취해 병을 어디서 주웠는지 알려 달라는 내용의 쪽지가 적혀 있었다. 언제, 어디서 던졌으며, 찾았을 때 어떻게 연락을 해야 하는지 적혀 있는 널빤지를 사용하는 것은 해류 추적에 사용하는 원시적인 방법 중에 하나이다. 더 비용이 많이 드는 부유물은 레이더나 무선 추적 장치로 탐지가 가능하며 특정 수심에서 부유하며 해수면으로 신호를 보낼 수도 있다.

한 장소에서 속도를 측정하는 것은 보통 해저 바닥에 닻을 내리거나 해수면에 뜬 상태에서 고정된 해류 측정기를 이용하여 이루어진다. 각각의 해류 측정기들은 해류의 속도를 측정하기 위한 회전원통과 해류의 방향을 측정하기 위한 날개를 갖추고 있다.

흐름을 따라가며 1969년 여섯 명의 연구원들이 벤 프랭클린호 Ben Franklin라는 잠수함을 타고 멕시코 만류를 탔다. 플로리다 웨스트팜비치 West Palm Beach에서 150 m의 수심으로 출발하여 해수면에 있는 두 선박의 도움을 받으며 항해했다. 해류의 흐름을 조사하고 온도, 염분 그리고 밀도를 계속 측정하였다. 여정은 예기치 않은 일로 가득하였다. 어느 지점

위 베링 해에서 해류를 추적하는 기구를 사용하여 해류의 속도의 방향(적색 화살표)을 측정한다.
아래 과학자들이 도플러식 초음파 유속계를 남극대륙의 로스 해에 배치한다.

에서 벤 프랭클린호는 소용돌이에 의해 멕시코 만류에서 80 km 벗어나 다시 끌어와야 했다. 이로 인해 연구원들은 소용돌이가 표면의 물에만 국한되는 것이 아니라는 것을 알게 되었다. 그들은 또 해류의 방향을 갑자기 바꾸는 미지의 언덕을 많이 발견하였다. 비록 생각했던 것보다 많은 동물을 보지는 못했지만 그들은 고래의 노래를 녹음하였고 빛을 내는 많은 생물체들의 사진을 찍었다. 벤 프랭클린호의 원정은 31일 동안 지속되었고 2,640 km 떨어진 노바스코샤 주의 헬리팩스Halifax에서 끝났다.

소리의 속도 구급차나 기차가 지나가는 소리를 들어 본 적이 있다면 움직임이 소리를 왜곡할 수 있다는 사실을 알 것이다. 사이렌이나 기적 소리는 가까이 다가올수록 크게 들리고 멀어질수록 점점 작아진다. 즉, 음원이 듣는 사람 쪽으로 다가오면 고음이 된다. 1842년에 오스트리아의 물리학자 크리스티안 도플러Christian Doppler가 처음으로 발견하여, 이것을 도플러 효과Doppler effect라고 한다. 해양학자들은 이를 물속에서 해류의 속도를 측정하기 위해 사용한다. 도플러식 초음파 유속계를 사용하여 과학자들은 물의 분자에 소리를 반사시켜 음파 산란 신호를 통해 미립자가 얼마나 빠르게 이동하는지 알 수 있다.

1992년 욕실 장난감을 선적한 배가 바다에 짐을 빠뜨렸다. 해양학자들은 이들을 추적하여 알류샨 열도 알래스카의 싯카에서 찾았다.

과학에서 사용하는 오리 인형

1992년 1월 10일, 거친 바다를 항해하던 선박은 28,800개의 부유 장난감을 실은 12개의 화물 컨테이너를 잃어버렸다. 밝은 색의 오리, 개구리, 비버 그리고 거북이는 태평양 중앙을 표류하였다. 해양학자들은 이 사고의 과학적 잠재력을 인지하고 태평양의 해안가에 나타난 이 인형들을 추적하였다. 수개월이 지나고 첫 장난감은 3,540 km 떨어진 알래스카의 싯카(Sitka)에서 발견되었다. 다른 인형들은 북쪽과 서쪽으로 흘러 베링 해를 건너 알류샨(Aleutian) 열도 그리고 일본의 캄차카(Kamchatka) 반도에 나타났다. 일부 인형들은 더 오랜 시간 동안 해양을 표류했다. 북태평양환류를 완전히 한 바퀴 돌아 10,900 km를 표류하고 다시 싯카에 나타났다. 해양학자 짐 잉그레이엄(Jim Ingraham)은 이러한 정보와 위성 추적 장치를 사용한 부유물체를 사용하여 정확한 컴퓨터 시뮬레이션을 만들었다.

알프레드 호트릭스(Alfred Hautreaux)는 1893년에 이러한 부유하는 병을 만들어 가스코뉴(Gascogne) 만의 해류를 연구하였다.

해양학의 이정표

기원전 4000년

폴리네시아인들은 첫 태평양 횡단을 하여 태평양의 섬들을 탐험한다.

기원전 3200년

이집트인들과 메소포타미아인들은 바람과 노로 움직이는 선박을 사용하여 나일 강과 지중해의 동쪽, 홍해 그리고 아라비아 해에서 무역을 한다.

기원전 2500년

바빌로니아에서 산맥과 강을 보여주는 지도가 찰흙 평판에 새겨진다.

기원전 1500–500년

페니키아인들은 지중해의 무역을 지배한 최고의 항해사들로 알려졌다. 상세한 지도가 그들의 성공의 열쇠였다.

기원전 1478년

이집트의 핫트셉수트 여왕이 홍해와 소말리아 연안을 탐험하기 위한 원정대를 보낸다.

기원전 500년

페니키아의 항해사 한노는 아프리카를 일주한다.

기원전 450년

그리스의 탐험가이자 학자인 헤로도토스가 페르시아 만의 규칙적인 조류를 묘사하는데 서쪽의 바다를 "대서양"이라는 말로 처음 명명하였고, 바다는 육지와 지중해를 둘러싼 강이라는 그리스식 믿음으로 세계의 지도를 만들었다.

기원전 360년

이 시기에 플라톤은 그로부터 9,000년 전 바닷속으로 사라진 문명이 발달한 '잃어버린 도시 아틀란티스'에 대해 설명한다.

기원전 325년

피테아스(Pytheas)는 북극성으로 위도를 계산하며 그리스에서 북서쪽 유럽으로 항해한다. 그는 조석이 달에 의한 것이라고 제안한다.

기원전 240년

알렉산드리아 도서관의 과학자 에라토스테네스는 두 위도에서 측정한 그림자의 길이를 이용하여 지구의 원주를 거의 정확하게 계산한다.

150년

프톨레마이오스가 세계 지도를 만든다. 이 유명한 지도는 1,000년이 넘게 사용되었으며, 18세기에 오류가 수정되었다.

500년

폴리네시아인들이 하와이 섬에 최초로 정착한다.

986년

붉은 털 에릭(Erik the Red)은 바이킹들을 이끌어 아이슬란드에서 빈랜드라는 새로운 땅으로 항해한다. 그곳은 오늘날의 그린란

바이킹 선박

드이다.

1405–33년

중국의 보물섬이 아프리카와 중국 사이를 횡단한다. 방향타, 나침반 등 많은 항해 기술들이 중국인들에 의해 만들어졌다.

1492년

크리스토퍼 콜럼버스는 대서양을 건너 그가 도착한 카리브 해의 섬들이 인도라고 착각한다. 그의 원정은 유럽인들이 정기적으로 아메리카로 여행하는 계기가 된다.

산살바도르(San Salvador) 섬에 내린 콜럼버스

1498년

바스쿠 다가마(Vasco da Gama)는 아프리카와 인도를 항해하여 포르투갈과 인도 사이의 무역 항로를 연다.

1520년

페르디난드 마젤란은 세계 일주를 시작한다. 항해 도중 사망하지만 그의 동료들은 여정을 무사히 마친다.

1580년

프랜시스 드레이크 경은 두 번째 세계 일주를 나서며, 새로운 세계의 지배자가 되기 위한 유럽의 싸움이 시작된다.

1643년

이탈리아의 에반젤리스타 토리첼리(Evangelista Torricelli)는 대기의 압력을 측정하는 기압계를 만들었다. 기압계는 기후 패턴과 폭풍을 예보하는 데 사용된다.

1685년

에드몬드 헬리(Edmond Halley)는 무역풍의 패턴과 몬순, 태양에너지와 대기운동의 관계, 기압과 고도의 관계에 대해 쓴 책을 출판한다.

1687년

아이작 뉴턴은 중력에 대해 설명하고 파도를 일으키는 데 중력이 어떠한 영향을 주는지 설명한 《자연 철학의 수학적 원리(*The Mathematical Principles of Natural Philosophy*)》라는 저서를 출판한다.

아이작 뉴턴(Sir Isaac Newton)

1728–61년

영국의 존 해리슨이 진자가 없는 시계를 만들어 항해하는 선박 위에서 사용될 수 있게 한다. 이는 선원들로 하여금 경도와 위도를 측정할 수 있게 하여 세계 항해를 훨씬 쉽게 하였다.

1751년

헨리 엘리스(Henri Ellis)가 열대의 심해 온도를 측정하고 따뜻한 표면층 바로 밑에 차가운 층이 있음을 발견한다.

1768–79년

제임스 쿡 선장은 네 번에 걸쳐 태평양을 일주하면서 바람, 해류, 수심, 온도 그리고 산호를 도표화한다. 뉴질랜드, 호주 그리고 샌드위치와 하와이 섬들을 찾아내어 유럽인들이 관심 갖게 하며 세계 항해를 위한 크로노미터(경도 측정용 초정밀 시계)를 개발하여 그 유용성을 증명한다.

1769년

벤자민 프랭클린과 티모시 폴저가 멕시코 만류를 지도화한다. 선원들은 이를 수년 전부터 의식하고 있었지만 지도는 유럽에서 미국으로 항해할 때 해류를 피하는 방법을 일반 사람들에게도 널리 알려 줬다. 프랭클린은 1778년과 1786년 두 개의 다른 버전을 출판하였다.

1775년

피에르 시몽 라플라스는 조석에 관한 이론을 출판하여 뉴턴의 이론적인 조석 이론을 현실적인 이론으로 하였다.

1831–36년

군함 비글호는 로버트 피츠로이 선장의 지휘 아래 찰스 다윈과 함께 남쪽과 중앙아메리카를 항해한다.

1843년

에드워드 포브스(Edward Forbes)가 '무생물 이론'을 내세우며 549 m 수심 아래에는 수압이 높고 빛이 없어 아무런 생명체가 살지 못한다고 하였다. 이에 반하는 증거가 있음에도 불구하고 이 이론이 수십 년 동안 지배적이었다. 심해에 대해서는 틀렸지만 포브스는 존경 받는 해양생물학자로 많은 업적을 남겼다.

1847년

조셉 후커(Joseph Hooker)는 미생물과 플랑크톤 규조류가 광합성 작용을 할 수 있다는 것을 발견하고 해양에서도 육지에서와 같은 역할을 한다고 제안한다.

1855년

매튜 폰타인 모리는 《해양물리학(*The Physical Geography of the Sea*)》이라는 저서의 초판을 출판하고 이는 최초의 해양학 서적으로 알려진다.

1868–69년

찰스 와이빌 톰슨(Charles Wyville Thomson)은 군함 라이팅과 군함 포큐파인으로 준설 탐사를 떠나서 심해에 대한 많은 정보를 얻는다. 그는 수심 1,200 m에서 대표적 동물군을 찾으며 심해의 온도는 곳에 따라 차이가 크다는 것을 발견하고 복잡한 순환 패턴을 제안한다.

1872–76년

군함 챌린저호는 지구를 일주하여 해양에 관한 모든 것을 연구한다. 영국의 해군이 지원한 이 여정은 북극을 제외한 세계 모든 주요 해양을 거치며 그 결과는 50권짜리 챌린저 보고서에 남겨졌다.

1882년

미국수산위원회의 증기기관선 앨버트로스
는 해양학을 연구하기 위해 만든 최초의
선박이다. 알렉산더 아가시(Alexander
Agassiz)가 1899년과 1904년 태평양에
대한 이해를 넓히는 여정을 다녀온다.

1893-96년

노르웨이의 프리조프 난센은 프램호를 타
고 북극의 군빙과 함께 표류한다. 이 선박
은 나중에 로알드 아문센(Roald Amund-
sen)이 이용하여 남극을 최초로 탐방한다.

1902년

해양탐험국제회의(ICES, International
Council for the Exploration of the
Sea)는 해양 생물과 수산업을 위한 최초의
단체로 8개의 회원국으로 코펜하겐에서 설
립되었다.

1912년

알프레드 베게너가 대륙 이동설을 주장한
다. 베게너는 이를 주장한 최초의 학자는
아니었지만 포괄적인 증거로 지리학적, 지
질학적, 생물학적 증거를 수집한 학자이다.
베게너는 자신의 이론이 세상에서 인정받
는 것을 보지 못하였지만 1960년 판 구조
론의 발판을 마련하였다.

1912년

타이타닉호가 빙산에 부딪히면서 바다에
가라앉는다. 이후 움직이는 선박 앞에 있
는 물체를 어떻게 탐지하는가에 관한 연구
가 시작된다. 2년 후 잠수함 신호 회사에
서 레저널드 페슨덴(Reginald Fessen-
den)이 음파를 발산하여 해저를 관측할

페슨덴 진동기의 실험

수 있는 장치를 만들어 음향 탐지를 시작
한다.

1925-27년

독일의 원정대가 대서양에 대한 생물학적
연구와 음향 측심 기술을 이용하여 해저
지도를 작성한다. 이 원정대의 데이터로
대서양중앙해령의 길이가 대서양의 길이와
같다는 것을 증명한다.

1930년

윌리엄 비브와 오티스 바튼은 구형 잠수
장치를 만들어 최초의 심해 잠수를 한다.

1941년

레이첼 카슨은 해양 생물에 관한 3대 저서
중 첫 번째인 《해풍 아래에서(Under the
Sea Wind)》라는 책을 출판한다. 1962년
에 출판한 《침묵의 봄》이라는 저서로 더
잘 알려졌지만 그녀의 영감은 환경적 움직
임을 불러일으켰다. 카슨은 위대한 해양생
태학자였다.

1943년

미 해군은 해군 수로측량국에 해양학실을
만든다. 메리 시어스(Mary Sears) 박사의
지휘 아래 이 연구실은 중요성을 인정받고
해군 해양연구소로 바뀐다.

1943년

자크이브 쿠스토(Jacques-Yves Cous-

teau)와 에밀 가냥(Emile Gagnan)은 현
대 잠수의 선구 발명품인 아쿠아렁(Aqua-
lung)을 발명한다. 쿠스토는 열렬한 해양
의 대변인이 되었고 여러 개의 해양 영화
를 제작하였다.

1947년

콜롬비아 대학의 모리스 유잉(Maurice
Ewing)은 아틀란티스 조사선을 타고 두
달간의 여정에 출항한다. 그는 대학 측에
요구하여 라몬트-돈허티 지구 관측소라는
지구물리해양학 연구소를 세운다.

1955년

부르스 하몬(Bruce Hamon)과 닐 브라운
(Neil Brown)은 현대 해양학의 가장 기본
적인 도구인 CTD기를 발명한다. CTD기
는 특정 수심에서 염분과 온도 변화를 측
정하게 해준다.

1957년

매리 타프(Marie Tharp)와 브루스 히즌
(Bruce Heezen)은 북대서양 해저의 지도
를 출판한다. 물이 없는 지구의 모습이 어
떤지 지도화한 최초의 시도였다.

1957년

로저 레벨(Roger Revelle)과 한스 수스
(Hans Seuss)는 인류의 산업 활동에 의
해 배출되는 이산화 탄소를 해양이 다 흡
수하지 못한다는 연구 결과를 출판하고 인
간의 이산화 탄소 방출과 온실 기체 증가
의 연관성을 지적한다.

1960년

자크 피카르와 도날드 윌시는 가장 깊은
유인 잠수 기록을 세운다. 그는 잠수정으
로 마리아나 해구 10,911 m까지 내려간다.

1961-62년

로버트 디츠와 해리 헤스는 판 구조론의 기초가 되는 해저 확장에 대한 이론을 발표한다.

1968년

최초의 심해 굴착 프로젝트로 해양 퇴적물을 굴착해서 해양 분지의 생성과정을 연구하게 된다.

1969년

로버트 페인은 워싱턴 주 연안 조간대 생태계에 특정 불가사리가 끼치는 영향을 연구하여 '포식자의 이론'이라는 것을 소개한다.

1971-80년

국제해양탐구 10년(IDOE, International Decade of Ocean Exploration)이라는 프로그램은 세계의 해양에 관한 데이터 공유와 연구 노력으로 국제적 협력의 기틀을 마련해 해양학을 발전시키는 것을 목표로 한다.

1972년

해양 자원을 올바로 이해하고 보호하기 위해 미 해양 보호 프로그램과 하구 연구 시스템을 설립하였다. 현재는 14개의 연방 해양 보호소가 있고 27개의 하구 연구 준비금이 있다.

1977년

심해의 열수 분출공이 갈라파고스 단층에서 알빈 잠수정을 탄 과학자들에 의해 발견된다. 이곳의 생명체의 풍부함과 다양성은 전 세계의 과학자를 놀라게 하였다.

1978년

미항공우주국(NASA)은 최초의 해양 연구 위성인 시샛(SeaSat)을 발사한다.

1985년

실비아 얼(Sylvia Earle)이 잠수정에 홀로 탑승하여 1,000 m까지 내려가 일인탑승잠수 기록을 세운다. 그녀는 외해와 심해의 생태계 연구의 선구자이다.

1989년

엑슨 발데즈(Exxon Valdez)라는 유조선이 알래스카 프린스 윌리엄만에서 좌초된다. 세계 최대의 기름 유출은 아니었지만 발데즈의 기름 유출은 오지에서 일어났다는 점과 유출의 피해를 막기 위한 협력이 있었다는 점에서 주목할 만하다.

1990년

앨빈 필드(Evelyn Fields)가 흑인여성으로는 최초로 노아 선(NOAA)의 사령관이 된다.

1992년

토펙스-포세이돈 위성이 해수면의 높이, 해류, 파도를 측정하기 위해 발사된다. 이는 NASA와 프랑스 국립우주연구센터(CNES, Centre National d'Études Spatiales)가 합작으로 한 프로젝트로 기능 오작동으로 2006년 1월 작동이 중단된다.

1995년

미국 정부가 지오셋(Geosat) 위성의 레이더 고도 정보를 기밀 리스트에서 삭제하여 전 세계의 해저 지도화를 가능케 했다.

1998년

엘니뇨에 의한 기록적인 해양 온도 상승은 산호초를 파괴시키고 얕은 물에 서식하는 산호의 16 %가 사라지게 만들었다. 지구의 온난화가 계속되면서 이러한 현상은 계속될 것이라 한다.

2003년

소서러 2호(Sorcerer II)가 세계 일주를 목표로 출항하여 해양 미생물을 연구했다. 사르가소 해에서만 무려 1,800여 개의 새로운 종과 120만 개의 새로운 유전자가 발견되었다.

2005년

여러 태풍 기록이 세워진다. 15개의 허리케인이 대서양에서 동시다발로 발생하였는데 이는 1969년에 세워진 전의 기록보다 3개나 더 많은 것이다. 이 중에 4개는 가장 강력한 5등급에 속하였다. 허리케인 윌마(Wilma)가 가장 세력이 큰 허리케인으로 기록에 오르며 슈퍼 허리케인에 대한 등급이 나눠져야 한다는 목소리가 나오고 있다.

허리케인 카트리나의 위성사진

· 침묵의 봄 : 공해 또는 살충제에 의한 자연 파괴로 새가 울지 않는 봄을 상징한다(옮긴이).

해양지대와 해류

해양 환경의 지대

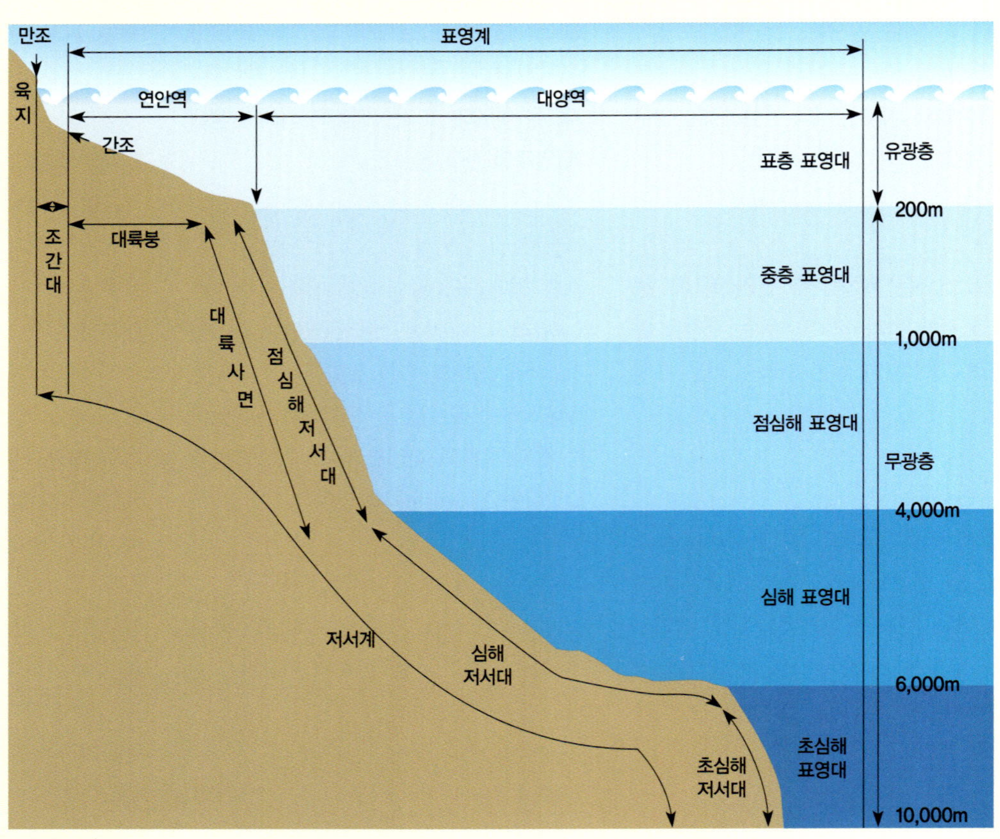

저서계 바닷물을 담고 있는 바닥 부분을 말한다.
- 조간대 : 만조와 간조로 인해 주기적으로 바닷물 속에 잠기는 곳이다.
- 조하대 : 저조선부터 대륙붕 끝까지를 말한다.
- 점심해 저서대 : 대륙사면에서 대륙대까지의 해저를 말한다.
- 심해 저서대 : 대륙대에서 수심 6,000 m 정도까지의 해저를 말한다.
- 초심해 저서대 : 해구 부분이나 6,000 m보다 깊은 곳이다.

표영계 바다를 채우고 있는 물을 말한다. 다른 말로 수주(water column)라고 한다.
- 연안역 : 얕은 바다로 육지 끝에서 대륙붕 끝까지를 말한다.
- 대양역(외양역) : 대륙붕 바깥 외해로 육지의 영향을 받지 않는 바다이다.
  - 유광층 : 광합성 작용이 일어날 수 있는 충분한 빛을 받는 지역이다.
    - 표층 표영대
  - 무광층 : 광합성을 하기에는 빛이 부족하다.
    - 중층, 점심해, 심해, 초심해 표영대

표층 해류

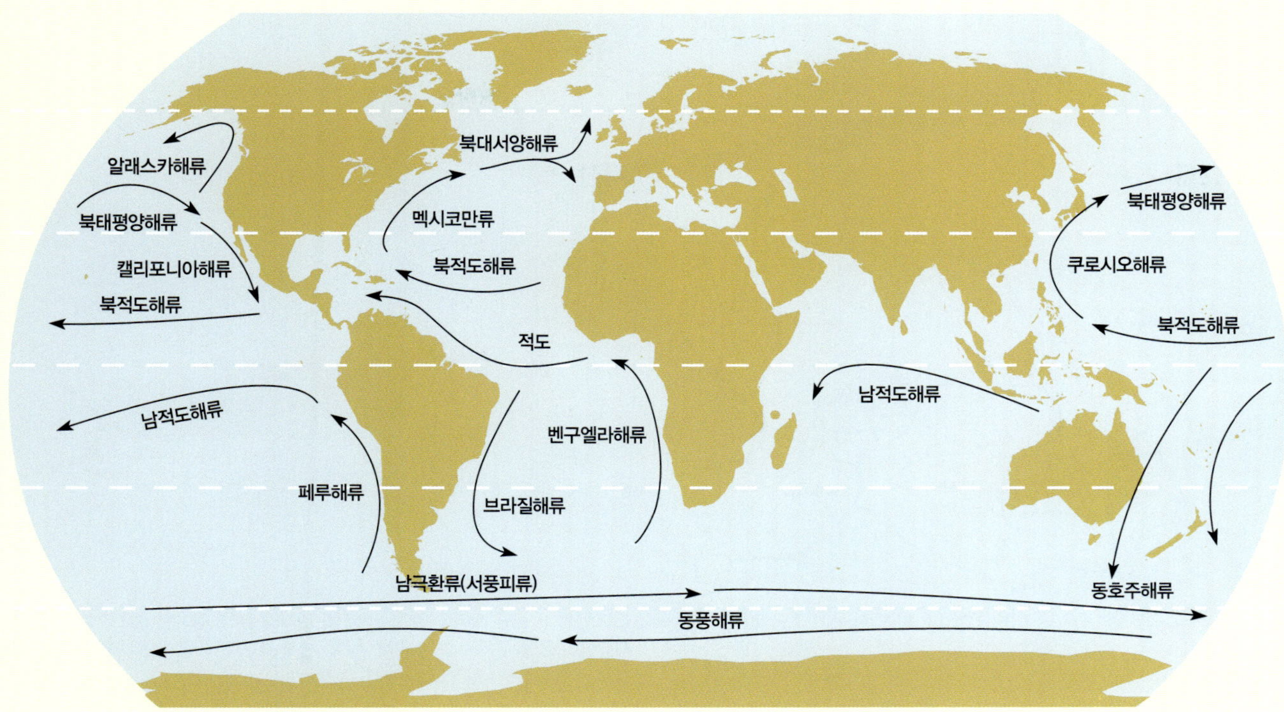

주요 표층 해류

주요 표층 해류는 바람, 중력, 코리올리 효과 그리고 대륙의 모양과 해양 분지구조의 영향을 받는다. 위의 그림은 전 지구적 바람의 패턴을 보여준다. 이들의 관계는 다음과 같다.

북적도해류와 남적도해류는 무역풍에 의해 발생한다.

서풍피류, 북대서양, 북태평양 해류는 편서풍에 의해 생기며 동풍해류는 극동풍에 의해, 페루, 캘리포니아, 알래스카, 쿠로시오, 카나리아, 동호주, 벤구엘라, 브라질 해류와 멕시코 만류는 직접적인 바람의 영향보다는 코리올리 효과와 수압경사에 의해 생긴다.

전 지구의 해류

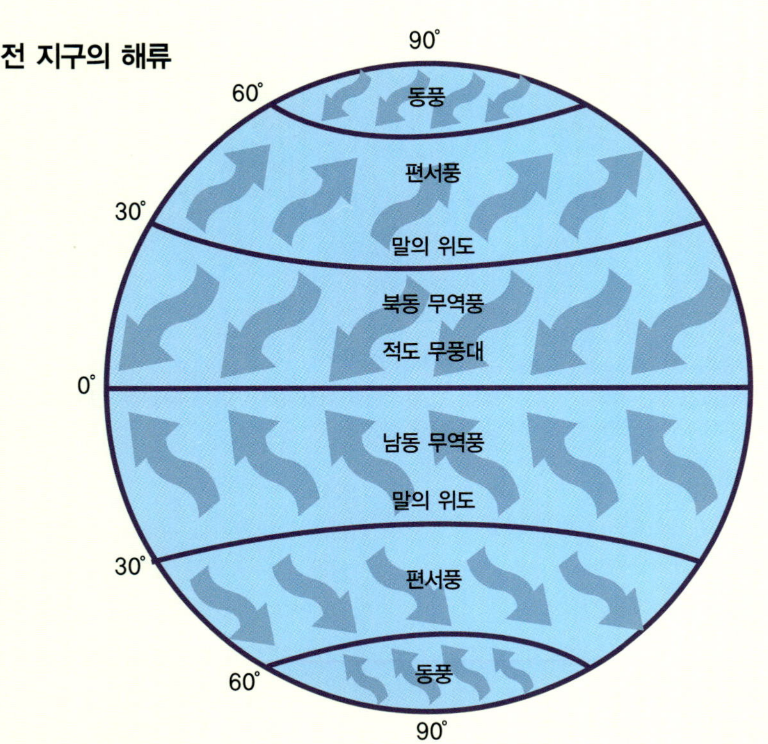

해양과 지질학

판의 경계

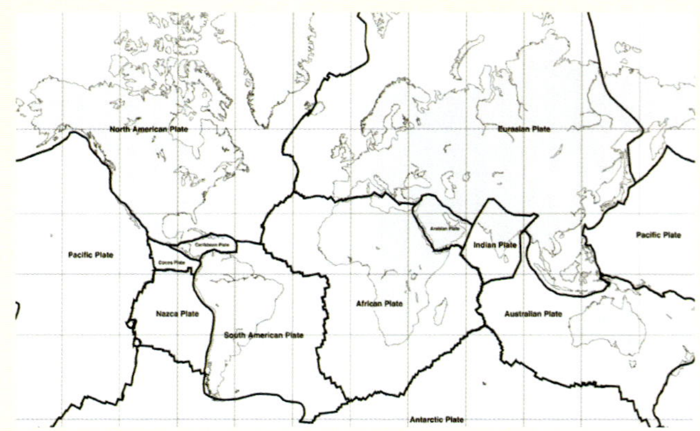

주요 판의 위치. 대부분의 판의 경계는 밝혔으나 결정하지 못한 것도 있다.

지진

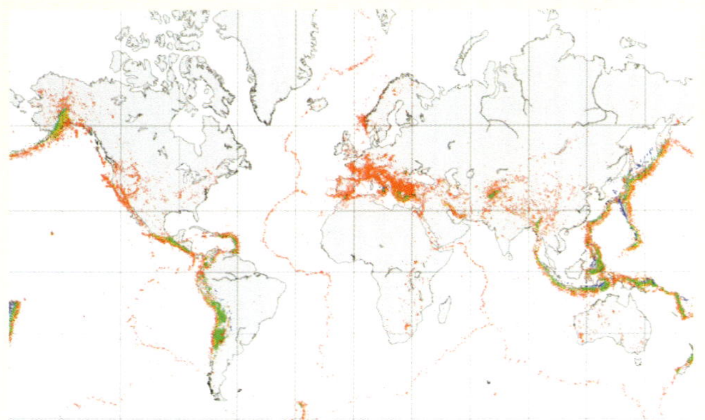

1990년과 1996년 사이에 일어난 지진의 위치와 깊이. 깊이는 색으로 표시되었다. 적색이 가장 얕은 곳이고 주황색, 녹색, 청색 순이다. 가장 깊은 지진은 깊이 약 300~700 km에서 일어났다.

해양지각의 나이

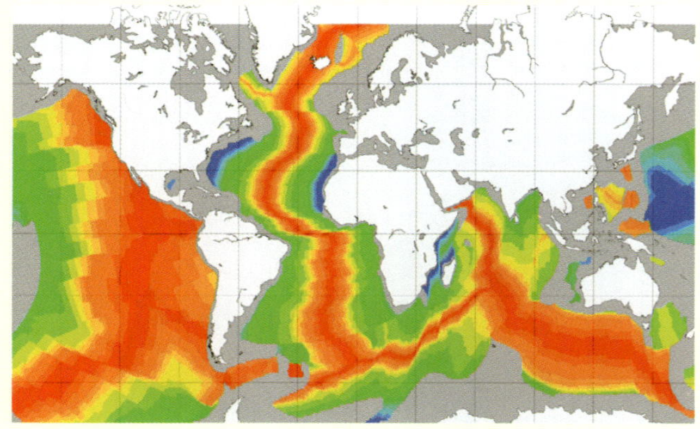

방사선 연대 측정으로 구한 해저의 연령을 색으로 표시한 것이다. 가장 새로운 곳(어두운 적색)부터 5천만 년 전(황색)과 1.8억 년 전(어두운 청색)까지를 나타낸다.

화산 분출

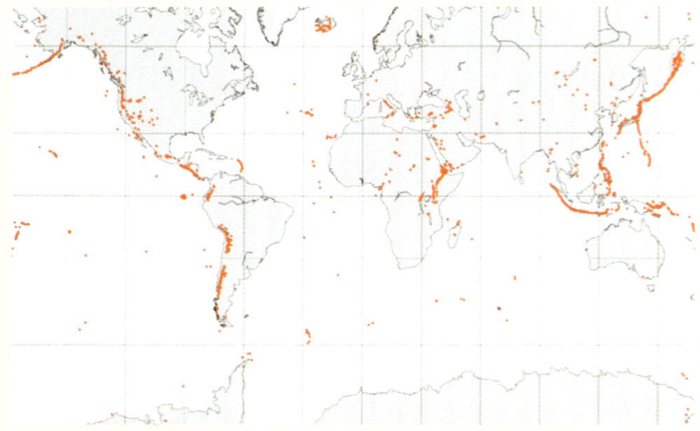

적색 점은 현재 활동 중이거나 역사적으로 활동했던 화산을 나타낸다. 대부분이 화산이지만 온천, 간헐천 그리고 다른 지형적 특색들이 포함되어 있다.

판 구조론은 지구의 표면이 여러 개의 판으로 만들어졌고 시간이 흐르는 동안 이것이 이동하면서 크기와 위치가 변한다는 것이다. 이 이론은 처음에는 받아들여지지 않았으나 반세기 내에 널리 인정받게 되었다. 다양한 증거들이 지질학자들로 하여금 이 이론을 받아들이게 하였다. 화산과 지진이 몰려 있는 지역을 보면 판의 경계면을 알 수 있다. 이들은 섭입대(subduction zone)라고 하여 한 판이 다른 판 밑으로 들어가는 곳이다. 확장하는 판의 경계는 각 판이 서로에게서 멀어지는 곳을 뜻하며 이곳에서는 천발 지진이 일어나지만 수렴 지역에는 심발 지진이 일어난다. 누구든 짐작하겠지만 해저의 확장 중심 부분에서 가장 해양지각의 연령이 낮고 멀어질수록 많아진다.

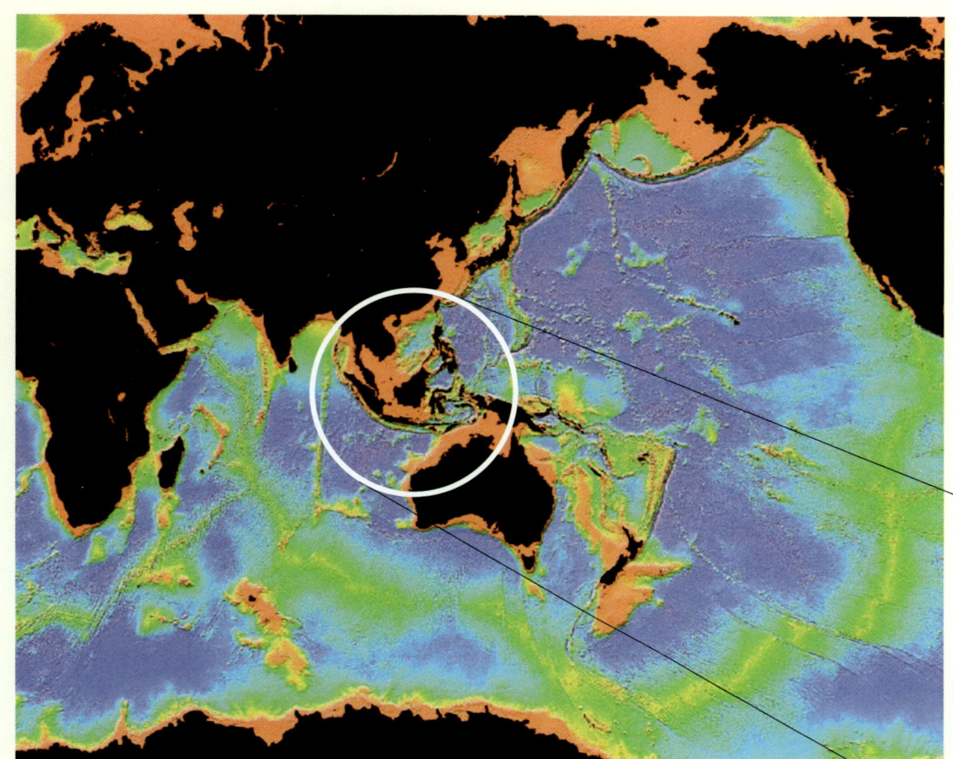

이 수심측량 지도는 인공위성고도계를 사용하여 만들었다. 해저의 지형도는 해양의 수심에 비해 차이가 적다. 이러한 기복은 육안으로 구별하기 힘들지만 위성의 특수 장치에 의해 측정된다. 아래의 그림은 수마트라 섬 지역을 보여준다. 노란 별 표시는 2004년 쓰나미를 일으킨 지진의 진앙이다.

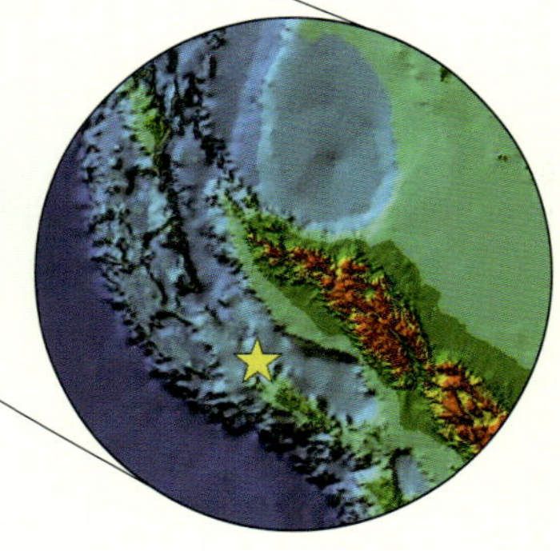

매튜 폰타인 모리는 1853년 음향 측심법으로 최초의 해저 수심측량 지도를 출판하였다. 오늘날에도 대부분의 해저지형은 인공위성의 데이터로 비교적 정확히 예측할 수 있지만, 해저의 깊이는 직접 측정해야 한다. 수심측량 지도는 판 구조론의 발전에 더 많은 기여를 했다. 해양판의 경계는 중앙해령으로 알 수 있다. 대륙의 가장자리가 있는 섭입대에서는 수심이 가파르게 깊어지지만 다른 대륙 주변에는 더 얕고 넓은 대륙붕이 있다.

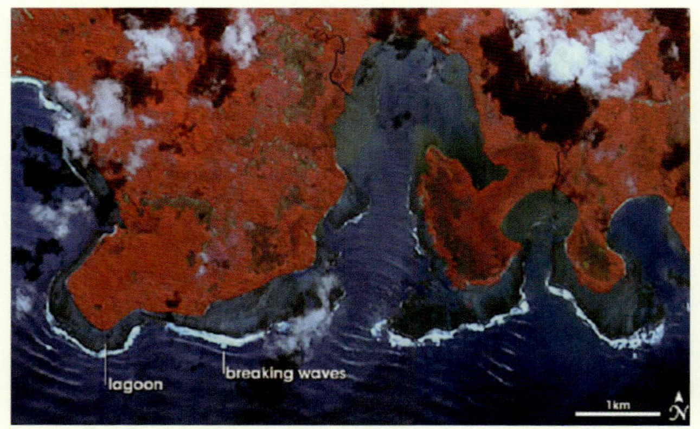

이 색보정 이미지는 2004년 말과 2005년 초 두 개의 대지진이 수마트라 근처의 니아스 섬의 연안을 어떻게 바꾸었는지 보여준다. 2000년(왼쪽) 얕은 석호를 둘러싼 산호초들이 2005년(오른쪽)에는 말라 버렸다.

생물의 다양성

진화 계통수(系統樹)

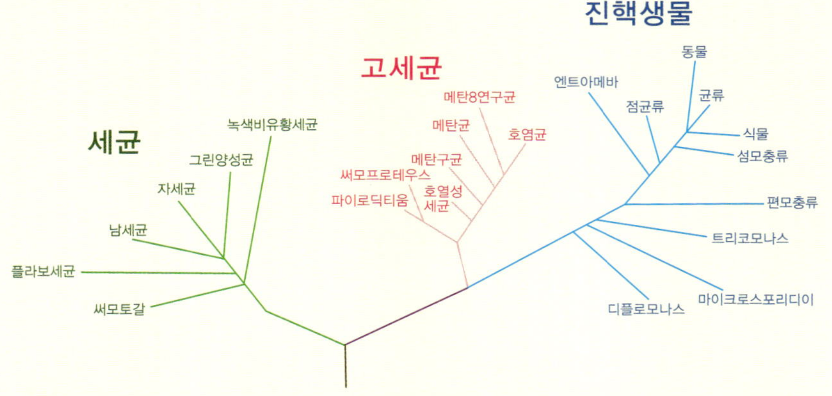

이 나무는 생명체들 간의 진화 과정을 나타낸다. 이것은 서로 다른 수백 종의 유전자 서열과 세포 구조를 주요 토대로 했으며 현존하는 증거로 가장 간단하게 해석한 것이다.

아리스토텔레스는 최초로 생명을 분류한 것으로 잘 알려져 있다. 2,000년도 더 전에 그는 생물을 식물과 동물로 분류하고 동물은 하늘, 육상, 수상동물로 더 세분하여 구분하였다. 그러나 수렵채집꾼들의 견해를 빌자면, 인류는 주로 먹을 수 있는 것과 약으로 사용할 수 있는 것, 그리고 기타 실리적인 관점에서 주변 세상을 계속, 훨씬 더 오랫동안 분류해 왔다고 할 수 있다. 오늘날에는 진화적 관계를 토대로 분류가 이루어진다. 과학자들은 현존하는 증거를 바탕으로 생명체 간의 관계를 나타내는 가계도와 흡사한 계통수를 만든다. 문(phyla) 혹은 종(species)으로 나누고 그 외의 분류학적 방법으로 군(group)으로 나눈다. 계통수의 가장 아래의 단일 마디가 계통수에 나타난 모든 생명체의 가장 마지막 공통 조상을 나타낸다. 침팬지와 인간이 공통조상으로부터 나누어지는 것처럼 줄기로부터 뻗어 나가는 가지가 하나의 군으로부터 둘 혹은 그 이상의 군으로 나누어지는 것을 볼 수 있을 것이다. 가지의 끝은 현재 연구 중인 각 생명체 군을 대표한다. 그것은 가계도와 마찬가지로 계통수에서는 조상과(가계도에서는 남성과 여성의 두 조상으로부터 시작되기는 하지만) 모든 자손을 나타낸다. 가계도에서는 보통 조상이 가장 상위에 존재하고 자손이 그 밑에 나타내지는 반면에, 계통수는 조상이 가장 하단부분에 존재하고 그 위로 자손이 표시된다. 새로운 생명체들 혹은 형태학적, 세포학적, 유전적 정보가 발견됨에 따라 계통수는 수정된다.

생명은 크게 세균, 고세균(원핵 생물) 그리고 진핵 생물의 3개의 영역으로 나누어지고 영역 내에서 주요한 군들은 계(kingdom)나 문(phyla)으로 불린다. 생명체의 역사 초창기에는 유전자가, 심지어는 완전한 하나의 개체가 다른 생명체 내로 통합되었을 것이다. 세포학적 혹은 분자적 증거를 통해 우리 몸의 세포 중 미토콘드리아(mitochondria)라는 세포소기관은 박테리아로 시작해서 다른 세포 내에서 살아가다가 결국에는 독립적으로 생존하는 능력을 잃어버리게 되었다는 것을 알게 되었다. 원시지구는 육지가 없었기 때문에 생명체의 태동은 분명히 바다에서 시작되었을 것이다. 계통수로부터 우리는 최초의 해양 생물이 얼마만큼이나 다채롭게 분화되며, 작고 단순한 해양 생물의 세포가 오늘날에 이르기까지 얼마나 놀랄 만큼의 다양성을 띠게 되었는지 알 수 있다. 초창기의 생명은 여전히 해양에서 생활하면서 영역으로 나누어졌을 것이다. 모든 가지들이 연결되어 있는 계통수의 핵심은 조상들이 지구에 다수의 자손을 낳은 해양 생물체로 나타난다는 것이다.

다양성의 정의

생물의 다양성은 종종 특정 지역에 거주하는 전체 종의 수로 정의된다. 세균이나 고세균에서는 종에 대한 개념이 거의 적용되지 않거나 아예 적용되지 않기 때문에 다양성에 대한 정의를 대하는 과학자들의 의견은 분분하다. 어떤 이들은 유전적 다양성을 강조하고 일부에서는 기능적 다양성(영양의 섭취방법, 생식, 방어기작 등)을 더 강조한다. 어떤 방식으로 다양성을 정의하든 간에 바다는 정말 다양성으로 넘쳐난다.

영양을 얻는 방식들

살아 있는 생명체들은 탄소와 에너지를 필요로 한다. 종속영양생물(heterotroph)은 탄소유기물을 다른 살아 있는 생명체(혹은 한때 살아 있었던 생명체, 예컨대 고기 혹은 당)로부터 얻는다. 여기서 *hetero*는 그리스어로 '다른'이고 *trophy*는 '섭취'이다. 독립영양생물(autotroph)은 탄소를 이산화 탄소로부터 얻는다. *auto*는 그리스어로 '자가'이다. 에너지원은 빛, 무기물(바위 등) 혹은 유기물이다. 식물이나 조류(藻類)와 같은 광독립영양생물은 빛으로부터 에너지를 얻고 이산화 탄소로부터 탄소를 얻는다. 광종속영양생물에 속하는 자주색 무황세균은 빛으로부터 에너지를 얻고 유기물로부터 탄소를 얻는다. 심해에 사는 열수봉 박테리아는 화학독립영양생물에 속하며 무기물로부터 에너지를 얻고 이산화 탄소로부터 탄소를 얻는다. 동물은 화학종속영양생물에 속하는데 에너지를 유기물이나 무기물로부터 얻고 유기물을 통해 탄소를 얻는다. 살아 있는 모든 생물체는 위의 종류 중 하나 이상에 속한다.

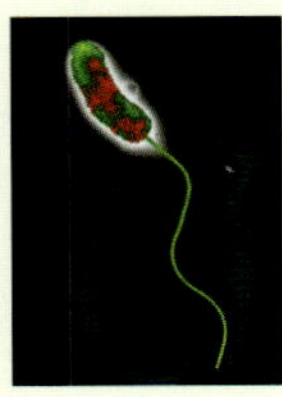

원핵세균
물속에서 서식하는 세균의 문 중에서 가장 많이 존재한다. 콜레라를 일으키는 박테리아가 여기에 속하며 심해 열수봉 개체군의 주요 구성원이다.

시아노세균
종종 청록색 조류로 잘못 알려져 있는데 전혀 조류와는 무관하다. 혹이나 사슬을 형성하며 중요한 질소원이다.

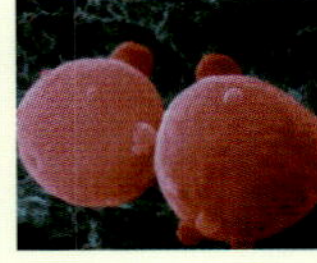

호염성균
호염성세균은 사해나 바닷물이 증발하는 부분과 같이 고농도의 염분이 있는 환경에서 번성하며, 보통의 바닷물보다 10배 진한 염분농도를 필요로 한다.

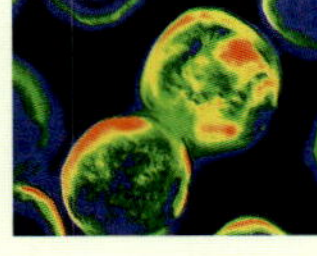

호열성균
원시호열성세균은 해수면에서 끓는점에 해당하는 80–100℃에서 가장 잘 자란다. 이와는 대조적으로 그 어떠한 진핵 생물도 60℃ 이상의 온도에서 생존할 수 없다. 이들 세균은 열수봉 근처에서 발견되며 대부분은 고온과 함께 낮은 pH(수소이온농도)를 선호한다.

세균 영역
박테리아는 단세포이며, 원핵 생물이다. 원핵 생물은 DNA가 핵막을 포함하는 핵에 들어 있지 않다. 기본적으로 간상, 구형의 쌍구균, 쉼표 모양의 비브리오 그리고 나선형의 4개의 형태를 띤다. 그러나 이들 군은 식물이나 동물을 합한 것보다 더 복잡한 생리학적 다양성을 나타내며 영양을 얻는 4가지 방식 모두를 사용한다(식물과 동물은 단지 2가지 방식만 사용한다!). 현재까지 20개의 문이 밝혀졌는데 의심의 여지없이 더 많은 문이 있을 것으로 예상된다.

고세균 영역
세균과 살짝 유사한 부분(둘 다 단세포의 원핵 생물)을 제외하고는 고세균은 오히려 인간에 더 가깝다고 볼 수 있다. 이 생물군에 대한 연구는 아직 걸음마 수준에 있으며, 고세균은 다른 종과의 관계보다는 종종 서식처에 따라 분류된다.

초록색 황세균
수심 80 m에 살면서도 태양빛을 에너지원으로 사용할 정도로 가장 효율적인 광합성 생물로 알려져 있다. 이 세균 종들은 부패와 열수봉에서 생성된 황화합물을 소비한다. 이 중 한 종은 '검은 굴뚝, 열수봉' 근처에서 서식한다.

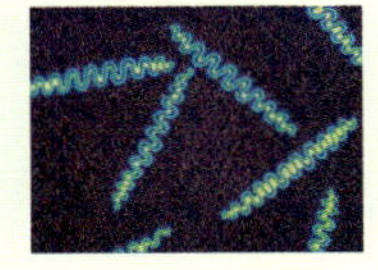

스피로헤타
이 군에는 라임병과 매독을 일으키는 세균 종뿐만 아니라 흙이나 침전물에 사는 것들이 있다. 모양은 가늘고 나선형이며 유연성이 있다.

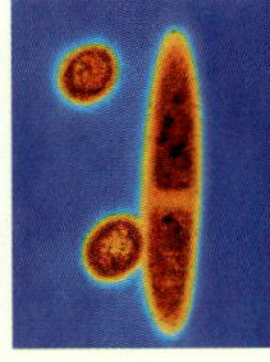

메탄생산균
이 고세균 종은 메탄을 생산하며 산소기체에 노출되면 죽어 버린다. 흔히 산소가 희박한 해양 침전물에서 서식한다. 에너지 회사들이 발굴한 대부분의 천연가스는 이들 메탄생산균에 의해 생성되었다.

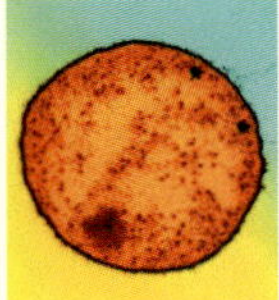

호저온성세균
이 고세균 종은 남극 바다의 얼음처럼 지속적으로 추운 지역에서 서식한다. 어는점 이하의 온도에서도 생존하며 번성한다.

진핵 생물 영역

진핵 생물(Eukaryota)은 균류, 원생생물, 조류(藻類), 식물 그리고 인간을 포함한 동물을 포함한다. 진핵 생물을 결정짓는 특성은 세포막이 있는 세포핵이다. 박테리아나 고세균에는 염색체가 세포질에서 떨어져 있다.

균류

해저 버섯과 곰팡이가 있다는 것이 이상하게 들리겠지만 해저 환경에서도 균류의 대부분을 찾을 수 있다. 중요한 역할을 하는 분해자는 암석조각이 많은 연안 지역에서 많이 발견되며 맹그로브 숲이나 염성 소택에서도 많이 발견된다. 해저 균류는 기생충이 될 수 있으며 아스페르길루스(Aspergillus)종의 균류는 산호충이나 산호초의 대거 파괴를 일으킬 수 있다.

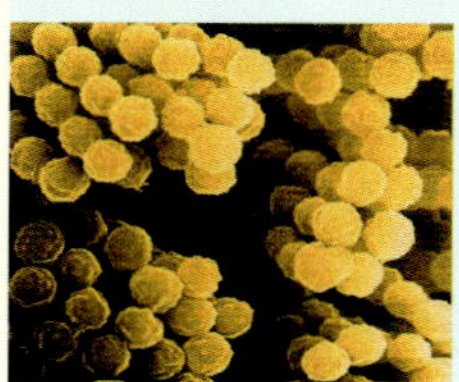

조류

조류는 뚜렷한 3가지 그룹으로 나뉜다. 갈조류는 흰곰팡이와 같은 종에 속하고 홍조류는 완전히 다른 그룹에 속하며 녹조류는 식물과 가장 가까운 종에 속한다.

홍조류

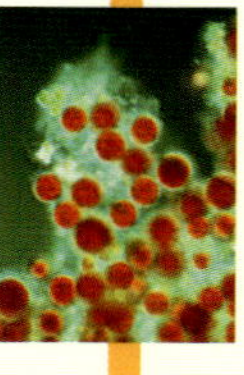

적색 빛을 반사하고 푸른빛을 흡수하는 색소로 자신의 색조를 띠게 된다. 푸른빛은 다른 빛보다 물을 깊이 통과할 수 있으므로 홍조류는 다른 조류보다 더 깊은 곳에 서식할 수 있다.

녹조류

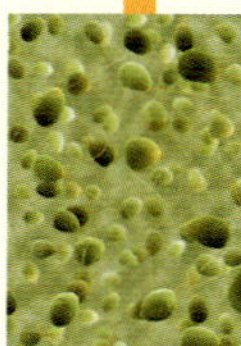

일부 과학자들은 녹조류를 식물계로 분류하기도 하는데, 많은 민물 조류는 다른 녹조류보다 식물에 더욱 가깝게 연관되어 있다.

규조류

단세포 조류로 단단한 실리카 세포벽이 있어 광합성 작용이 가능하게 한다.

말무리

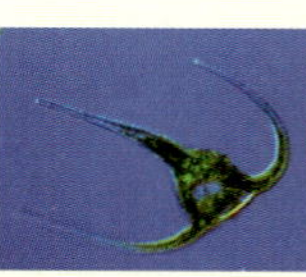

단세포 그룹에 속하고 종속 영양이거나 광합성을 할 수 있으며 세포막 밑에 낭이 있다는 공통적인 특징이 있다. 이들은 유공충, 실리아테스 그리고 와편모조류를 포함하며 생물 발광을 하고 적조에서 물고기를 죽이는 것으로 유명하다.

해초

60여 종의 해초가 존재하며 육지에서 자라는 풀과는 다른 특징을 갖는다. 이들은 만조와 간조 사이에 광활한 목초지를 형성할 수 있다.

인편모조류

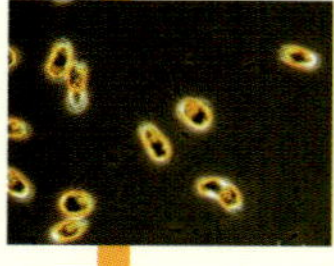

단세포 조류. 탄산 칼슘으로 만든 비늘에 싸여 있다.

갈조류(크로미스타)

갈조류는 미생물체부터 단세포 생물체, 그리고 46 m가 넘는 켈프까지 다양하다. 대부분이 광합성을 하며 가끔은 부패한 식물이나 동물에서 영양소를 공급 받는다.

켈프

거대하고 다세포인 조류. 광활한 숲을 이룰 수 있으며 침식작용으로부터 연안을 보호하기도 하고 게, 물고기, 수달과 같은 동물들의 서식지가 되기도 한다.

원생생물

원생이란 진핵 생물의 다른 말로 이는 식물, 동물 또는 균류도 아니다. 하나의 동물계로 여겨지지만 원생생물은 동물, 식물 균류보다 더 다양하며 이에 대한 정보가 늘어나면 늘어날수록 더 많은 동물군으로 나누어질 것이다.

방산충류

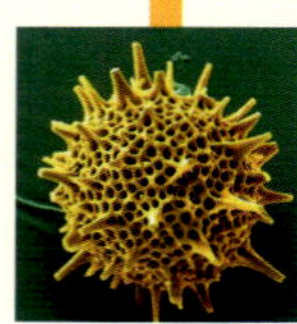

이들은 일반적인 플랑크톤 생명체로 실리카로 만든 유리 같고 복잡한 골격을 가진다. 일부는 육식성이며 이들은 공생 조류에 은신한다.

관 식물

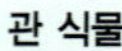

녹조류, 이끼 그리고 다른 단순한 식물과 다르게 관 식물은 물을 운반하는 특별한 조직인 뿌리, 줄기와 잎사귀가 있다. 몇 개 종의 식물만 해저 서식지에서 발견된다.

맹그로브(홍수림)

맹그로브는 열대와 아열대 해저에서 발견되는 여러 개의 다른 나무를 지칭한다. 이들은 염분에 적응력이 강하며 산소가 적은 환경에서도 자라난다.

염습지 식물

염습지는 만조와 간조 사이에 있으며 다양한 해저 식물들이 서식한다. 여러 종의 풀이 이곳에서 발견되며 사초속, 갯질경이과의 해안 식물, 질경이 등의 많은 식물이 발견된다.

동물계

동물 간의 진화 계통학적 관계에 대한 우리의 이해는 새로운 증거가 나타나면서 계속 수정된다. 이 도표는 새롭고 보편적으로 인정된 동물 관계를 나타낸 것이다. 동물은 좌우대칭과 아닌 것으로 나눌 수 있다. 좌우대칭 동물은 더 세분되어 발달 형식에 따라 탈피동물상문, 촉수담륜동물상문 그리고 후구동물문인 세 개의 그룹으로 나누어진다. 동물 문의 반 정도가 여기에 나타난다.

동물계는 엽록소와 세포벽을 가지지 않으며 몸속에 여러 기관이 있는 생물 중 다세포인 것을 말한다. 일반적으로 운동 능력과 감각을 가지고 있으며, 동시에 진핵 생물이기도 하다.

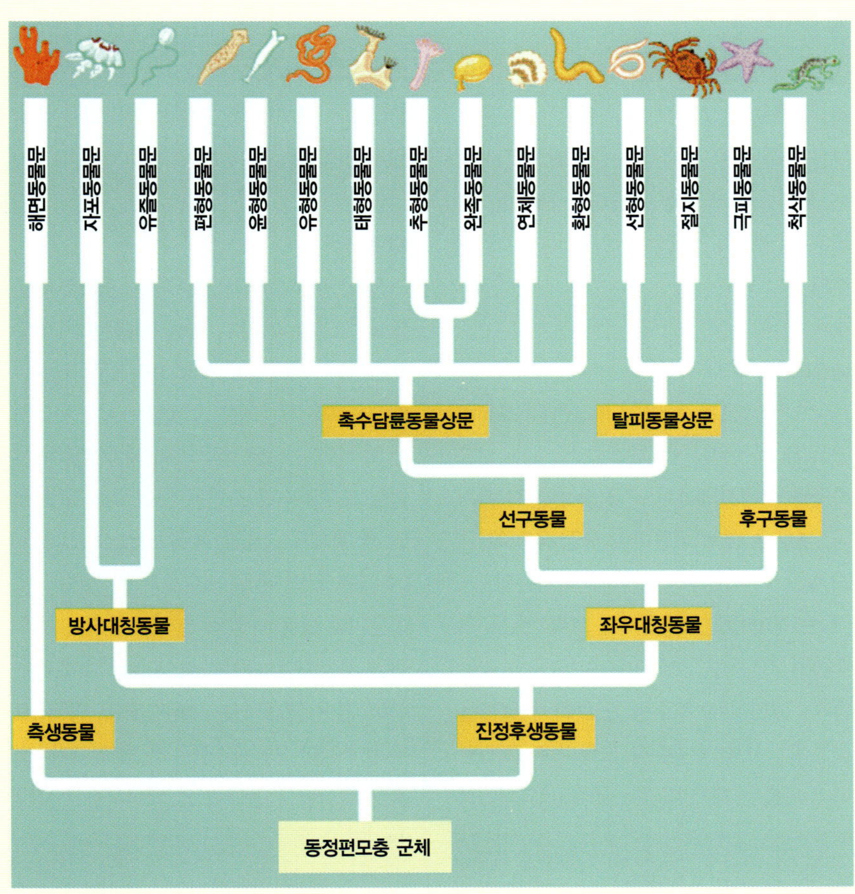

해면

선충류

극피동물

자포동물

환형동물

피낭동물

빗해파리류

연체동물

척추동물

절지동물

완족류

해양 기구들

표본 수집

실험실에서 조사를 하기 위해 바닷물, 암석, 퇴적물, 얼음 그리고 다른 생물들의 표본을 수집하는 것은 연구원들이 현장에서는 불가능한 측정을 가능하게 해주며, 통제된 환경에서 생물들을 다룰 수 있게 해준다.

네트(그물)

플랑크톤 네트는 해양의 미생물을 포획하기 위해 사용된다. 이 네트를 배 뒤에 달고 바닷물 속에서 일정한 거리를 천천히 끌거나, 부두나 배에 고정하여 특정 깊이에 던져 넣은 다음 천천히 물을 퍼서 담는다.

더 큰 생물들을 채집할 때 과학자들은 어부들이 사용하는 것과 비슷한 그물을 사용한다. 예인망은 해수면 근처의 동물들을 잡을 때 사용하는 수직 그물이며, 저인망이나 트롤은 해저 바닥의 동물들을 채집하기 위해 배로 끌고 가는 무거운 그물이나 자루이다. 막대기에 작은 그물들이 달린 형태의 사내끼는 물 표면의 각각의 동물들을 채집할 때 사용된다.

채수기

가장 간단한 형태의 채수기는 손으로 바닷물의 시료를 떠내기 위해 사용된다. 살균 채수기는 박테리아나 바이러스를 채취할 때 사용되는데, 이를 사용함으로써 시료에서 발견되는 모든 종류의 미생물체들이 실험실 도구로부터 오염된 것이 아니라 시료인 물 자체의 것임을 확실히 알 수 있다.

더 깊은 곳의 물을 채취하기 위해서는, 케이블이나 줄에 매달려 원격 조종되는 채수기가 사용된다. 밴돈(Van Dorn) 채수기는 한쪽 끝이 열려 있는 실린더로서 양쪽 모두에 뚜껑이 있다. 뚜껑은 열려 있다가, 샘플을 채취할 시간이 되면 메신저라고 불리는 무거운 금속이 케이블을 따라 떨어져 아랫부분의 뚜껑을 닫히게 만든다. 니스킨(Niskin) 채수기도 이와 비슷하지만, 다른 점은, 온도계가 달려 있어서 채취 시 물 시료의 온도를 기록한다. [*]

퇴적물 시추기

집게(grabs) 시추기는 해저 바닥을 깨뜨려 바닥에서 시료를 채취하는 경첩이 달린 기계 집게이다. 에크만(Ekman) 그랩은 놋쇠로 되어 있는데, 메신저에 의해 작동되며, 진흙이나 모래로 된 해저 바닥에서 사용할 때 가장 좋다. 이보다 훨씬 무거운 피터슨(Petersen) 그랩은 단단한 하층토에 사용되며, 메신저 혹은 그 자체의 무게로 작동된다. 시료 시추기는 해저 바닥을 원통 모

플랑크톤 네트

니스킨 채수기

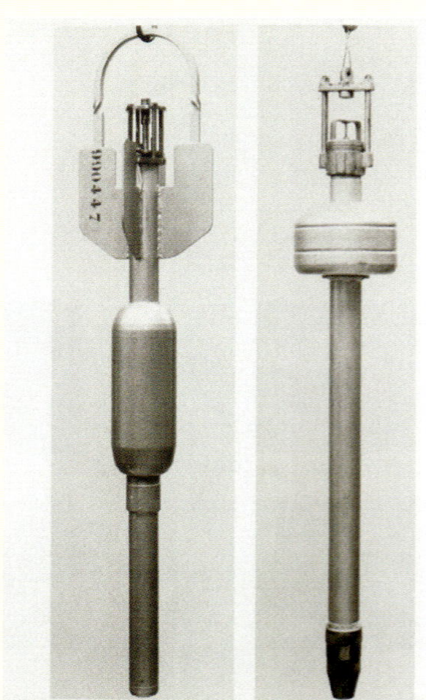

시추기

---

[*] 온도를 측정하면 채취한 수심을 알 수 있기 때문이다(옮긴이).

양으로 시료를 채취하는데, 이는 토양의 수직 구조를 그대로 간직하여 연구자들에게 수백 년 전부터 내려온 역사를 전해 준다. 중력 시료 시추기는 그 자체의 무게로 해저 바닥에 박혀, 수미터에 이르는 시료들을 채취할 수 있다. 피스톤 시추기는 이보다 더 깊게, 30 m까지 시료를 교란시키지 않고 박힐 수 있다. 이들 시료 시추기 모두 더 부드러운 하층토에 사용할 때 가장 좋다. 과학자들은 대양의 단단한 암석 바닥의 시료를 채취할 때는 바다 가장 깊은 곳에서 수천 미터에 이르는 시료를 수집할 수 있는 특별한 해저 드릴 배를 이용한다.

통계와 측정

생물체의 수와 다양성, 그리고 밀도를 집계하고 그들의 움직임을 관찰하는 일은 해양 생태계에 대한 이해를 높여 준다. 또 이에 못지않게 중요한 것은 이 생물체들이 사는 물리적이고 화학적인 환경이 시간과 지역에 따라 어떻게 변하는지 측정하는 것이다.

개체수 측정

끝없이 뻗은 해안선과 해저 바닥의 모든 생명체를 다 세는 것은 불가능하기 때문에, 과학자들은 트랜섹(transect)과 쿼드라트*를 이용하여 주어진 지역에서의 개체수와 밀도를 정확히 추정한다. 트랜섹은 수치를 집계하려는 범위가 선이고 쿼드라트는 직사각형의 면적 안에서 집계할 때 사용한다.

표식법 측정 수치란, 포획한 생물들에게 물감이나 목걸이, 밴드 혹은 다른 장치들로 표식을 한 후, 나중에 다시 잡은 동물들 중 몇 퍼센트가 표식을 한 생물인지 그 비율을 구하는 것이다.

정해진 양의 플랑크톤 생물들의 경우에는 현미경과 계수반 같은 것들이 필요하다. 혈구 계산기와 세드윅(Sedgwick) 계수반은 작은 생물체들과 적은 양의 표본에 사용하기 좋다. 더 큰 생물체들과 표본들의 경우에는 보고로프(Bogoroff) 접시와 플랑크톤용 집계 판을 많이 사용한다.

움직임 추적

배터리로 작동하고 라디오, 오디오, 그리고 위성 신호를 보내는 작은 꼬리표들은 먼 거리를 이동하는 동물의 움직임을 추적하는 데 유용하다. 꼬리표는 단순히 신호를 발신하여 연구자들이 동물의 위치를 알도록 해주는 것도 있고, 동물의 움직임에 관한 정보를 저장하여 나중에 연구자들에게 전송하는 것도 있다. 꼬리표는 동물에게 접착되거나 매어지는데, 이것은 전파 꼬리표의 무게나 크기가 방해가 되지 않을 만큼 큰 동물들에게만 사용할 수 있다.

또한 동물에게 이들이 언제 어디서 처음으로 포획되었는지에 대한 정보를 담고 있는 밴드나 표식을 부착함으로써 이들의 이동

경로를 추적할 수 있다.

화학 도구

해양학 도구들 중 가장 보편적인 것은 아마도 CTD(conductivity–temperature–depth meter)일 것이다. CTD는 물의 전도도, 온도, 그리고 수심을 이용하여 염분을 측정할 수 있다. 염분은 또한 초소형 액체 비중계나 염분계를 이용하여 측정할 수도 있다.

물의 투명도를 측정하기 위해 공통적으로 사용되는 도구는 세치 디스크(secchi disk)인데 이것은 백색 또는 흑백색의 판으로서, 물 표면에서 보이지 않을 때까지 천천히 바다 밑으로 내려진다. 투명도는 또한 전파거리측정기와 광학후방산란측정기를 사용하여 측정할 수 있다. 이 도구들은 일정한 양의 물속에서 특정 파장의 반짝이는 빛을 관찰함으로써, 얼마나 많은 양의 빛이 물속을 통과하고 물속에서 퍼지는지를 측정하며, 또한 얼마나 많은 양의 빛이 흡수되고, 빛이 비치는 곳으로 다시

꼬리표가 붙여진 새

CTD기

---

* 쿼드라트(quadrat) : 동식물 군락(群落) 연구를 위해 구분한 네모꼴 토지(옮긴이)

반사되는지를 측정한다.

pH(수소이온농도)나 용존산소량, 그리고 기타 물의 화학적 특성을 시험하기 위한 여러 가지 감지기들과 시험 도구들도 있다. 몇몇 도구들은 저렴하고 간단하고 덜 정확한데 비해, 또 어떤 것들은 아주 깊은 곳에서 매우 정밀하게 작동하도록 설계되었다.

해류의 측정

오늘날 해류를 측정하기 위한 여러 가지 첨단 기술들이 존재하지만, 아직도 간단한 표류 카드나 부유물이 사용된다. 각각의 카드 혹은 부유물에는 고유의 식별 번호가 인쇄되어 있고, 그 카드나 부유물을 발견한 사람에게 알려 주는 주소나 전화번호도 인쇄되어 있다. 이것은 해양학자들이 주요 해류의 패턴을 추적할 수 있도록 해준다.

해류는 초음파 유속계를 이용하여 특정 지역에서도 측정될 수 있다. 초음파 유속계는 물의 속도와 방향을 측정하기 위해 움직임이 소리에 영향을 미치는 방식을 이용한다.

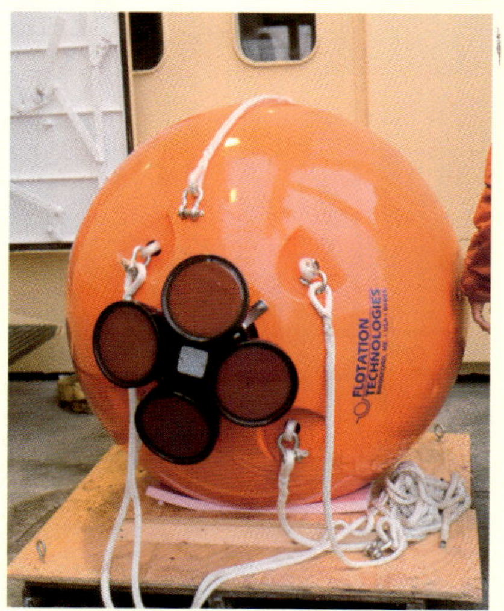

도플러식 초음파 유속계

• Sea-viewing Wide Field-of-view Sensor

보이지 않는 것을 시각화하기

바다의 대부분은 맨눈으로 볼 수 없기 때문에, 해양학자들은 바다가 얼마나 깊은지, 해저 바닥은 어떻게 생겼는지 등 기본적인 것들을 알아내기 위해 영리한 방법들을 고안해 냈다.

해저 바닥의 깊이와 특징

해저 바닥의 깊이와 특징은 소리의 특징을 기본 원리로 하여 측정할 수 있는데, 각각의 목적에 따라 서로 다른 주파수가 사용된다. 측면주사음향탐지기는 해저 바닥과 그곳에 있는 물체들의 이미지를 제공한다. 음향 측심기는 바다의 깊이를 측정한다. 하부지층 탐사, 혹은 탄성파 탐사는 해저면 50 m 아래까지 무엇이 있는지에 대한 정보를 제공한다. 사용하는 주파수에 따라서, 지질학적 층과 해저 바닥 표면 밑의 구조, 퇴적물 속에 묻힌 물체들, 혹은 깊이에 따른 물의 농도 구조까지 얻을 수 있다.

음향 탐지기

위성

위성사진은 전 지구 규모로 해양을 연구하는 것을 가능하게 했다. 고분해능방사계(AVHRR)는 해수면의 온도를 측정한다. 해양 관찰 센서(SeaWiFS *)는 엽록소를 측정하여, 과학자들이 시간과 지역에 따른 1차 생산자를 추적할 수 있게 해준다. 바람의 속도와 방향은 극초단파를 사용하는 스케터로미터인 시윈즈로 측정한다. 현재 두 개의 위성에 탑재된 36개 채널의 광학 스캐너인 고분해능 기상센서는 작은 해상도의 멋진 이미지를 생성한다. 토펙스-포세이돈(Topex-Poseidon) 위성은 2006년 1월 임무를 마치기 전까지, 탑재된 레이더 고도계를 이용하여 해수면의 높이를 측정하였다. 현재는 제이슨(Jason) 위성이 토펙스-포세이돈 위성을 대체하였다.

카메라

플랑크톤 촬영카메라는 수중 현미경을 이용하여 1,000분의 1인치부터 1인치에 이르는 생물들의 비디오 영상을 촬영한다. 이것을 통해 과학자들은, 그물 혹은 채수기를 이용한 전통적인 채집 기술로 피해를 입거나 파괴되기 전, 원래의 플랑크톤 구성을 관찰한다.

잠수정

지난 수년 간 과학자들은 잠수정을 타고 해저 바닥에 내려가 보았다. 가장 잘 알려진 잠수정은 알빈호인데, 이것은 1964년 우즈홀 해양연구소가 제작한 3인승 잠수정이다. 처음엔 1,830 m까지만 잠수하도록 고안되었던 알빈호는 1973년 개량되어 4,000 m 이상의 깊이까지 잠수할 수 있게 되었다. 과학자들은 알빈호에 탑승하여 열수 분출공을 발견하였고, 처음으로 타이타닉 난파선을 조사하였다. 그 후 더 정교한 잠수정들이 개발되었다. 잠수정들은 과학자들이 실제로 해저 바닥을 관찰할 수 있게 해주며 그곳에서 발견하는 표본들을 채집하고 사진을 찍을 수 있게 해준다.

알빈호

배와 로봇들

챌린저호가 1872년 첫 항해를 시작한 이후, 해양학적 연구를 위해 특별히 제작된 배들은 바다에서 어떤 일이 일어나는지에 대한 우리의 이해를 증진시켰다. 이 배들은 만들고 작동하는 데 많은 비용이 들어서, 해양학자들은 다양한 깊이에서 멀리 이동하면서 몇 달 혹은 몇 년간 자료를 수집할 수 있는 무인 해저 잠수정, 혹은 자동 심해 탐사정들을 자체적으로 개발하고, 배치하였다.

배

현대 해양학에 있어서 가장 널리 퍼진 탐사선은 우즈홀 해양연구소가 관리하는 아틀란티스 조사선이다. 이 배는 알빈 잠수정, 원격으로 조종되는 제이슨호, 그리고 두 개의 트레일러의 모선으로서, 정교한 항해술과 해저 바닥 지도, 위성 통신 장비를 갖추고 있다.

조이데스레절루션호(JOIDES Resolution)*와 같은 몇몇 배들은 해저 굴착을 위해 특별히 설계되었다. 원래 기름 탐사에 사용되었던 레절루션호는 1978년 그 용도가

과학 연구로 변경되었다. 열두 개의 컴퓨터에 의해 통제되는 추진기들은 며칠간의 굴착 작업 동안 배를 정확히 한곳에 자리 잡고 있게 해준다.

쇄빙선은 빙하에 견디고 그것을 자르며 통과하기 위해 지어진 배들이며, 이것은 그동안 갈 수 없었던 곳으로 과학자들을 안내한다.

플립(FLIP)이라는 연구탑은 조금 다른 종류의 배이다. 바다 한가운데서 연구할 때 안정적인 장소를 제공하기 위해 만들어진 플립은 바다에서 평평한 곳을 제공하며, 거의 완전히 물속에 잠겨 발끝만 나와 있다. 108 m에 이르는 플립의 길이 중 17 m만이 물 밖으로 삐져나와 있다. 이것은 큰 파도가 칠 때에도 아주 안정적이다.

해상 부유 정거장(플립, FLIP; Floating Instrument Platform)

자율형 무인 잠수정

라포스플로트(RAFOS float)는 고정된 음향 신호소에서 내보내는 소리를 통해 넓은 지역에서 해수면의 해류 속도와 위치에 대한 고해상도 지도를 만들어 낸다. 라포스플로트 이전의 형태인 소파(SOFAR)는 고정된 청취국으로 음향 신호를 보내는 방법으로 해류를 추적했다. 라포스플로트는 이

와 정반대의 방식으로 작동하기 때문에 소파의 스펠링을 거꾸로 하여 이름 지은 것이다.

라포스플로트는 각각 10 kg인 2 m 길이의 유리 튜브이며, 외부에 부착된 스테인리스강 추를 이용하여 특정 깊이에서 균형을 잡는다. 감지기들은 수압, 수온, 용존산소와 해류를 측정한다. 내부의 극소 연산 처리 장치는 미리 예정된 시간에 자료를 저장하는 역할을 하며, 밸러스트의 물을 버리면 해수면 위로 떠올라 배에 신호를 보내는 역할도 담당한다. 배가 해수면으로 올라오면 두 개의 위성으로 데이터를 쏘아 올리고, 이 위성들은 그것을 육지의 수신국으로 전달하게 되며, 결국 인터넷을 통해 사람들이 볼 수 있게 된다. 이 배들은 최대 2년까지 미션을 수행하도록 프로그램 될 수 있다.

스프레이 글라이더

간단하고 저렴하며 효과적인 스프레이 글라이더는 장착된 작은 컴퓨터를 이용하여, 미리 프로그램 된 해저의 경로를 항해한다. 이들은 수온, 염분, 해류와 같은 것들을 측정하는 여러 가지 감지기들을 갖추고 있다. 이들은 물속에 잠수하여 6개월까지 머무는데, 잠수 전후로 GPS 안테나가 위치를 측정할 수 있도록 글라이더가 그 측면 위를 미끄러진다. 이 글라이더는 위성을 통해 연구자들과 통신한다.

스프레이 글라이더의 길이는 2 m이며, 그 날개폭은 1.2 m 가까이 된다. 꼬리 부분과 조타 장치는 플라스틱으로 되어 있고 이를 제외한 나머지 글라이더의 몸체는 알루미늄으로 되어 있다.

* 조이데스(JOIDES)는 Joint Oceanographic Institutions for Deep Earth Sampling의 약칭(옮긴이)

파도와 조류

왼쪽 대서양의 아일랜드 해안에 있는 모어(Moher) 절벽에 파도가 치고 있다. 조류와 파도는 전 세계의 해안선을 만든다.
위, 아래 파도의 힘은 바다 근처에 사는 사람들에게 즐거움을 주기도 하고 두려움을 일으키기도 한다. 해저의 지진이나 화산 폭발에 의한 쓰나미를 포함하여 바다에 폭풍이 몰아치면 파괴적인 일도 발생한다.

우리에게 가장 잘 알려진 바다의 특징으로 조류와 파도 두 가지를 꼽을 수 있다. 파도 wave는 바람이나 지진 그리고 다른 작용에 의해 수면이 오르고 가라앉는 것이다. 파도는 파도타기를 하는 사람들에게는 커다란 즐거움을 주기도 하지만, 2004년 아시아를 강타한 쓰나미의 경우에서 볼 수 있듯이 때로는 굉장히 파괴적일 수도 있다. 파도는 해수면 위에서 일어날 때 우리 눈에 가장 잘 보이지만, 다양한 밀도의 층이 만나는 해수면 아래에서도 형성된다. 해수면 아래의 파도는 관찰하기 더 어렵기 때문에 이러한 내부의 파도에 대한 이해는 아직 부족한 상황이다.

가장 큰 파도라고 할 수 있는 조류 tide는, 하루 단위로 솟아오르고 또 가라앉는다. 뉴턴의 '이론적인' 조류는 태양과 달의 인력에 의해서만 일어난다고 예측했지만, 실제 조류는 대양저의 깊이와 모양, 대륙과 섬의 상호작용, 그리고 무수히 많은 다른 작용들에 의해 영향을 받는다. 만조와 간조의 차이는 거의 없을 때도 있고 10 m 이상이 될 때도 있다. 조류에 의해 발생한 해류는 세계 곳곳의 나라들에서 끝없는 에너지의 원천이 된다.

파도의 구조

파도는 그 크기가 크든 작든, 형태가 굽었든 거품이 많든 관계없이, 해안의 주요 요소이다. 해수면에서 일어나는 가장 작은 파도에서부터 지구에서 가장 큰 파도인 조류에 이르기까지 모든 파도는 몇 가지 공통된 특징을 가지고 있다. 파도의 세 가지 기본적인 특징은 높이, 길이 그리고 주기이다. 파도의 가장 높은 지점인 마루와 가장 낮은 지점인 골 사이의 거리가 바로 그 파도의 높이이다. 파도의 길이, 즉 파장은 단순히 두 마루 사이의 거리이며, 두 개의 연속적인 마루가 한 지점을 지나기까지 걸리는 시간이 그 주기이다. 또한 마루 하나가 어떤 정해진 지점을 얼마나 자주 지나가는가가 파도의 진동수이다. 파도의 크기는 파도를 만들어 내는 에너지의 양에 따라 영향을 받는다. 예를 들어 강한 바람은 약한 바람보다 더 많은 에너지를 지니고 있으므로, 더 큰 파도를 만들어 낼 것이다. 또한 바람이 파도에 에너지를 전달할 시간이 더 많아질 때, 즉 방해받지 않고 물의 넓은 범위에 걸쳐 작용할 때 파도는 더 커진다. 바람이 작용하는 거리를 취송거리fetch라고 한다.

파도의 생성과 소멸 파도는 종종 그것을 일으킨 원인기파력 혹은 기조력이라고 부른다과 물을 원래 상태로 되돌려 놓는 힘인 복원력에 의해 분류된다.

가장 일반적인 기파력은 바람이지만, 지진이나 해저사태, 그리고 다른 힘에 의해서도 파도가 생겨난다. 아주 작은 파도의 경우, 물 분자가 서로 결합하려는 응집력인 표면장력에 의해 원래 정수면의 상태로 되돌아갈 수 있다. 이러한 파도를 표면장력파capillary wave라고 부르며, 대개 금방 사라진다. 쓰나미나 쇄파 같이 큰 파도들의 경우에는 표면장력이 아닌 중력이 복원력으로 작용하며, 중력파gravity wave라고 부른다. 파도는 수심이 얕은 곳으로 이동하면 느려진다. 주기는 변하지 않으므로 파도의 높이는 높아진다. 해저와의 마찰은 파도의 밑부분이 윗부분보다 더 느려지게 만들고, 파도의 앞부분은 점점 더 가파르게 된다. 결국 파도는 그 에너지를 흩뜨리면서 앞으로 무너지거나 혹은 부서지게 된다.

파도 내부의 움직임 파도와 그 에너지가 물을 통해 앞으로 이동하기는

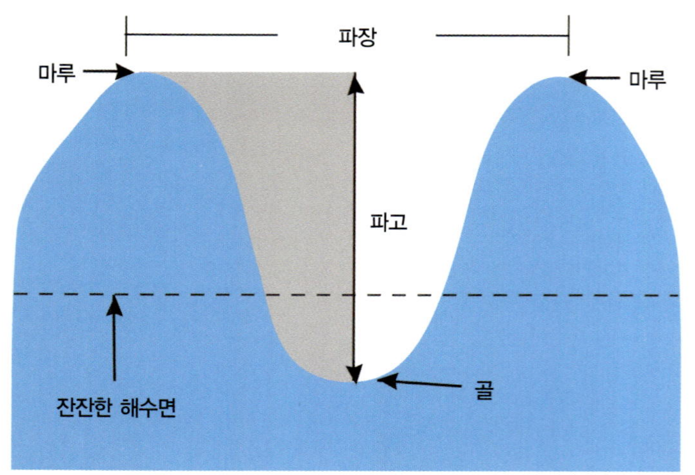

위 해안선이 가까워짐에 따라 파도의 높이가 수직 평형을 넘어서면 먼저 떨어지는 부분이 부서지면서 흰 포말이 생겨난다.
아래 파도의 구조. 마루는 파도의 가장 높은 지점이고 골은 가장 낮은 지점이다. 파장은 두 연속한 파도의 마루들 혹은 골들 사이의 거리이며, 파고는 마루와 골 사이의 높이이다.

파도가 물 위에 떠 있는 물체를 지날 때 그 물체는 파도가 가까이 옴에 따라 앞으로 이동할 것이고, 파도가 지나가면 뒤로 이동할 것이다. 이러한 움직임은 물체가 해수면 위에서 위아래로 흔들리게 만든다.

USS 라마포와 같은 종류의 배인 USS 트리니티의 모습. 이 유조선 함대는 제2차 세계대전 당시의 전함들에 연료, 석유 상품, 탄약 등을 제공했다.

라마포 유조선이 목격한 거대한 파도

아마 선원들도, 보통 사람들처럼 과장해서 말하기도 할 것이다. 하지만 해군 유조선인 미 함정 라마포 호(Ramapo)의 선원들은, 그들이 인간이 목격한 가장 큰 파도로부터 살아남았다고 이야기해도 과장이 아닐 것이다. 1933년 2월 초, 라마포호는 필리핀에서 캘리포니아로 이동하던 중 큰 폭풍을 만났다. 그 폭풍은 일주일 동안 계속되었으며 바다 전체에 엄청난 파도들을 만들어 냈다. 특히 큰 파도가 가까이 왔을 때, 갑판 위의 선원 한 명은 파도의 마루가 앞 돛대의 꼭대기까지 닿는 것을 보았다. 간단한 계산만으로도 그는 그 파도의 높이가 34 m, 그러니까 11층 빌딩의 높이와 같았다는 것을 알 수 있었다.

하지만, 파도 내부의 각각의 분자들의 경우에는 그렇지 않을 수도 있다. 물 위에 떠 있는 물체는 파도가 다가오면 앞으로 이동하고, 파도가 지나가면 뒤로 이동한다. 파도는 해수면 위에 배가 떠 있을 때 그것을 운반한다기보다 그 옆으로 비껴 지나간다. 이러한 순회 운동은 물체가 위아래로, 앞뒤로 흔들리게 만든다. 실제로, 파도 내부나 파도 위의 물체의 움직임을 살펴보면 완벽하게 순회 운동을 하고 있지는 않으며, 어느 정도 앞으로 이동하고 있기는 하다. 이것은 물의 깊이와 파도의 높이와의 관계에 있어서 파도의 움직임이 해저의 마찰에 의해 영향을 받을 경우에 특히 그러하다. 수심이 파도의 반파장보다 얕은 물에서 일어나는 파도는 그 물의 절대 깊이에 관계없이 천해파shallow-water wave라고 한다.

자유파와 강제파 대부분의 파도는 전진하는 바람의 마찰력에 의해 생긴다. 다시 말해, 파도는 바람이 특정 방향에서 미는 힘에 의해 생겨나며, 그 파도는 물을 따라서 처음에는 바람이 밀었던 방향으로 나아가게 된다. 어떤 파도가 바람 혹은 다른 힘에 의해 직접적인 힘을 받아 생성된 경우, 강제파forced waved라고 부른다. 하지만 파도는 파도를 일으킨 바람이나 또 다른 힘이 멈추어도 계속 바다를 가로질러 이동할 수 있다. 이러한 파도는 자유파free wave라고 부르며, 이 파도의 속도는 바람에 의해서가 아닌 그것의 주기와 파장에 의해 결정된다. 예를 들어 파도가 폭풍의 중심에서 벗어날 경우 긴 파도는 짧은 파도보다 더 빠르게 이동하게 되는 것이다. 이것은 파장이 비교적 고른 규칙적인 파도들을 많이 만들어 내는데, 이것을 너울swell이라고 한다. 이러한 물결들은 세계 곳곳을 가로질러 여행하게 된다. 그 중 어떤 것은 남극에서 북극까지 이동하는 것이 포착되기도 하였다.

• 파장이 1.73 cm 이상인 모든 파의 복원력은 중력이다(옮긴이).

파도가 장벽을 만났을 때

바람, 해류, 해안선, 이 모든 것들이 파도의 형성과 방향에 영향을 미치기 때문에, 서로 다른 크기와 방향을 가진 여러 그룹의 파도들이 부딪치게 되는 것은 피할 수 없다. 그러면 어떻게 되는가? 파도가 교차하는 지역의 물은 복잡한 패턴으로 움직인다. 두 개의 마루가 만나면 그 두 마루의 각각의 크기보다 두 배는 더 큰 마루가 만들어진다. 마루와 마루 사이의 골이 만나면 그 둘은 상쇄되어 사라진다. 하지만 파도 중에는 이러한 지역을 통과하여 그 크기나 방향이 변하지 않은 채로 계속 진행하는 것들도 있다. 파도가 단단한 물체를 만나면 또 다른 패턴이 생성된다.

반사 파도가 충분히 가파른 표면에 부딪치면 빛이 거울에 반사되는 것처럼 다시 반사되어 나온다. 만약 파도가 벽에 수직으로 이동한다면, 즉 파도의 앞면이 벽에 수직일 경우, 그 파도는 벽에 부딪칠 때 방향이 반대로 바뀔 것이다. 만약 파도가 일정한 각을 가지고 해안선에 닿을 경우, 그것이 들어오는 각에서 90°를 뺀 것만큼의 각으로 반사될 것이다. 이러한 교차점들은 앞서 이야기한 것과 같이 복잡한 간섭 패턴을 만들어 내며, 이런 곳은 작은 배들이 지나다니기 어려울 수 있다. 파도가 만약 곡선 형태의 표면으로부터 튕겨져 나온다면, 그 패턴은 이것보다 더 복잡해

진다. 그 표면이 어떠한 곡선 형태를 띠고 있는가에 따라 파도 에너지는 분산되거나 혹은 증폭될 것이다.

굴절 경사가 완만한 해안가에서는, 파도의 속도가 느려지며 부서진다. 그러나 파선이 평탄한 해안선에 정확히 평형을 이루며 다가오지 않는

위 울퉁불퉁한 바위로 된 해안선은 파도의 패턴을 방해하여 반사되거나, 튕겨져 나오게 만든다.
아래 호주 남해안의 인도양에서 볼 수 있는, 침식작용에 의한 절벽들

한, 그 파선의 여러 부분들은 각기 다른 시간에 그 속도를 늦출 것이다. 이러한 다양성은 파선이 더 얕은 물로 이동함에 따라 구부러지거나, 혹은 굴절하게 만든다. 왜 이러한 일이 일어나는지 이해하려면 파도의 마루를 줄을 지어 일제히 걷고 있는 사람들이라고 생각해 보라. 만약 줄의 끝에 있는 사람들이 속도를 늦춘다면 다른 곳에 있는 사람들은 그 줄을 유지하기 위해 어떻게든 몸을 돌려 움직여야 할 것이다. 파선의 한쪽 끝이 먼저 얕은 물에 닿아 바닥과의 마찰 때문에 그 속도가 늦춰지게 되며, 나머지 파선은 구부러진 해안선에 더 나란하게 되기 위해 구부러지게 된다.

해안선이 만이나 곶을 가지고 있을 경우 굴절 작용은 더욱 복잡해진다. 파선은 먼저 곶에 부딪친 다음 그 주변을 둘러싸게 된다. 이것은 곶에 에너지를 집중시켜 높은 파도가 일고 침식이 왕성한 지역으로 만든다. 만의 중심은 주변의 곶보다 수심이 깊다. 따라서 파도의 마루는 중심으로부터 구부러져 나와 낮은 파도가 일고 퇴적이 왕성한 지역을 만들어 낸다. 파도에너지에 있어서 이러한 차이는 시간이 흐름에 따라 해안선을 완만하게 만드는 효과를 가진다.

회절　파도의 방향과 패턴을 바꿀 수 있는 또 다른 현상이 있는데, 그것은 바로 회절이다. 회절은 파도가 좁은 곳을 지나거나 물체를 돌아서 지나갈 때, 구부러지는 현상을 가리킨다. 예를 들어 파도가 방파제의 구멍을 지날 때, 그것은 넓게 퍼져서 원래의 힘을 훨씬 넓은 곳에 분산시키게 된다. 만약 방파제가 두 개 이상의 구멍을 가지고 있다면, 회절된 파도들의 상호작용은 방파제 뒤에 간섭된 패턴을 만들어 낸다. 선창의 끝이나 다른 장벽들을 지날 때에도 파도는 회절되거나, 속도가 늦추어지거나, 구부러질 수 있다.

하늘에서 본 세인트크루아 섬의 우달곶(Udall)의 모습. 우달곶 왼편의 얕은 물에서 파도 굴절 패턴이 보인다.

미네소타 주 덜루스(Duluth)의 운하에 있는 슈피리어 호에서 세이쉬가 범람하고 있다.

정상파와 세이쉬

서로 비슷한 빈도를 지닌 두 개의 파도 그룹이 서로 다른 방향으로 이동하여 만나게 되면, 정상파(standing wave)가 생긴다. 이곳에서 마루들과 그 사이의 골들이 절(node)이라고 불리는 지점에서 교차하고, 일정한 높이에 머무르는 한편, 파절의 마루들과 골들의 사이는 원래의 파도가 오르내리는 것의 두 배의 크기가 된다. 이것은 파도가 앞으로 나아가지 않는 것처럼 보인다. 정상파들이 호수나 만에서처럼 닫힌 혹은 부분적으로 닫힌 물에서 발생할 때 이것을 세이쉬(Seich)라고 부르며 이들은 큰 영향을 미칠 수 있다. 1995년 북미의 슈피리어(Superior) 호에서 세이쉬가 형성됐었는데, 해안선의 한쪽 물이 15분 사이에 1 m나 솟았다가 떨어졌다. 그곳에 떠 있던 배들은 1분 간격으로 높이 솟았다가 떨어지기를 반복하였다.

쓰나미

2004년 12월 26일, 강력한 파도가 인도양을 휩쓸면서 20만 명 이상의 인명피해를 내고 수백만 명의 집을 앗아 갔다. 인도네시아 수마트라Sumatra 섬 근처의 거대한 지진으로부터 발생한 쓰나미는 저 멀리 동아프리카까지 사상자와 피해를 냈다.

쓰나미tsunami는 종종 조석파라고 불리기도 하지만 조류와는 거의 관계가 없다. 이들은 많은 양의 물이 수직으로 빠르게 이동하면서 생겨난다. 해저의 지진이 주된 원인이긴 하지만, 쓰나미는 거대한 해저사태나 화산 폭발 그리고 운석의 충돌물론 아무도 이것을 본 사람은 없다로 인해 발생할 수 있다. 해저사태나 화산 폭발로 인해 발생한 쓰나미는 지진으로 인해 발생한 쓰나미만큼 멀리 이동하지 못하지만, 그만큼 강력할 수는 있다. 실제로 알래스카의 리투야Lituya 만에서 일어난 해저사태로 인해 발생한 쓰나미는 지금까지 기록된 쓰나미 중 가장 거대한 것이었는데 그 최대 높이가 520 m나 되었다. 하지만 그 쓰나미가 외해로 갔을 때에는 그 힘이 급격히 약화되었다.

긴 파장과 얕은 해안 종종 100–200 m에 이르는 쓰나미의 긴 파장은 그들이 외해에서 이동하긴 하지만 사실은 천해파라는 것을 뜻한다. 다시

위 1963년 알래스카의 코디액(kodiak) 섬에서도 쓰나미를 겪었는데 배가 시내까지 쓸려 왔다.
아래 왼쪽 2004년 5월에 촬영된 인도네시아의 뮬라보(Meulaboh). 뮬라보는 수마트라 해안에 위치해 있으며, 이곳은 2004년 12월 26일 쓰나미를 일으킨 지진의 진원지에서 대략 150 km 떨어진 곳이다.
아래 오른쪽 쓰나미가 빌딩 곳곳에 침식과 파괴를 일으킨 후 2005년 1월 7일의 뮬라보

말해, 쓰나미는 해저의 바닥과 상호작용한다는 것이다. 해저의 산맥은 파도를 굴절시킬 수 있으며, 혹은 파도가 해산을 지나면서 회절될 수도 있다. 전형적인 쓰나미는 외해에서는 파고의 높이가 1 m밖에 안 된다. 인도양의 쓰나미는 지진이 일어난 지 2시간이 지났을 때 60 cm밖에 되지 않았다. 하지만 쓰나미는 상당히 빨라서, 시간당 800 km 이상의 속도로 이동할 수 있다.

다른 파도들과 마찬가지로 쓰나미 또한 얕은 해안가로 다가올수록 그 높이가 높아진다. 파도의 제일 앞부분이 속도를 늦추면서 그 뒤의 물들이 그 위로 솟구치게 된다. 그러나 쓰나미는 일반적인 파도처럼 부서지는 경우가 거의 없다. 사실, 쓰나미의 파괴력은 그 높이에서 나오는 것이 아니라 그것이 몰고 오는 물의 양에서 나온다.

경고 징후 작은 파도들이 오기 전에 물이 뒤로 밀려나는 것처럼 쓰나미가 오기 전에도 물이 뒤로 밀려난다. 쓰나미는 아주 크기 때문에, 쓰나미가 육지로 가까이 올 무렵이면 수위가 3–4 m까지 떨어질 수 있다. 이러한 사실을 모르는 해변의 관광객들은 호기심에 혹은 갈 곳을 잃은 물고기들을 잡으러 얕아진 물로 들어갈 수 있는데 이는 매우 위험한 행동이다. 쓰나미는 해변으로 물을 아주 빨리 몰고 오며, 낮았던 수위는 불과 4–5분 만에 6 m 혹은 8 m까지 올라갈 수 있다. 그리고 다시 몇 분이 지나면 쓰나미는 사람, 동물, 파편들을 삼킨 채 다시 바다로 돌아간다.

혼자가 아닌 파도 쓰나미는 거의 항상 파동열wave train, 즉 바다를 함께 이동하는 파도 그룹의 일부이다. 보통 파도들은 초 단위의 주기를 갖고 있는 반면, 쓰나미의 주기는 10분에서 몇 시간에 이를 수 있다. 이것은 하나의 쓰나미 이후 몇 초 혹은 몇 시간 이후에 두 번째, 세 번째 쓰나미가 닥칠 수 있다는 것을 뜻한다. 2004년 12월, 태국 남부지방은 첫 쓰나미 이후 1시간 만에 높이가 4.6 m에 이르는 파도의 공격을 또 받았다.

1946년 4월 1일 태평양 전체에 걸친 쓰나미가 하와이와 알류산 열도에 영향을 주었다. 9 m의 파도들은 프랑스령 폴리네시아에까지 닿았다. 이 재앙 이후 쓰나미 경고 시스템이 생겨났다.

쓰나미 경고 시스템

사람들이 쓰나미에 대한 경고를 미리 받을 수 있다면 안전하게 피할 수도 있을 것이다. 1946년 알류산 열도에서 발생한 강력한 쓰나미는 지진해파 경고 시스템을 만드는 데 영감을 주었고, 이것은 나중에 태평양 쓰나미 경고 시스템이라고 개명되었다. 26개의 나라들이 태평양의 지진파와 조류를 감시한다. 쓰나미가 발생할 것이라고 판단되면 정부 관계자들과 미디어 그리고 해양라디오방송을 통해 일반인들에게도 경고 메시지가 전달된다. 1946년 이후 20번 중 15번이 잘못된 경고였지만, 쓰나미의 큰 파괴력을 고려해 볼 때 이 시스템은 가치가 있다. 태평양 전역에 걸친 이 시스템이 경고를 전달하려면 1시간 정도가 걸리기 때문에, 태평양의 여러 국가들은 5분에서 10분 내에 경고를 전달할 수 있는 지역 경고 시스템을 갖추고 있다. 쓰나미가 상대적으로 훨씬 덜 일어나는 대서양과 인도양에는 현재 이러한 시스템이 갖춰져 있지 않다. 만약 인도양에도 경고 시스템이 존재했다면 2004년 쓰나미 때 수천 명의 목숨을 구할 수 있었을 것이다. 이러한 생각은 세계적인 노력, 특히 인도양이나 카리브 해에 쓰나미 경고 시스템을 만들자는 국제적인 노력에 박차를 가했다. 이러한 시스템을 만들려면 수위에 대한 계량 기준과 더 발전된 지진계 네트워크, 심해 압력 센서들과 재앙 관리 시스템에 연결된 지역 경고 센터들을 마련하는 것이 필요하다.

파도 아래 파도

우리는 공기와 물의 경계에서 일어나는 파도에 가장 익숙하지만, 파도는 밀도가 서로 다른 두 개의 유체 사이에서 항상 형성될 수 있다. 즉, 공기와 물, 담수와 소금물, 혹은 서로 다른 밀도의 공기층 사이에서도 형성될 수 있다. 파도가 수면 아래에서 형성되는 경우 이들을 내부파 internal wave라고 한다.

내부파를 일으키는 힘들은 여러 가지가 있는데, 폭풍, 고르지 못한 표면을 이동하는 물, 위아래 해수 사이의 가파른 해류층이 있는 밀도 약층 등이 있다. 내부파는 큰 강의 어귀나 피오르처럼 담수가 바다로 흘러들어가는 지역에서 특히 공통적으로 나타난다. 내부파가 표면의 파도와 평행하게 이동하는 경우도 있다. 이것을 빠른 모드 또는 표면 모드 surface mode라고 부른다. 내부파는 느린 모드, 즉 내부 모드로 이동하는 것이 더 일반적인데, 이때 이들의 마루와 골의 위치는 해수면 파도의 마루와 골의 위치와 정반대이며, 내부파의 마루들은 해수면 파도의 골 아래에 더 자주 위치한다.

크고 느린 파도 큰 파도들의 경우 그것을 원상태로 복구하는 힘은 중력

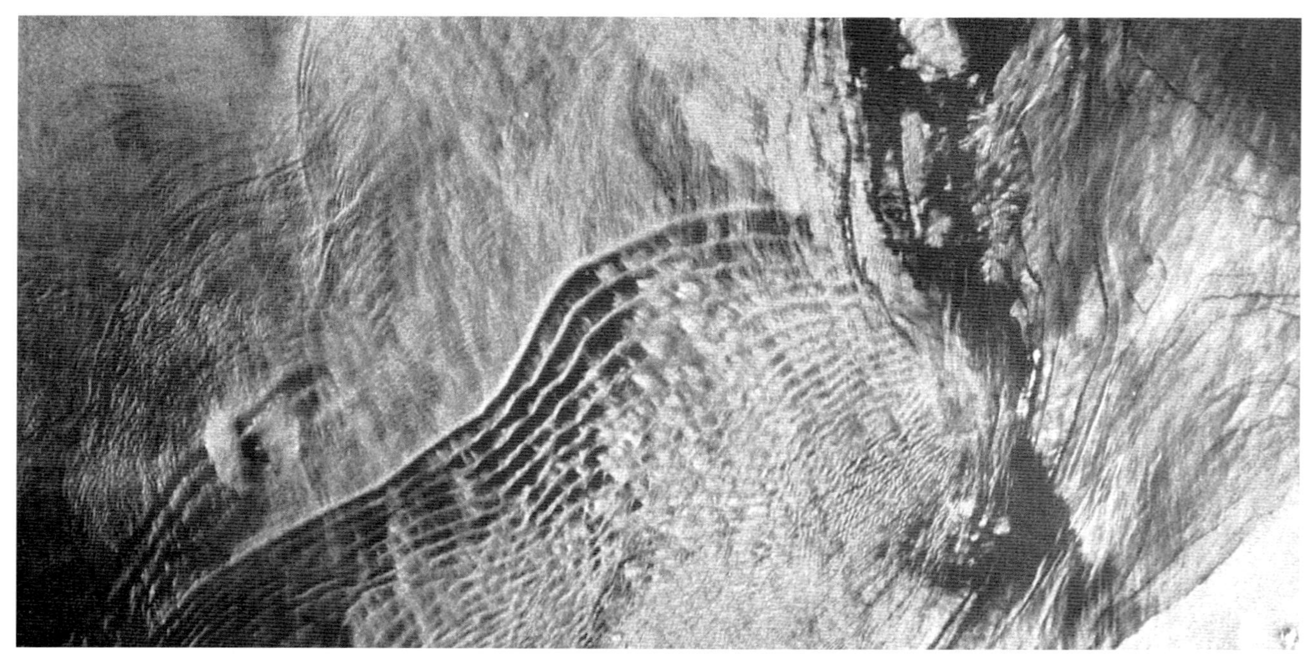

위 노르웨이의 오슬로 피오르(Oslo Fjord). 피오르는 깊고 가파른 절벽을 가진 U자 모양의 계곡으로, 빙하의 침식과 바닷물이 차서 형성된다. 이 지형에서 알 수 있듯이 담수와 소금물이 섞이는 피오르에서는 내부파가 일어나는 것이 일반적이다.
아래 이 그림은 유카탄(Yucatan) 반도 북동쪽의 멕시코 만의 특징을 보여준다. 가운데 부분에서 내부파를 볼 수 있다.

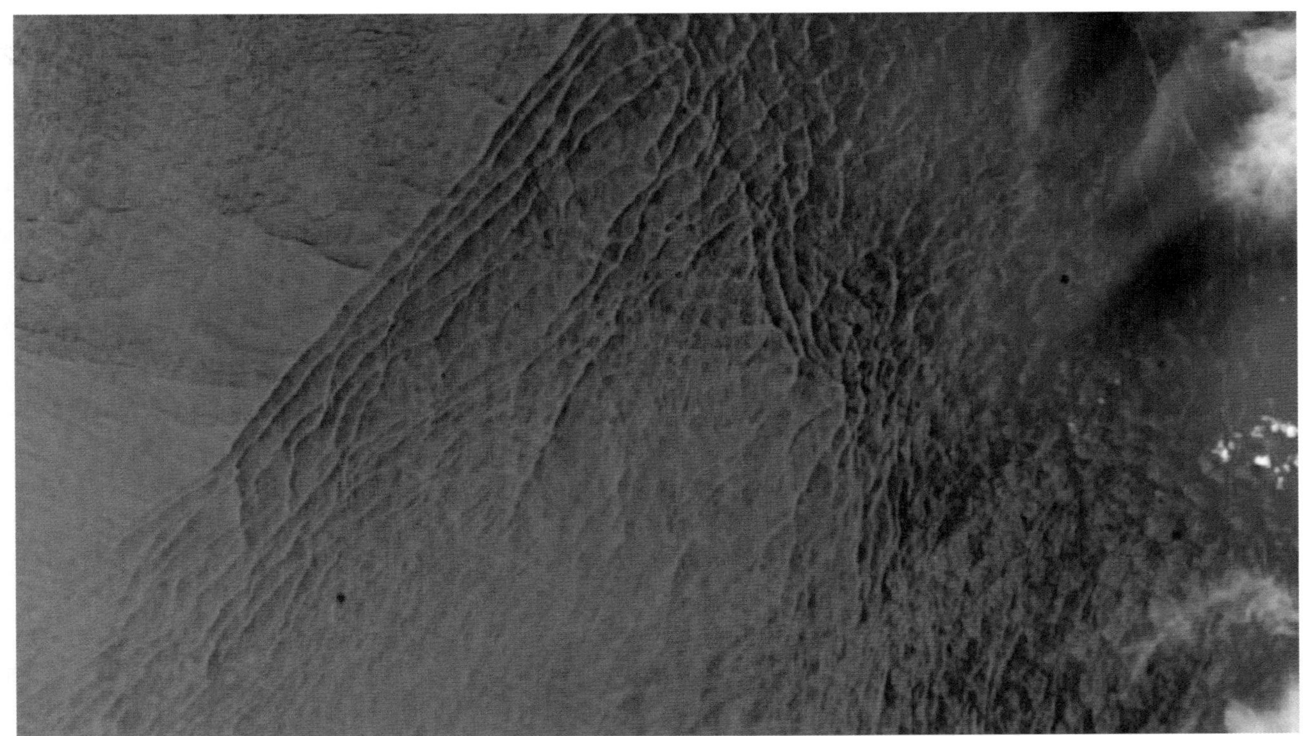

우주에서 바라본 태평양의 내부파. 이 파도들은 맨눈으로 볼 수 없으며, 그 길이가 몇 마일까지 뻗어 있을 수 있고 몇 시간에 걸쳐 바다를 이동할 수 있다.

과, 유체의 두 층의 밀도차로부터 나온다. 물의 두 층의 밀도 차이가 공기와 물의 밀도 차이보다 작기 때문에 내부파의 복원력은 표면파의 복원력보다 작다. 이것은 물 분자들이 평형 상태로 돌아가는 데 더 오랜 시간이 걸리고, 따라서 파고나 주기나 파장이 더 클 수 있다는 것을 뜻한다. 내부파의 높이는 특히 표면파의 높이보다 50에서 100배 더 크다. 이들은 몇 마일까지 뻗어 있을 수 있으며 대부분의 표면파들보다 훨씬 먼 거리를 이동할 수 있다.

내부파가 표면에서는 거의 보이지 않긴 하지만 그들이 존재한다는 신호를 보여줄 수는 있다. 내부파의 마루가 표면에 가까워지면 상대적으로 완만한 수역에 매끈한 부분을 만들어 낸다. 골 위에서 물은 더 뾰족하다. 이렇게 거칠거나 완만한 물의 띠는 100 km까지 뻗어 나갈 수 있다. 플랑크톤들은 종종 파도의 앞부분에 밀집되어 있는데, 이는 물고기와 새와 포유류들을 불러 모은다.

흐르지 않는 물 선원들은 그들이 고인 물이라고 부르는 현상을 오래전부터 늘 염두에 두어 왔다. 피오르나 강 하구 혹은 얼음 암초들을 항해할 때 뚜렷한 이유도 없이 갑자기 배의 속도가 느려지거나 멈추어 버리는

일이 일어난다. 이것은 배의 프로펠러가 밀도약층의 깊이에 있으면 배가 내부파를 만들어 내기 때문인 것으로 나타났다. 이러한 일이 일어나면 프로펠러의 에너지는 움직이는 배가 아닌 발생된 파도로 전달된다.

내부파에 관한 또 다른 미스터리는 1963년 미국 핵잠수함 트레셔Thresher의 실종 사건이다. 케이프 코드 동쪽의 해저를 빠르게 여행하던 트레셔 잠수함은 '작은 문제'가 발생했다고 알려 왔다. 잠시 뒤 잠수함은 사라져 버렸다. 그리고 129명의 선원들도 함께 실종되었다. 몇몇 전문가들은 이 사고가 이틀 전 그 부근을 지나간 큰 폭풍 때문일 것이라고 이야기한다. 즉 트레셔 잠수함이 해저의 파도나 소용돌이에 휘말려 가라앉았기 때문에 선원들이 대처할 수가 없었다는 것이다.

해, 달 그리고 조석

세계 곳곳에서 바다는 해안을 따라 일정한 주기로 상승하고 가라앉는 것을 반복하는데 이를 조석 tide이라고 부른다. 조석은 태양과 달의 만유인력이 끌어당기는 힘에 의해 생겨나며, 대륙과 대양저의 모양에 의해 달라진다. 해안가에서 물을 위아래로 움직이는 것 말고도 조석은 그 주기의 방향을 바꿀 때 깜짝 놀랄 만큼 빠른 조류를 만들어 낼 수 있다. 조석은 만조가 될 때에는 밀물을, 간조가 될 때는 썰물을 만들어 낸다. 조류가 가장 약할 때인 휴조 slack tide는 조수가 바뀔 때, 즉 밀물에서 썰물로 바뀔 때 일어난다.

보름달 무엇이 조석을 만들어 내는지 이해하기 위해서, 먼저 '평형조석론'에 대해 알아보자. 평형조석론은 조석이론이다. 이 이론은 조수의 이동에 대해 다음과 같은 간단한 설명을 내놓는다. 달의 중력이 끌어당기는 힘은 지구와 바다 모두를 끌어당긴다. 이 중력에 대항하는 힘이 없다면 달과 지구는 서로 충돌할 것이다. 이 둘을 떼어놓는 힘은 관성, 즉 움직이는 물체가 똑바로 이동하려는 성질이다. 중력과 관성의 균형 관계에서, 달을 바라보는 쪽의 지구에서는 중력이 약간 우세하여, 해수가 달 쪽으로 흐르게 된다. 반면에 달 반대쪽의 지구에서는 관성이 우세하여, 해수가 달의 반대 방향으로 흐른다. 지구는 하루에 한 번 회전하므로 이론적으로는 날마다 두 번의 똑같이 높고 낮은 조석이 생기는 것이다. 달은 날마다 한 시간씩 늦게 머리 위를 지나기 때문에 조석도 날마다 한 시간

위 뉴햄프셔 포츠머스 해안의 간조
아래 샌프란시스코 만의 오클랜드 다리 밑으로 공업 크레인이 운반되고 있다. 철저한 계획과 조석 주기에 대한 자세한 지식 덕분에 크레인들이 다리 밑을 1.8 m의 여유를 두고 통과할 수 있게 되었다.

이와 같은 자동 디지털 조석 측정 기록기는 1920년대에 사용되었다. 알루미늄을 댄 종이테이프에 펀치로 조석의 단계가 표시되었다.

알래스카 호바트(Hobart) 만에서 달이 빛난다. 태양과 달의 만유인력은 하루 중 지구 곳곳에서 각기 다른 시간에 바닷물이 들어오고 또 빠져나가게 만든다.

씩 늦게 일어난다. 너무너무 작아 우리가 알아채지는 못하지만 해수뿐만 아니라 지각도 이렇게 물처럼 쏠리는 현상이 일어나고 있다.

태양의 영향 기조력은 천체의 크기보다 천체까지의 거리가 더 큰 영향을 미친다. 태양의 질량은 달보다 2,700만 배나 크지만 지구로부터 거리가 378배 더 멀기 때문에 태양의 기조력은 달의 반밖에 되지 않는다. 태양과 달이 일직선상에 있을 때 만조와 간조의 조차가 커지는데 이것은 태양과 달의 기조력이 동시에 작용하기 때문이다. 이것을 '사리spring tide, 대조' 라고 한다. 사리는 달이 보름달이거나 초승달일 때, 한 달에 두 번 일어난다. 태양과 달이 서로 직각을 이루고 있을 때 간만의 차가 가장 작은데, 이것은 태양과 달의 중력이 서로 상쇄되어 없어지기 때문이다. 이것을 '조금neap tide, 소조' 이라고 한다. 조금도 한 달에 두 번 일어나는데 상현달, 하현달 때이다.

조수의 높이 수년간 사람들은 조수의 높이를 다양한 방법으로 측정했다. 초기의 도구는 부두에 붙은 튜브 안에 띄워 놓은 물체에 펜과 잉크를 달아 놓은 것이었다. 나중에는 컴퓨터가 인식할 수 있는 펀치 도구가 펜

길어지는 하루들 그리고 멀어지는 달

조석, 하루의 길이, 그리고 지구와 달 사이의 거리는 각각 독립적으로 보이지만 조석 마찰에 있어서 모두 연관되어 있다. 조수가 차오른 바닷물의 마루가 서쪽으로 이동하면 지각은 물 밑에서 동쪽으로 자전한다. 이것은 파도를 동쪽으로 끌어당기며 그 바닷물이 달의 정확히 반대 방향에 머물게 되는 사태를 예방한다. 만조로 바닷물이 부풀어서 늘어난 만큼의 물은 달을 끌어당기고 이 힘 때문에 달 궤도에서 공전하는 속도가 증가하고, 이것은 달을 매년 지구로부터 1.2 cm씩 멀어지게끔 한다. 달도 또한 그 바닷물을 잡아당겨 지구의 자전 속도를 100년당 1,000분의 1초-3초 정도 늦춘다. 지구가 달을 끌어당기는 힘은 '조석고정' 이라는 현상을 일으키는데 이것은 항상 달의 한쪽 면만 지구를 바라보는 것을 뜻한다.

과 잉크를 대신했다. 이들 도구 모두, 조수의 측정 기준에 따라 장치들이 제대로 작동하고 있는지 알아보거나 자료를 수집하기 위해서 기술자들의 정기적인 점검을 필요로 했다.

현재의 데이터들은 컴퓨터가 바로 인식할 수 있는 마이크로칩에 저장되며, 위성이 그 데이터를 매시간 전송한다. 기계적인 부유물 대신 현대의 조수 측정은 배들이 바다의 깊이를 잴 때 사용하는 음파를 사용한다. 좁은 튜브 꼭대기에 있는 기계가 날카로운 핑ping 소리를 내서 그것이 돌아오는 시간을 측정하는 것이다. 조수 높이의 측정은 일반적으로 6분마다 이루어진다.

• 핑(ping) : 해양의 물체를 찾기 위해 내는 고주파의 짧은 신호(옮긴이)

실제 조수

'평형 조석론'은 아이작 뉴턴이 1687년, 조수를 발생시키는 힘에 관한 《자연 철학의 수학적 원리 *The Mathmatical Principles of Natural Philosophy*》를 출판했을 때 이론적으로 잘 설명되었다. 하지만 이 설명은 무언가 부족하였다. 실제 지구에서 일어나는 만조는 이론값보다 높았고, 예상한 조석 패턴대로 나타나지 않았다. 일부 지역에서는 일주조 diurnal tide라고 하는, 하루에 한 번의 만조와 한 번의 간조만이 일어났다. 또 다른 지역에서는 두 번의 만조와 두 번의 간조가 나타나는데 언제나 같지는 않았다. 하루에 비슷한 크기의 만조와 간조가 두 번 일어나면, 그 조석을 반일주조라고 한다. 이 쌍과 쌍의 높이가 다르면, 즉 하나의 만조가 다른 만조보다 더 높고, 하나의 간조가 다른 간조보다 더 낮으면, 이 조석은 혼합 반일주조라고 한다. 프랑스 수학자 피에르 시몽 라플라스 Pierre-Simon Laplace, 1749-1827는 1775년 이 문제를 '동역학적 조석론'으로 설명하였다. 그의 이론은 몇 년에 걸쳐 확장되고 수정되어, 과학자들이 지구 곳곳의 조수 패턴을 예측할 수 있게 되었다.

천해파 조석을 이해하는 데 중요한 것은 조석이 아주 파장이 큰 파도라는 사실이다. 조석의 길이와 그 깊이의 관계는 조석이 천해파처럼 행동하게 만든다. 천해파는 물의 깊이가 파장 길이의 20분의 1보다 얕아 해저의 마찰력의 영향을 받을 때 생겨나며, 바다는 언제나 조석파의 파장보다 20분의 1 이하이다. 쓰나미와 마찬가지로, 조석은 바다 밑바닥과의 마찰에 항상 영향을 받는다. 조석파는 엄청나게 큰 것이기 때문에 지구 전체에서 마루가 두 개밖에 없다 전향력도 조석파에 영향을 준다. 조석파의 진행은 또한 대륙의 영향도 받으며, 다른 파도들과 마찬가지로 굴절하고 회절한다.

많은 대양저에서 조석은 진행파처럼 이동하며, 정해진 시간에 그 마루 혹은 만조가 어디에 위치할지 선을 긋는 것이 가능하다. 다른 경우에서 조석파는 회전하는 정상파를 형성하는데, 이것은 무조점

위 메인 주의 포틀랜드 등대가 대서양을 바라보고 있다. 대서양 해안의 포틀랜드와 다른 많은 곳들에서 반일주조가 일어난다.
아래 세인트로렌스 만은 오대호가 세인트로렌스 강을 따라 대서양으로 나가는 곳에 위치하고 있다. 이곳에는 정상파들이 서로 상쇄되어 없어지는 무조점 현상 때문에 조수가 없는 곳이 두 군데 있다.

펀디 만은 조석보어로 세계에서 조차가 가장 큰 곳이다.

샌프란시스코 조수측정기록실의 꾸준한 관찰은 2004년 150주년을 맞았다. 오늘날 몇 년 앞까지 내다보는 조수의 예보는 인터넷이나 세계 곳곳에서 접할 수 있다.

amphidromic point이라고 불리는 하나의 중심 파절을 회전하는 정상파를 말한다. 정상파의 마루와 그 사이의 골은 파절에서 상쇄되기 때문에 무조점에는 조수가 없다. 이러한 무조점은 세계에 12군데 정도 존재하며, 세인트로렌스 Saint Lawrence 만 처럼 큰 만들은 그들만의 고유한 무조점을 가지고 있기도 하다. 무조점 주위를 조석파의 마루^{고조}가 한 조석 주기 동안에 한 바퀴씩 회전하는데, 전향력이 작용하여 북반구에서는 시계 반대 방향으로, 남반구에서는 시계 방향으로 회전한다.

조석보어

조석보어˙는 간만의 차가 크고 들어오는 밀물이 좁은 해협에 갇힌 해안 가까이의 강이나 삼각주에서 형성된다. 조석보어는 파도나 연속파에 의해 급속히 상승하며 전진하는 해일로 이루어져 있다. 좁은 만들에서 조수의 높이는 파도가 내포에서 되돌아 나오는 것에 의해 증폭될 수 있다. 갇힌 형태로 되어 있는 만은 조류가 만의 머리 쪽으로 반사되는 것을 제한하여 만조와 간조의 조류가 바뀔 때의 조차가 만의 입구보다 훨씬 크다. 예를 들어, 캐나다의 펀디 만은 어귀에서의 조차가 약 2 m에

무엇이 정상인가?

조수의 높이는 수년간에 걸쳐 지역적으로 특정기준 높이와 비교하여 측정된다. 기준 높이는 장소에 따라 각기 다르다. 대부분의 조수 관측소들은 평균 조차를 계산하는데, 만조와 간조 때 해수면의 높이의 평균값을 계산한다. 하루에 만조와 간조가 두 번씩 일어나는 지역에서는 만조-만조와 간조-만조, 만조-간조와 간조-간조의 평균값이 모두 계산된다. 항해일지는 일반적으로 간조 혹은 간조-간조 해수면 높이의 평균값을 나열한다. 마이너스 조수 때, 즉 조수의 높이가 낮거나 간조-간조의 높이보다 낮을 때, 항해하기는 어렵지만 해양생물학자들과 해변 관광객들에게는 흥미로운 일이다.

이르고, 만의 머리에서는 약 10.7 m에 이른다. 수심이 얕으면 조수 마루가 더 높아지며, 갇힌 형태의 좁은 곳에서는 같은 깊이의 다른 곳의 조류속도보다 더 빨리 이동하게 된다. 파봉이 파의 전면을 타고 내리는 형태를 보이는 미끄럼파로만 혹은 강을 거슬러 올라가는데 이때 물의 속도는 시간당 40 km에 이른다. 보통 조석보어들은 1 m 정도의 높이지만, 8 m의 높이에까지 이를 수 있다. 조석보어들은 펀디 만, 중국 남서쪽, 아마존 강, 갠지스 강 삼각주, 그리고 영국의 서번 강에서 주기적으로 일어난다.

˙ 조석보어(tidal bore) : 하구 쪽으로 급하게 진행하는 조석파의 마루에 의해 생긴다. 높이가 높고 때로는 부서지기도 하는 파도이다(옮긴이).

조수로부터 얻는 전기

화석 연료의 나쁜 영향들이 알려지고 공급이 줄어들면서, 사람들은 대체 에너지에 더 많은 관심을 갖게 되었다. 지구 곳곳에는 화석 연료를 대체할 수 있는 자원들이 많이 있다. 바로 태양, 풍력, 지열 그리고 조력 에너지이다.

전통적인 조력발전소의 형태는 조수가 들어오는 좁은 공간에 댐을 건설하는 것이다. 강에 지은 댐의 경우처럼, 이 댐들은 한쪽에 물이 차게 만들고, 반대 방향 물과의 높이의 차이에서 나오는 잠재적인 에너지를 이용해 터빈을 회전시킨다. 더 간단한 시스템에서는 터빈이 한쪽 방향으로만 회전한다. 물은 밀물 때 댐을 통해 자유롭게 흐르게 되고 썰물 때 터빈을 작동시키게 된다. 또 다른 시스템에서는 두 방향으로 작동하는 터빈이 있어, 밀물과 썰물 때 모두 에너지를 생산해 낸다.

얼마나 많은 전력을 얻을까? 세계에서 가장 오래되고 가장 큰 조력발전소는 1966년 프랑스의 랑스Rance 강 어귀에 건설되었다. 댐의 길이가 850 m에 이르고 밀물과 썰물 때 모두 에너지를 생산해 내는 24개의 터빈을 갖춘 이 발전소는 240메가와트의 전력을 생산할 수 있다. 가장 큰 단류식인 노바 스코샤Nova Scotia 주의 아나폴리스Annapolis 강에 설치된 조력발전소는 20메가와트를 생산한다. 중국은 여덟 개의 조력발전소를 가지고 있는데 이들은 현재 모두 작동하고 있지는 않지만 총 6.12메가와트를 생산할 수 있다. 몇몇 다른 나라들은 더 작은 시험 발전소들을 갖추고 있으며, 또 몇몇 나라들은 7,000메가와트 이상을 생산할 수 있는 발전소를 건설할 계획을 가지고 있다.

수치들은 이처럼 희망적이지만, 조수의 힘을 주요 에너지 자원으로 사용하는 데는 몇 가지 어

위 산업공해는 화석 연료에 의존한 결과의 하나이며, 대체 에너지 자원에 대한 관심을 높였다.
아래 세계 최초의 상업적 조력발전소는 스코틀랜드 헤브리디스(Hebridean) 제도의 아이라섬에 위치하고 있다. 이 발전소는 300 가구에 공급할 수 있는 500킬로와트의 전기를 생산한다.

해양 조류 터빈이 작동하는 모습을 보여주는 그림. 이 터빈들은 바람이 아닌 흐르는 물에 의해 작동함으로써 해저의 풍차 같은 작용을 한다. 바람이나 파도에너지가 아닌 조류에너지를 이용하는 이 기술은 기후 변화의 영향을 덜 받는다. 에너지를 생산하기 위한 최초의 터빈은 영국 데번 주에 설치되었다.

려움이 있다. 조력발전소를 건설하기 위해서는 조차가 충분히 커야 하고, 빠른 조류를 생성할 충분히 좁은 수로가 필요하다. 그리고 발전소에서 사용자들에게 전기의 전달이 용이한 곳, 즉 인구중심지에서 가까운 곳에 위치하여야 한다. 지금까지 이러한 조건을 만족하는 곳은 세계적으로 300곳이 채 되지 않는다. 몇몇 나라들은 조력 에너지로 그들이 필요한 많은 에너지를 얻을 수 있다. 영국에는 발전소의 조건을 만족하는 장소가 여덟 군데나 있어서, 필요한 에너지 중 20 %를 충족시킬 수 있다.

풍차가 아닌 수차 댐과 터빈 전략 외의 대체적인 수단으로 해양 조류 터빈, 특히 댐 없이 조류나 다른 강한 바다의 흐름을 이용하여 에너지를 생산해 내는 해저 풍차가 있다. 물이 공기보다 훨씬 밀도가 높기 때문에, 같은 크기의 날을 가진 터빈은 20노트 바람에서 만들어 낼 수 있는 것과 동일한 에너지를 2노트 조류에서 생산할 수 있다. 전형적인 300킬로와트짜리 터빈은 2003년 영국 데번Devon 주의 해안과 노르웨이 함메르페스트Hammerfest에 설치되었고 많은 회사들이 최대 규모의 '조수 농장'을

건설할 계획을 가지고 있다.

부정적인 면 조력 에너지에 대한 실질적인 염려들에 더하여, 어떤 사람들은 환경 문제를 거론하기도 하였다. 조력 댐들은 조수와 함께 이동하는 많은 생물들에게 어려움을 준다는 것이다. 수력발전 댐의 경우 생물들이 지나다닐 수 있는 특별 통로를 만들어줄 수 있긴 하지만 말이다. 또한 원래의 만의 크기를 줄여야만 댐은 조수의 범위를 늘리고 조류의 속도를 높일 수 있기 때문에, 이는 근처의 땅 소유자들에게 침식에 대한 걱정을 하게 만든다. 회전날개 해양 조류 터빈의 날개들은 보트 프로펠러 속도의 10분의 1의 속도로 회전하기 때문에 해양 생물에게 심각한 위험을 준다고는 보기 힘들다.

CHAPTER 8

바다의 끝에서

왼쪽 긴 역사에 걸쳐서 사람들은 실용적이거나 미적인 이유로 바닷가에서 생활해 왔다. 오늘날 많은 사람들이 바다가 보이는 곳에서 살기 위해 막대한 비용을 지불한다.
위 해안선은 다양한 물질들로 이루어져 있다. 하와이 섬의 경우에는, 용암이 물의 끝자락까지 흘러내려와 새로운 풍경을 만드는 곳도 있다.
아래 카리브 섬의 세인트루시아(St. Lucia)의 관광 산업은 해안과 바다 자원에 크게 의존한다. 이러한 곳들은 자원을 과도하게 사용하여 환경이 손상되는 경우가 많다.

해안은 역동적인 장소이다. 바람, 파도, 비 그리고 강들이 그 곳을 끊임없이 변화시키며, 한 곳의 물질을 다른 곳으로 옮겨놓기도 한다. 해안선의 모양은 그것이 처음에 어떻게 형성되었는지 그리고 어떤 물질로 이루어져 있는지, 예를 들어 용암의 흐름에 의한 단단한 바위로 되어 있는지 아니면 강 삼각주의 부드러운 진흙과 모래로 되어 있는지에 의해 결정된다. 해안선의 모양과 특징은 그것이 형성되었을 때 어떤 일이 생겼었는지에 대한 수천 년 전의 이야기를 간직하고 있다. 해안선은 또한 수천 년간 해수면의 높이가 수백 미터에 걸쳐 상승하고 하강하는 작용에 의해 형성되었다.

해안은 대부분의 사람들이 바다를 경험하는 곳이기도 하다. 사람들은 해안에 살기도 하며, 걷고, 수영하고, 그곳에서 먹을 것을 구하기도 한다. 인간 활동은 해안선의 모양을 만들고, 또 해안선이 인간의 활동을 만들기도 한다. 해안은 여행을 시작하고, 또 끝내는 곳이다. 생태학자 레이첼 카슨Rachel Carson은 "바다의 끝에 선다는 것은… 지구의 생명만큼이나 영원한 것들에 대한 지식을 얻는 것"이라고 이야기했다.

모래로 되어 있든 바위로 되어 있든, 소금물 습지이든 산호초로 되어 있든, 바다의 끝은 다양하고 환상적인 생태계이다. 그곳은 땅의 에너지와 바다의 에너지가 만나는 곳이다.

파도에 앞서서

세계에서 가장 놀라운 몇몇 해안의 특징들은 파도나 조류에 의한 것이 아니라 바다와 관계없는 작용에 의해 만들어졌다. 미국의 토말라스Tomales 만과 멕시코의 캘리포니아 만은 하나의 단층구조가 또 다른 단층에 비껴가면서 생겨난 산안드레아스San Andreas 단층을 따라 위치해 있다. 이들의 해안선에 있는 모래 언덕들은 바람에 의해 형성되었다. 하와이나 아이슬란드처럼 화산 활동이 활발한 지역에서는 새로운 용암의 흐름이 주기적으로 새로운 해안선을 만들며, 용암이 침식되어 생긴 특징적인 검은 모래 해변을 이루고 있다. 화산섬이 폭발하여 전체가 해수면 아래로 가라앉을 경우 혹은 한쪽 면이 가라앉을 경우, 그 결과 아름다운 굴곡만이 생긴다. 바다의 작용이라기보다 땅의 작용으로 인해 생겨난 이러한 해안선을 1차 해안primary coast 이라고 한다.

육지와 강의 상호작용 10억 년 전, 호주의 시드니 항만은 과학자들이 파라마타Parramatta 강이라고 명명했던 강의 하구였다. 이 강은 엄청난 퇴적물을 옮겨와 퇴적하

였고 이것은 현재 시드니 항만 하구의 곳에서 볼 수 있는 두터운 사암층이 되었다. 지질작용은 사암을 들어 올렸고 강물은 수로를 침식시켜 작은 돌로 만들었다. 마지막 빙하기의 끝에서, 해수면의 수위는 높아졌고 이 지역은 바닷물로 채워졌다.

물로 채워진 강의 계곡은 현재의 작은 만들과 항만들로 이루어진 복잡한 지형을 형성하였고 이는 시드니에 한층 매력을 더한다. 미국의 체서피크Chesapeake 만과 델라웨어Delaware 만도 강 계곡에 바닷물이 들어선 곳인

위 모래 언덕은 물이 아닌 바람에 의해 형성된 해안의 특징이다.
가운데 호주 시드니 항만의 입구에 있는 모래자갈 절벽은 20억 년 전 축적된 침전물의 잔해이다.
아래 하와이 섬들에서 볼 수 있는, 용암이 침식되어 형성된 검은 모래 해변

데, 이는 V자로 생긴 특징적인 수로 모양으로 알 수 있다. 강은 땅을 만들기도 하지만 침식하기도 한다.

강물이 평균 초당 530톤에 이르는 퇴적물을 바다로 옮겨 많은 삼각주와 충적평야를 형성하고 있다. 이러한 지역들은 미국의 미시시피 삼각주나 이집트의 나일 삼각주와 같이 보통 평평한 모양이고, 생물들이 많이 살고 있다. 삼각주의 퇴적물들은 해변과 사주, 울타리 섬들의 형성에도 기여한다.

얼음에 의한 형성 빙하가 단단한 바위로 된 산을 깎아내리면 U자 모양의 특징적인 계곡을 만든다. 세계 곳곳에 이러한 계곡들의 밑바닥이 해수면 아래에 있을 때 좁고 깊으면서 가파른, 높은 고도의 피오르 해안을 만든다. 이러한 계곡들은 빙하가 바다 쪽으로 나아가는 곳에서 해수면 아래에 형성될 수 있다. 이 경우, 바닷물은 빙하가 후퇴하면 즉시 계곡을 채우게 된다. 또 다른 경우 계곡이 해수면 위에 형성되었으나 기후가 따뜻해서 해수면이 올라가고, 빙하가 녹는 경우 물이 채워진다.

빙하에 의해 운반된 바위, 자갈, 모래 등의 빙퇴석들은 끝자락에 퇴적된다. 그 결과 주변보다 더 높고 모래가 많은 지역이 생긴다. 미국의 롱 아일랜드와 케이프 코드Cape Cod 등은 모두 마지막 빙하기가 남겨 놓은 빙퇴 지역들이다.

빙하는 지역적으로, 전 세계적으로 해수면 수위에 영향을 준다. 빙하기 때는 더 많은 지역이 노출되어 바람이나 강물과 같은 육지의 영향을 받고, 빙하기가 끝나 해수면 수위가 올라가면 피오르 같은 특징들을 만들어 낸다.

우주에서 본 낸터켓 섬. 매사추세츠 해안에서 떨어진 곳에 위치한 이 섬은, 마지막 빙하시대 때 빙하가 녹으면서 남겨 놓은 바위, 자갈, 그리고 모래로 이루어진 빙퇴석으로 형성되어 있다.

해변의 구조

해변의 모양, 경사 그리고 구성물은 그 해변의 역사에 관한 이야기를 해주며, 그곳에 어떤 생물들이 살고 있을지도 가르쳐 준다. 해변은 또한 그 해변의 미래도 예측할 수 있게 해주는데, 이것은 해안을 따라 무언가를 건설할 때 중요한 정보를 제공한다. 해변은 조개, 산호에서부터 석영이나 용암에 이르기까지 그 구성 요소에 따라서 분류할 수 있다. 또는 큰 돌, 자갈, 모래, 진흙 등 해변을 이루고 있는 물질의 크기에 의해서 분류하기도 한다. 일반적으로 고운 모래 해변은 넓고 경사가 완만한 반면, 자갈 해변은 더 가파른 경향이 있다.

각 부분의 명칭 해변의 세 가지 기본적인 지역

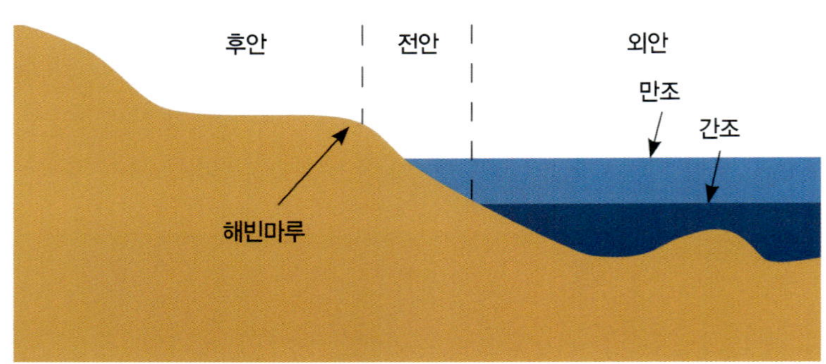

위 메인 주의 마운트 디저트(Mount Desert) 섬
가운데 이 그림은 해변의 기본적인 부분들을 보여준다. 후안과 전안의 경계는 해빈마루이다. 전안과 외안의 경계는 간조 때 해수가 어디까지 들어오느냐에 따라 결정된다.
아래 해안선은 바다 끝의 거친 자갈부터 모래까지 퇴적물의 점진적인 변화를 보여준다. 해안에 놓여 있는 미역이 마지막 만조의 수위를 보여준다.

은 가장 높은 만조 때만 물이 차는 후안backshore과, 조수에 의해 날마다 물이 들어섰다 빠졌다 하는 전안foreshore, 그리고 간조일 때도 물이 차는 외안offshore이다. 후안과 전안의 경계에는 해빈마루berm라고 알려진, 한

이안류에 대한 경고는 가볍게 받아들이면 안 된다. 이안류는 보통 해안선으로부터 너울과 연안쇄파 선을 지나 해안을 벗어나는 빠른 유속의 해류이다. 이안류는 오대호를 포함해 연안쇄파가 있는 모든 해변에서 일어날 수 있다. 연간 구조되는 피서객 중 80 %는 이안류에 의한 사고이다.

개 또는 여러 개의 단구가 있다. 해빈마루는 해안선에 수평하게 이어져 있으며 가장 높은 만조가 퇴적시킨 물질들이 쌓여 형성되었다. 여름에는 해안가에 두 개의 해빈마루가 생길 수 있다. 그 중 더 높이 있는 것은 겨울에 폭풍이 해변으로 높게 치고 올라왔을 때 생긴 겨울 해빈마루이다. 더 낮은 곳에 있는 여름 해빈마루는, 겨울에 강한 파도가 겨울 해빈마루까지 몰고 오거나 여름 해빈마루에 있는 물질을 바다로 쓸어버려서, 겨울에는 사라진다. 특징적으로, 각각의 해빈마루에서 바다 쪽은 해빈벽 beach scrap이라고 알려진 가파른 경사로 되어 있다.

평균적인 간조 수위의 바로 아래는 저조대지 low-tide terrace라고 알려진 평평한 지역이 있다. 이곳과 해변의 사이는 파도가 덮치는 가파른 지역인 경우가 많다. 전안에서 더 멀리 나아가면, 해수의 움직임이 겨울이면 바다 쪽으로 이동하고 여름이면 해안 쪽으로 이동하는 모래톱과 골들을 만들어 낸다.

돌출부와 이안류 몇몇 해변들은 해안선을 따라 형성된 특징적인 돌출부를 갖추고 있는데, 이것은 해변에서 바다 쪽으로 멀리, 조금 덜 멀리, 교대로 나타나는 물결모양으로 나타난다. 돌출점 형성의 구조에 대해서는 아직도 논쟁이 활발하다. 어떤 증거들은 돌출점이 특정한 정상파 패턴 형성의 결과라는 것을 보여주고, 또 어떤 증거들은 이것이 지역적인 변형과 조류, 그리고 퇴적물의 상호작용으로 생겨났다는 것을 보여준다.

파도에 의해 물이 해변으로 밀려 올라오기도 하고 바다로 되돌아가기도 한다. 다양한 요소에 의해, 파도는 상대적으로 고르게 해안에 닿을 수도 있고, 혹은 이안류 rip current라고 하는 강하고 지역적인 앞바다 쪽의 흐름을 형성할 수도 있다. 이안류에 휘말린다는 것은 끔찍한 일이지만 해결책은 간단하다. 바로 이안류에 거슬러 해안 쪽을 똑바로 향해 수영하기보다는 해안가와 나란하게 수영하는 것이다. 이안류에 대항하여 수영하는 것은 매우 힘든 일이지만 해안가에 나란하게 수영하면, 이안류를 벗어나 해안가에 도달하기가 쉬워진다. 또한 육지를 향한 해류가 종종 이안류의 가장자리를 따라 형성되는데, 이것은 수영하는 사람이 해변에 닿기 더 쉽게 만들어 준다.

운반되는 모래들

해안의 침식은 분명한 사실이다. 매일 계속되는 파도의 몰아침은 해변을 조금씩 깎아 내며, 강력한 폭풍은 섬 전체를 하룻밤 사이에 사라지게 할 수도 있다. 파도의 활동은 상대적으로 균일한 물질로 이루어진 해안선을 천천히 평탄하게 만든다. 파도의 에너지는 바다로 돌출한 곳에 집중되어 인접한 다른 만들보다 더 빨리 침식하게 만든다. 그러나 만약 해안선이 좀 더 단단하거나 좀 더 무른 부분이 있다면, 그 차이가 해안의 윤곽에 확연하게 드러난다. 단단한 암석으로 된 지역은 더 천천히 침식하여 곶을 형성하는 반면, 무른 암석이나 모래로 이루어진 지역은 더 빨리 침식되어 작은 만이나 오목한 해안을 형성한다. 만약 암석층의 모든 둘레가 더 무른 물질로 둘러싸인 형태라면, 침식은 선돌sea stack이라 불리는 신기한 뾰족탑을 만들어 낸다. 고르지 못한 침식은 바다 동굴이나 아치를 형성하기도 한다.

사주와 울타리 해안가에서 침식되어 떨어져 나간 퇴적물은 어떻게 될까? 그것들은 앞바다로 운반되어 해안가에 나란하게 긴 사주에 퇴적된다. 계절에 따라 달라지는 퇴적물의 양에 따라 사주는 모양이 바뀌고 더 크게 될 수도 있는데, 이것을 울타리섬barrier island이라고 한다. 울타리섬이 오랫동안 파도보다 높으면 특징적인 생태계가 발전하는데, 풀이 많이 자란 언덕이나 모래톱 뒤쪽의 습지 그리고 해안 숲이 바로 그것이다. 어느 정도까지는 식물이 안정적으로 자랄 수 있긴 하지만 울타리섬은 침식과 퇴적, 파도와 조류의 영향을 끊임없이 받는 역동적인 곳이다. 울타리섬은 그 뒤편의 해안가에 자연이 만든 방파제 역할을 하지만 허리케인 카트리나가 증명했듯, 커다란 울타리섬도 한순간에 사라질 수 있다.

파도와 조류의 패턴에 따라, 섬 대신 모래톱이나 갈고리 모양의 사취가 형성될 수 있다. 이러한 경우, 침식된 물질이 퇴적되어 본토에 연결된 채로 남아 자연적인 항만을 형성한다. 모래톱이 충분히 길어지면 바다로 열려 있던 곳을 완전히 막아 버릴 수도 있는데 이것을 석호lagoon라고 부른다. 석호 안의

위 캐너버럴(Canaveral) 국립해안은 대서양과 모스키토(Mosquito) 석호를 갈라놓는 플로리다의 동쪽 중앙 해안의 울타리섬에 위치하고 있다.
아래 선돌은 오리건 주의 북서쪽 해안에서 공통적으로 볼 수 있다.

파도의 힘이 용암을 깎아 동굴을 조각했다.

하늘에서 바라본 에디즈 훅. 보호하려는 노력 없이는 오른쪽에 보이는 항만이 에디즈 훅과 함께 사라질 것이다.

물은 모래톱의 낮은 부분으로 흘러들어온 조류로 인해 계속 출렁일 수 있다. 선돌과 섬들이 해안가에 모래톱으로 연결되어 있는 경우도 있다. 이렇게 연결하는 땅을 육계사주tombolo라고 부르는데, 이것은 섬이나 선돌에 의한 파도의 굴절이 그들과 해안가 사이에 높이가 낮은 조류를 흐르게 하여 형성된다.

댐과 굴곡부에 관하여

워싱턴 주의 올림픽(Olympic) 반도는 미국 본토의 북서쪽의 대부분을 이루고 있다. 온화한 열대림으로 유명한 이 반도에는 큰 엘와(Elwha) 강을 포함하여 많은 강과 시내들이 엇갈려 있다. 수백, 수천 년 동안 엘와 강은 퇴적물을 바다로 날라서 에디즈 훅(Ediz Hook)이라고 알려진 갈고리 모양의 사취를 만들어 냈다. 1911년 엘와 강에서 전기와 물을 얻기 위해 댐이 건설되었고, 에디즈 훅을 형성하고 있었던 퇴적물들은 댐 뒤에 갇히게 되었다. 절벽으로부터 침식된 퇴적물을 사취로 운반하던 강물은 사람들이 해안가를 따라 칸막이를 건설하면서 막혀 버렸다. 제지 공장과 연안 경비대 그리고 수많은 다른 사무실들이 늘어서 있는 에디즈 훅은 점차 사라지기 시작했다. 서서히 진행되는 이 침식을 막기 위해 1950년대에 사취의 바다 쪽에 큰 돌들이 세워졌고, 그때부터 이곳을 보호하기 위한 비용은 연간 3천만 달러 가까이 상승했다. 엘와 강의 댐들은 연어의 수가 줄어드는 것을 막기 위해 2008년을 시작으로 없앨 예정이다. 댐을 없애는 것은 에디즈 훅에도 물론 도움이 될 것이다.

북극의 침식 북극에서는 보통, 빙산이 겨울폭풍의 침식작용으로부터 해안을 보호한다. 해안에서 부서지는 파도의 에너지가 해안으로부터 몇 마일이나 뻗어 있는 빙산의 모서리에 전달된다. 지구 온난화로 인해 빙산의 양이 줄고 있으며 얼음은 예전보다 훨씬 더 빨리 깨져 앞바다로 떨어져 나간다. 높은 기온 상승으로 인해 영구 동토층이 녹아내리고 해수면이 상승하고 있으며, 보호막 역할을 했던 빙산이 손실되고 있어 북극 해안 침식 비율이 증가하고 있다. 알래스카의 쉬스마레프Shishmaref 마을 근처에서는 땅이 1년에 3.3 m씩 사라져 가고 있다. 몇십 년만 지나면 현재 바다에서 수백 미터 떨어져 있는 이 마을이 해안가에 자리 잡게 될 것이다. 매해 마을 주민들은 파도의 피해를 피하기 위해 해안가 안쪽으로 이사해야만 한다. 주민들은 4천 년 전 조상 때부터 내려온 그 마을에 머물고 싶어 하지만 그것은 불가능할 것이다.

순환하는 바다의 수위

정확한 시각과 세세한 것들에 대해서는 과학자들끼리 서로 논쟁이 있지만, 시간이 지남에 따라 바다의 수위가 크게 변했다는 것은 모두가 동의한다. 지난 2백만 년 동안 바다의 수위는 지금보다 20 m 높았던 적도 있고 125 m 낮았던 적도 있었다. 마지막 빙하기가 끝나가면서 해수면은 1년에 평균 1 cm씩 상승했다. 현재 해수면 상승의 비율은 1년에 대략 3 mm인데, 이것은 마지막 빙하기 말의 속도보다는 낮지만 지난 백 년간에 비교하면 빠른 수치이다. 2100년이 되면 해수면은 지금 측정되는 것보다 0.3–1 m나 높아질 것이다.

지구의 변화 빙하기에는 땅 위의 물이 대부분 얼음의 형태였고, 이것은 바다의 물의 양과 지구의 해수면을 낮게 해주었다. 기후의 온난화는 얼음을 녹이고, 바닷물의 양을 늘렸다. 만약 세계에서 가장 큰 남극 동쪽의 얼음층이 녹으면 해수면의 높이를 60 m까지 상승시킬 수 있다. 그린란드나 남극 서쪽의 얼음층이 녹으면 해수면이 각각 6.5 m와 8 m씩 상승하게 된다. 바닷물의 양은 날씨가 따뜻해지고 차가워짐에 따른 물의 열팽창과 수축으로 인해서도 변화한다. 평균 바다 온도가 1 ℃ 상승하면 해수면의 높이는 60 cm나 상승하게 된다.

위 알래스카 글레이셔(Glacier) 만의 릭스(Riggs) 빙하
가운데 그린란드의 빙하 근처에 있는 빙산. 과학자들에 의해 250년 동안 연구된 일룰리사트(Ilulissat) 빙하는 최근 그 크기가 크게 줄어들었고, 이는 지구 온난화가 원인인 것으로 판단된다.
아래 뉴올리언스 주와 같은 해안 도시들은 평균보다 높은 해수면 상승을 눈앞에 두고 있는 반면, 스웨덴의 뤼세실(Lysekil) 같은 곳은, 빙하가 녹으면서 지각 평형 때문에 지각이 상승하여, 해수면 상승이 평균치보다 낮다.

지구 해수면의 높이는 대양저의 크기가 변화할 경우에도 달라질 수 있다. 이것은 지역적인 수위를 생각해 보면 가장 쉽게 이해할 수 있다. 둘러막힌 분지에 퇴적물이 활발하게 쌓이면 해수면이 상승하게 되는데, 이는 수영장에 많은 양의 모래를 부으면 수영장의 수면이 높아지는 이치와 같다. 지구의 경우, 해저가 빠르게 확장하던 시기에는 대양저가 얕았고 이에 따라 해수면은 상승했다.

지역적인 변화 빙하의 증가와 축소는 지역이나 지구 전체에 영향을 준다. 대륙은 사실 반 용융상태인 맨틀 위에 떠 있는 것이기 때문에, 배가 짐을 싣거나 내림에 따라 올라가고 내려가는 것처럼, 대륙 또한 무게가 더해지거나 덜게 되면 상승하고 하강한다. 땅이 빙하로 덮여 있을 경우 그만큼의 무게는 땅을 가라앉게 만들며, 지역적으로 해수면의 높이를 상승시킨다. 얼음이 녹으면 땅은 상승하고, 그 지역은 해수면의 높이가 낮아진다. 지각 평형 isostatic rebound이라고 부르는 이러한 작용은 수천 년에 걸쳐서 일어난다. 예를 들어 마지막 빙하기는 약 만 년 전에 끝났는데, 이에 따라 북유럽의 일부와 북아메리카 대륙의 높이가 연간 7.5 cm의 속도로 상승했다. 평균 상승 비율은 연간 1 cm씩 감소하였다. 그러나 지금도 상당히 높은 비율로 상승하고 있는 지역들이 있다. 예를 들어 스칸디나비아 반도는 아직도 매년 1-5 cm의 비율로 상승하고 있다.

퇴적물의 침식과 퇴적도 비슷한 영향을 준다. 퇴적물이 쌓이면 땅은 그 무게 때문에 밑으로 내려앉게 된다. 퇴적물의 증가가 가라앉는 속도에 맞추어 준다면 해수면의 높이가 변하지 않을 수도 있지만, 인간 활동이 종종 이 균형을 깨뜨려 놓는다. 미시시피 강 삼각주에는 퇴적물이 많이 증가해서 땅이 계속 가라앉고 있다. 대륙이 맨틀로 내려앉는 것은 느린 작용이기 때문에, 이 삼각주가 새로운 균형을 찾는 데는 수백 년의 시간이 걸릴 것이다. 그러나 댐이나 제방 그리고 다른 건축물들의 건설은 퇴적물의 증가를 감소시켜 주었고, 지표면에 더 이상 건축물이 들어서지 않아도 해수면이 지역적으로 상승하고 있다. 농업용 지하수가 사라지는 현상은 땅이 빨리 내려앉는 데 일조했다. 삼각주에서의 해수면 높이의 상승은 계속 빠르게 진행되고 있다. 연간 100-130 km²의 땅이 사라지고 있는 것이다.

지진이나 두 대륙의 충돌 혹은 갈라짐과 같은 지각의 힘도 또한 땅을 위아래로 이동시킴으로써 지역적 해수면의 상승에 영향을 준다. 특정 지역의 바다 수위는 엘니뇨와 같은 대기압에 따라 변화할 수도 있다. 예를

절벽의 침식으로 인해 그 안에 묻혀 있던 굴 껍데기 무더기가 드러났다.

과거를 돌아보면

과학자들은 선으로 남겨진 많은 증거를 가지고 과거의 해수면 높이를 연구하고 있다. 오래된 해변은 파도로 잘려진 단구나 지금은 뭍에 오른 해변 퇴적물들을 간직하고 있다. 이러한 퇴적물들의 연대를 측정함으로써 과학자들은 해수면의 높이가 현재의 것보다 훨씬 더 높았을 것이라고 이야기한다. 과학자들은 퇴적물 배열의 순서나 암석의 종류로부터 해수면의 상승과 하강을 추적해 낼 수 있다. 예를 들어 해수면이 상승하는 시기는 모래를 둘러싼 심해의 퇴적물로 된 습지 퇴적암을 남겨 놓았을 것이고, 하강하는 시기는 이것과 반대로 된 순서를 남겨 놓았을 것이다. 또한 그린란드와 남극 얼음층 밑의 퇴적물에서 찾은, 현미경으로 볼 수 있는 화석들도 그 지역이 바닷물로 덮여 있던 시기, 혹은 물이 없어서 건조했던 시기에 대한 증거를 제시한다. 더 따뜻한 지역에서는, 살아 있거나 화석 상태인 천해의 산호가 과거와 현재의 해수면 높이를 판단하는 좋은 척도가 되는데, 그것은 바로 이들이 사는 물의 깊이가 상당히 제한적이기 때문이다.

들어 만약 평소 기압이 낮은 어떤 지역에서 기압이 높게 형성될 경우 일시적으로 해수면은 낮아지게 된다.

살아 있는 암석들

천해의 산호초들은 살아 있는 해안선을 형성한다. 이러한 해안선들은 다이빙과 스노클링을 즐길 수 있는 유명한 곳들이며, 매년 수십 억 달러의 관광 수입을 올린다. 산호초들은 어업의 활성에도 도움을 주며 지역 사회에 음식과 수입을 제공한다. 산호초들은 또한 해안선과 해안 지역을 폭풍이나 홍수로부터 보호하여 대규모 침식이나 토지 손실을 막는다.

산호초의 구조는 말미잘과 비슷하게 생긴 폴립polyp 같은 작은 산호가 만들어 낸 탄산칼슘 뼈대로 이루어져 있다. 어떤 산호 종들은 독립된 폴립의 형태로 살기도 하고 다른 종들은 유전적으로 같은 개체들이 모여 서로 연결된 집단을 형성하여 살기도 한다. 산호들은 찌를 수 있는 촉수로 먹이를 잡고, 다른 산호들과 공간을 차지하기 위해 싸운다. 종종 산호초가 빛나는 색을 띠는 것을 볼 수 있는데 이것은 산호의 세포 안에 살고 있는 공생와편모조류zooxanthellae라고 불리는 광합성 단세포 조류에 의한 것이다. 산호초가 이 작은 공생와편모조류들을 잃을 경우 산호는 백화 현상bleaching이라고 알려진, 하얗게 변해 버리는 치명적인 단계에 들어서게 된다. 알려진 해양 생물의 25 %가 이 산호초에 의지하며 살고 있다.

산호초의 종류 산호초에는 거초, 보초,

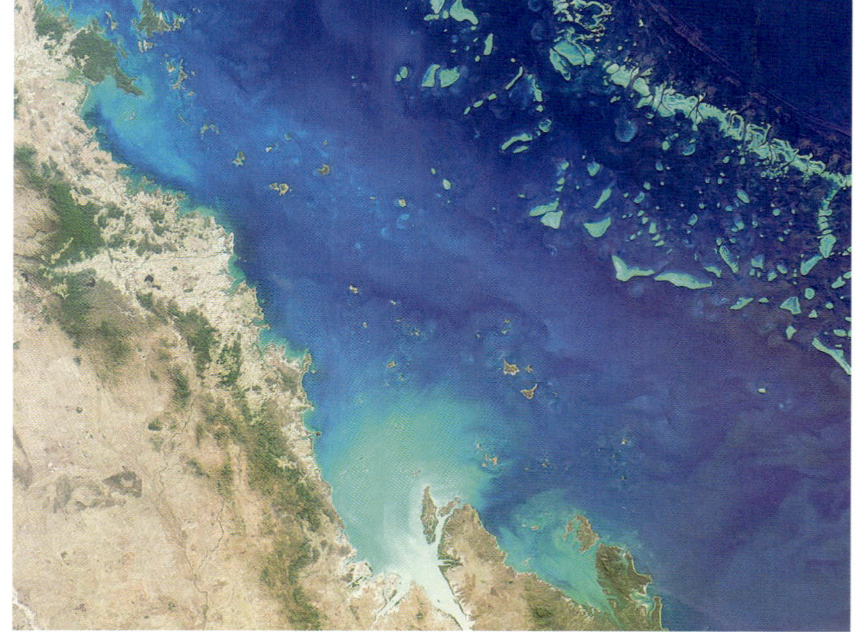

위 섬(녹색) 주변의 모래 색깔로 된 지역이 거초들이다. 이 거초들은 해안에서 가까운 얕은 물에서 자란다.
아래 왼쪽 호주의 그레이트배리어리프에서는 약 360종의 단단한 산호들을 찾아볼 수 있다. 이 산호초들 중 가장 오래된 것은 천 년 전부터 살았고 둥근 산호라고 잘 알려진 포리테스(경골산호, *porites*) 종에 속한다.
아래 오른쪽 백화된 산호. 고온과 질병, 그리고 다른 스트레스의 원인들이 이 산호초들에게서 밝은 빛을 내는 공생와편모조류들을 내쫓았다.

환초의 세 종류가 있다. 거초fringing는 육지의 끝에 서식
하며 해안에 붙어 있다. 이들은 비나 땅 위를 흐르는 빗물
이 적을 경우에만 살 수 있기 때문에 섬에서 바람이 불어
가는 쪽에서 종종 발견된다. 보초barrier는 석호에 의해 해
안과 떨어져 있다. 이 석호의 크기는 작고 얕으며, 60 m
에서 300 km에 이를 수 있다. 지구에서 동물이 만든 구조
물 중 가장 큰 호주의 그레이트배리어리프는 수천 개의
산호초의 군집으로 이루어져 있으며 그 규모가 35만 km²
에 이른다. 남쪽 부분이 더 어리고 얇은 산호 층으로 되어
있는데 이는 아마도 산호초가 얹혀 있는 지각 판이 적도
를 향하여 북쪽으로 이동하고 있어서 새로운 바다가 계속
늘어나 천해에 사는 산호초에게 알맞은 따뜻하고 볕이 잘
드는 바닷물을 제공하고 있기 때문일 것이다. 환초atoll는
석호를 부분적으로 혹은 완전히 봉쇄하고 있는 전형적인
반지 모양의 산호섬이다. 가장 큰 것은 마셜아일랜드의
콰잘렌 환초이다. 이것은 280 km에 이르고 2,850 km²의
석호를 에워싸고 있다. 다윈은 이 환초가 지금은 가라앉
은 섬들을 둘러싸고 있던 거초들이었을 것이라고 예측했
는데, 이것은 섬의 형성과 판 구조론에 대한 우리의 상식
에 비추어 충분히 설득력 있는 설명이다.

위협받는 산호초 오늘날 이 산호초들에게 많은 위협이

스쿠버 다이버들은 다이빙 지역에 사는 산호초들을 직접 만지지 않음으로써 그들을 보호하는 데 일조할 수 있다.

우리가 할 수 있는 일

산호초를 보호하기 위해 개인도 할 수 있는 일이 많다. 소비자로서 우리가 구입하는 산호초나 산호 상품이 자연환경의 파괴 없이 채집된 것들인지 확인해 보아야 한다. 이것은 산호초들이 수족관에 전시되거나 저녁 식탁에 오를 경우에도 마찬가지다. 배를 타고 산호 주변에 가는 사람들은 배를 조종하는 사람들에게 산호에 닻을 내리지 말라고 권고할 수 있으며, 배가 가스나 기름을 흘리지 않게 잘 유지되고 있는지 확인할 필요가 있다. 다이버들과 스노클러들은 산호초를 만지지 말아야 한다. 산호초들 중 일부는 선크림이나 로션의 화학 요소에 민감하여, 적은 양의 자극과 전염으로도 주요 관광 지역에 큰 영향을 줄 수 있기 때문이다. 산호초 가까이나 산호초 쪽으로 흐르는 강 근처에 사는 사람들은 살충제와 비료의 사용을 최소화해야 하며, 이곳을 방문하는 관광객들은 산호초를 보호하는 영업을 하는 호텔을 이용해야 할 것이다.

가해진다. 허리케인과 같은 자연적인 위협들은 산호초의 역사만큼이나 오랫동안 있어 왔다. 새롭게 생겨난 또 다른 위협들은 인간 활동의 직접 혹은 간접적인 영향이다. 산호초의 28 %가 죽거나 심각하게 훼손되었다.

해안가에 건설을 하는 행위는 담수와 퇴적물을 빠져나가게 하여, 산호초들을 질식시킨다. 농작물과 가축 그리고 하수 오물로부터의 자양분은 조류를 번성시켜 산호초들의 터전이나 그 빛을 앗아간다. 또한 자연환경을 파괴하지 않고 고기를 잡는 것이 가능함에도 불구하고, 몇몇 사람들은 식량이나 수족관 상품으로 이용할 고기를 잡기 위해 아직도 청산염이나 다이너마이트를 사용하기도 한다. 이러한 행위는 산호초와 다른 생물들까지 죽게 만들며 산호초의 구조를 파괴한다. 산호초를 보기 위해 몰려든 관광객들조차 산호초들의 피해에 일조하고 있을 수도 있다. 많은 관광객들은 기념품으로 산호 조각을 구입하며, 관광 보트들 또한 그 닻

을 내리거나 물을 오염시킴으로 인해 산호초에 피해를 줄 수 있다.

더 큰 위협은 기후 변화이다. 공생와편모조류들은 생존하기 위해 빛이 필요하지만, 너무 많은 양의 빛과 열은 치명적일 수 있다. 주변 환경이 악화되면 이 조류들은 사라지고 산호초들은 하얗게 변한다. 때로 산호초들은 이 백화 현상으로부터 회복되기도 하지만 그렇지 못할 때가 더 많다. 환경의 변화는 치명적인 산호초 질병을 발병시킬 수도 있다. 과학자들은 산호초들이 백화 현상과 질병을 피하거나 이로부터 회복할 수 있는 방법을 밝혀내기 위해 노력하고 있다.

강이 바다를 만나는 곳

물이 소금물과 만나는 강의 하구만들은 폐쇄된 바다이건 혹은 반만 폐쇄된 바다이건 그곳은 모두 비옥한 삶의 터전이다. 이들은 빙하에 의해 단단한 언덕을 파고든 깊은 피오르일 수도 있고 해안가 평야의 얕은 만일 수도 있다. 또한 이들은 모래톱 뒤나 지각 활동에 의해 갈라진 곳 혹은 습곡지형에 형성될 수도 있다. 이곳에는 많은 양의 담수가 큰 강으로부터 꾸준히 공급될 수도 있고, 혹은 작은 강들로부터 특정 계절에만 적은 양의 물이 공급될 수도 있다. 담수와 해수가 섞이면 육지의 영양분과 유기물이 해양의 생태계와 만나 물리적, 화학적, 생물학적으로 독특한 특성이 탄생하게 된다. 강 하구만은 세계 수산업의 4분의 3에 이르는 서식지를 제공하여, 수산업에 종사하는 수많은 직업과 함께 수조 원의 이익을 창출한다. 강 하구만을 둘러싼 해조류와 습지는 물을 걸러내고, 침식과 홍수를 지연시키는 역할을 한다. 강 하구만은 또한 유명한 관광지이기도 하다.

강 하구만의 종류 담수가 해수로 흘러 들어가면, 여러 가지 일들이 일어날 수 있다. 담수는 해수보다 밀도가 낮기 때문에 해수 위로 흐르는 경향이 있다. 큰 강의 하구만에서처럼, 유입되는 담수의 양이 조류로 교환되는 물에 비해 상대적으로 많으면, 표층의 담수는 바다로 흘러 나가고, 밑에서 밀고 들어간 해수는 더 안쪽까지 육지 쪽 흐름을 만들어 낸다. 이렇게 밀고 들어간 해수는 조수와 함께 들락날락하게 되며 육지의 꽤 안쪽까지 이동하기도 한다. 뉴욕 허드슨Hudson 강에서는 조수가 강의 241 km 안쪽까지 영향을 미칠 수 있다.

담수의 유입이 조수의 교환에 비해 상대적으로 적으면 완전 혼합형 well-mixed 강 하구만이 형성된다. 이것은 수평구간에 따라 염분의 변화는 있지만 깊이에 따른 변화는 없다. 보통 염분은 바다에 가까울수록 높으며 강 하구만을 거슬러 올라갈수록 낮아진다. 담수의 유입이 멈추고 증

위 끈풀(codgrass)은 바닷물 늪지에서 가장 많이 자라는 식물이다. 늪지는 때로 강 어귀를 에워싸서 침식과 홍수로부터 보호한다.
아래 파인아일랜드는 사우스캐롤라이나 주의 찰스턴 외곽 국가하구만 연구보호구역의 일부이다. 사우스캐롤라이나 주는 약 345,000에이커의 바닷물 늪지를 보유하고 있다.

발이 활발하게 일어나게 되면 강 하구만 상류의 물이 하류의 물보다 염분이 높아지게 되는 역전형 reverse 강 하구만이 생긴다. 완전 혼합형 강 하구만은 얕은 만의 전형적인 모습이다.

중간 정도 비율로 담수의 유입이 있는 지역에서는 부분 혼합형 partially mixed 강 하구만이 형성된다. 해수층과 담수층 사이에서 어느 정도의 섞임이 이루어지지만 수면부터 바닥까지 염분의 수직구배는 있다.

빙하가 잘라낸 피오르에 형성된 강 하구만들은 좁고 가파른 측면을 가지고 있으며, 보통 입구에 얕은 턱이 있어 깊은 바닥에서는 물의 교환이 이루어지지 않는다. 이것으로 인해 담수와 해수의 경계는 매우 분명해지며 강 하구만의 깊은 곳 바닥에는 정체되어 차갑고 저산소인 물이 있을 수 있다.

강 하구만의 물 담수의 유입량과 조수 교환 등 다양한 요인에 따라서, 물이 강 하구만에 오래 머물 수도 있고 짧게 머물 수도 있다. 강 하구만에 물이 머무는 평균적인 기간을 체류시간 residence time 이라고 한다. 강 하구만의 부분마다 체류시간은 길 수도 있고 짧을 수도 있다. 북아메리카 서쪽 해안의 퓨젓사운드의 독립된 지류에서 체류시간은 6-12개월이며, 본류의 경우 2개월이다. 체류시간이 더 긴 지역에서는 오염물질을 처리하는 데 더 오랜 시간이 걸리며, 저산소 문제에 더 취약하다. 체류시간은 강의 흐름에 따라, 계절에 따라 변화한다. 강의 흐름이 빠르면 체류시간이 짧아진다. 가뭄 기간이나 물이 들어찬 기간 또한 큰 영향을 준다.

위 알래스카의 트레이시암(Tracy Arm) 피오르 강 하구의 환경은 산양과 바다사자 그리고 고래들에게 계절별로 휴식을 제공한다. 이곳은 또한 크루즈선의 정착지로 유명하다.

아래 강 하구만은 지구에서 생물학적으로 가장 생산성이 높은 생태계 중 하나이다. 워싱턴 주의 퓨젓사운드는 수많은 물고기와 포유류와 새들의 서식처이다. 연어는 이 강 하구만으로 내려와 이곳에서 먹이를 먹고 성장하며 바다 여행을 준비한다.

해안의 개발

세계 인구의 반이 넘는 사람들이 해안이나 해안 근처에 살고 있다. 사람들은 실용적이거나 심미적인 이유 때문에 해안가에 거주한다. 항구는 일자리를 제공하며 고기잡이는 음식과 고용을, 바다의 소리와 냄새는 휴식과 영감을 제공한다. 그러나 해안가는 안정적이지 못한 장소다. 해변은 끊임없이 밀물의 영향을 받으며 절벽은 침식되고, 이에 따라 집과 다른 건축물들이 피해를 입는다. 인간은 이러한 자연적인 현상을 통제하기 위해 오랫동안 노력했고 어느 정도 성공을 거두기도 했다. 그러나 해안선을 따라 일어나는 퇴적물의 운반에 대해 조금만 알아보면 왜 침식과 파도를 조절하는 것이 간단한 문제가 아닌지를 깨달을 수 있다.

해안선을 따라 움직이기 스워시swash, 즉 물이 해변으로 밀려오는 흐름이 바다로 되돌아가는 흐름백워시, backwash보다 강하다. 파도가 해변을 그대로 강타할 경우 결과적으로 해변으로 물질 전달이 일어날 것이다. 만약 파도가 해변을 비스듬히 강타한다면 물질은 최종적으로 해변과 평행하게 이동할 것이고, 이것을 연안수송longshore transport이라고 한다. 해안선에는 독특한 연안수송의 방향이 있는데, 이는 그 해안선의 파도 방향에 의해 결정된다. 미국에서는 파도가 보통 대부분의 폭풍이 발생하는 북쪽에서 접근하기 때문에 주로 남쪽으로 흘러간다.

퇴적물의 움직임은 특정 운반지역을

위 항구의 고기잡이배들은 세계 곳곳의 경제를 수백 년간 지탱해 주었다.
아래 나무 기둥 위에 지은 집들은 특히 침식작용에 취약하다. 강력한 폭풍에 의한 침식이 이 집을 손상시켰다.

침식 과정을 늦추기 위해 바위로 된 방파제를 건설하기도 한다. 불행히도 이러한 해결책은 항상 효과적인 것만은 아니며, 오히려 침식 속도를 촉진시킬 수도 있다.

깨뜨린다. 연안수송 지역의 한쪽 끝은 깎아지른 듯한 바다절벽에서 순수하게 침식되는 지역이다. 이 지역의 물질들은 만이나 항만처럼 에너지가 낮은 지역에 닿을 때까지 해안을 따라 운반되고, 그곳에 쌓여서 연안수송 지역의 다른 한쪽 끝을 이룬다. 그 사이에는 해변 물질의 퇴적과 침식의 역동적인 균형이 존재하게 된다. 이러한 지역의 해변들은 겉으로는 변화하지 않는 것처럼 보이지만 해안을 따라 많은 양의 물질들이 이동하고 있다.

연안작용에 대한 간섭 침식지역에서의 물질의 이동은 무언가로 막을 경우 얼마나 많은 물질이 운반되고 있는지 알아보기 쉽다. 방파제나 다른 해안선 구조물의 건설은 이러한 측정 기회를 충분히 제공해 주었다.

방파제란 하구나 다른 것들을 보호하기 위해 해안선에 수직으로 지은 벽이다. 이들은 해빈에서 바다 쪽으로 돌출되었기 때문에, 연안수송을 막는다. 상류에는 모래를 쌓아 해변이 확장되지만 하류는 침식이 더욱 악화되어 해변들이 사라진다. 퇴적물을 운반하는 비율이 평균인 곳에 있는 방파제들은 연간 3만 대의 덤프트럭에 실을 수 있는 양183,483 m²의 모래를 막을 수 있다. 퇴적 운반 비율이 높은 곳에서는 이 양의 몇백 배에 이르는 모래를 가두어 두게 된다.

앞바다에, 해변과 나란하게 지어진 방파제들 또한 퇴적물의 흐름을 막을 수 있다. 방파제 뒤에서 연안수송은 줄어들고, 물질들이 쌓이게 되며, 이때 먼바다로의 퇴적물의 운반은 감소한다. 결국 해변은 방파제가 있는 곳까지 그 범위가 늘어날 것이다.

해변이 사라지는 것을 막기 위해, 사람들은 퇴적물을 가두는 구조물을 지어 해변을 낮추고 있다. 이에 대한 일반적인 해결책은 해안선에 수직으로 지어진 상대적으로 짧은 벽인, 방사제를 건설하는 것이다. 방사제가 상류 쪽의 퇴적물을 가둠에 따라 하류 쪽 해변이 사라지는 속도는 빨라진다. 하류는 퇴적이 줄어듦에 따라 침식이 활발하게 진행되어 상대적으로 안전했던 집과 다른 구조물들을 위협하게 된다. 이러한 지역의 사람들은 호안seawall을 건설하여 그들의 재산을 보호하기를 꾀할 수 있지만, 이것은 상황을 더 악화시킬 수 있다. 호안은 육지에서 해변으로 운반되는 물질을 막아서 호안 앞의 바다 쪽 해변이 사라지는 것을 돕게 된다. 이것은 다시 호안에 가해지는 파도의 힘을 증가시켜서 그것의 파괴를 촉진시키고, 파도가 호안 위를 넘어 그 뒤의 물질을 침식시킬 기회를 제공한다. 이것은 양쪽을 모두 지탱하도록 설계되지 않은 호안을 무너뜨릴 수 있다.

로드아일랜드의 블록 아일랜드에서 바라본 롱아일랜드 해협. 주민들이 바다 해안을 보호하기 위한 행동을 취했다.

자연에 순응하기

몇몇 정부들과 민간단체들은 해안의 자연적 연약작용에 반하지 않고 순응하여 노력하기로 결정했다. 미국의 로드아일랜드(Rhode Island)는 해안에 방파제나 그와 비슷한 구조물을 짓는 것을 금지했다. 캘리포니아 주 산타바바라의 주민들은 개발되지 않은 해안 땅 69에이커를 침식을 늦추는 지역으로 이용하기 위해 사들임으로써 그 뒤의 집들을 보호하였다. 캘리포니아 주의 또 다른 사회 집단은 침식의 피해를 입은 자전거 길과 주차장을, 새로 짓는 대신 없애기로 결정하였고, 그 대신 자연적인 모래와 자갈 완충지대를 복원하기로 하였다. 영국의 영국환경단체는 해안선에 존재하는 구조물들을 철거하고 해안으로부터 더 먼 곳에 방파제를 마련함으로써 '자연이 해안선을 보호하도록' 하는 길을 택했다.

조수 사이의 생명들

왼쪽 개펄은 파도의 에너지가 낮은 지역에 형성되며 여러 종의 천공 조개와 지렁이가 구멍을 파고 살고 있다.
위 파도가 강한 자갈 해변은 생존에 불안정한 환경이며 생물이 거의 살지 않을 수도 있다.
아래 이 물고기는 계속 물속에서밖에 살 수 없지만, 말미잘은 매일 몇 시간 동안 공기 중에 노출될지도 모른다.

지구 곳곳에서 조수는 달과 태양의 주기에 따라 높아지고 낮아진다. 그럼으로써 조수는 조간대 intertidal zone라고 불리는 바다의 끝 부분을 물로 채워 놓기도 하고, 땅을 드러내기도 한다. 어떤 지역에서는 높은 조수와 낮은 조수 해수면 높이의 차이가 너무 작아서 조간대가 거의 존재하지 않는다. 또 다른 지역들에서는 조간대가 거의 10 m나 되며, 조류와 끊임없이 변화하는 물과 땅, 조류와 생물들의 인상적인 모자이크를 만들어 낸다. 이러한 지역에서 해변은 땅과 해양 사이의 독특한 전환 지역을 보여준다. 이곳에 사는 생명체들은 하루에 한두 번씩 공기에 노출되었다가 바닷물 속에 잠수하게 되는, 변화가 심한 삶을 견뎌 낼 수 있어야 한다. 그러나 그들은 이러한 삶에 잘 적응하여, 그 과정에서 역동적인 생태계를 만들어 낸다. 이 생태계가 어떤 모습을 하고 있는지는 날씨, 조수 변동의 시간과 범위, 강의 존재 여부 그리고 밑바닥이 얼마나 단단하고 얼마나 부드러운 작용을 하는지, 즉 진흙으로 되어 있는지 모래로 되어 있는지에 따라 크게 달라진다. 열대 산호초나 맹그로브 숲부터 온대성의 염습지 salt marsh와 자갈 해변에 이르기까지 해양의 삶을 탐구하는 데 이보다 더 나은 곳은 없다.

생물과 상호작용

생물은 여러 가지 척도에서 볼 때 육지보다 바다에서 더 다양하다. 해양 생물보다 땅 위의 생물에 붙여진 이름들이 더 많지만, 이것은 아마도 두 곳에 존재하는 생물의 수보다는 연구가 이루어진 시간을 반영하는 것일 것이다. 40여 개의 동물 문에서, 땅에서만 살 수 있는 문유조동물문 혹은 벨벳 벌레은 한 개이고, 바다에서만 발견되는 문은 열두 개 정도이다. 그러므로 조간대에 간다면 얼마나 많은 방식으로 생물들이 생존하고, 먹고 번식하는지 목격할 수 있을 것이다.

해양 생물의 특징들 대부분 해양의 1차 생산자광합성으로 태양으로부터 에너지를 얻는 생물들는 진짜 식물이라기보다 조류이며, 이것은 이들에게는 액체와 영양분을 운반하는 데 특화된 조직이 하나도 없다는 것을 뜻한다. 어떤 조류들은 4.5 m 높이의 거대한 황소 켈프처럼 크기가 크고, 또 어떤 것들은 현미경으로만 볼 수 있을 정도로 작다. 나무는 천 년이 넘게 살 수 있지만, 조류는 크기가 가장 큰 것들도 1, 2년을 넘기지 못한다. 단세포 조류는 수명이 더 짧은데, 이들은 하루에 한 번꼴로 두 개로 나뉘며 번식한다.

조간대의 생물들은 아주 다양하다. 몇몇 육식 동물, 특히 게와 물고기들이 먹이를 잡는 것은 눈에 보이지만, 다른 생물들은 화학적인 작용으

위 포슬린게는 말미잘의 독을 지닌 촉수들 사이에서 산다.
아래 해초는 놀랍도록 다양하다. 이들은 위쪽으로는 숲을 이루고 아래로는 빽빽한 잔디밭을 이루고 있으며 그 사이의 모든 것들은 많은 종류의 다른 생명체들에게 먹이와 은신처를 제공한다.

로써 먹이를 얻는다. 대부분은 먹이를 삼켜서 소화시키지만 불가사리와 같은 것들은 자신의 위를 밖으로 꺼내 외부에서 먹이를 소화시킨다. 꽃 삿갓조개처럼 밑바닥에 사는 초식동물들은 눈 없이 기어다니면서 조류를 찾는다. 요각류copepods에 속하고 현미경으로나 볼 수 있는, 새우의 일종인 또 다른 생물들은 단세포 조류를 잡으러 헤엄쳐 다닌다. 바닷물은 공기와 달리 먹을 것으로 가득 차 있기 때문에 많은 조간대의 생물들이 땅에서는 불가능한 방식으로 먹이를 먹는데, 그중 하나가 여과섭식 suspension feeding이다. 여과섭식 동물들은 먹이를 잡으러 다니지 않고 가만히 앉아서 주변의 물로부터 먹이를 걸러 먹는다. 굴과 같은 몇몇 생물들은 바닷물을 매일 수갤런씩 빨아들이고 안에서 먹이들을 걸러낸다. 따개비와 같은 다른 생물들은 털로 덮인 부속지를 물로 뻗어 독립된 개체 형태의 먹을 것을 잡아먹는다.

박테리아도 빼놓을 수 없다. 박테리아는 다른 아주 작은 생물체들에게 풍부한 먹이를 제공하며 유기체들을 분해하여 다시 영양염이 되도록 한다. 우주에 있는 알려진 별들의 수보다 몇백만 배의 박테리아가 바닷속에 존재한다.

상호작용 아마도 이러한 다양성 때문에 해양의 먹이그물은 육상의 먹이그물보다 더 많은 종류의 생물들과 연결되어 있다. 더 간단히 말해 해양 생물들은 더 다양한 종류의 생명을 먹고 또 그들의 먹이가 되고 있다. 해양의 먹이그물에는 잡식 동물, 즉 동물의 살과 조류 혹은 식물을 모두 먹

이 말미잘은 세포 안에 살고 있는 작은 조류 때문에 밝은 초록빛으로 보인다. 말미잘을 어두운 곳에 놓아두면 조류가 빠져나가 하얗게 변해 버릴 것이다.

을 수 있는 생물들이 더 많으며 사람을 잡아먹을 수 있는 동물들도 더 많다.

먹는 것과 먹히는 것은 생물체들이 상호작용하는 여러 방식들 중 두 가지이다. 각각의 생물들은 공간, 먹이, 자원을 얻기 위해 치열하게 경쟁한다. 그들은 또한 서로의 삶을 더 쉽게 만들어주기도 한다. 예를 들어, 조류는 많은 생물들을 육식동물로부터 보호하고 그늘을 제공한다. 두 개의 다른 종의 상호작용이 특히 친밀할 때, 과학자들은 이를 공생 관계라고 한다. 기생 parasitism은 한 쪽이 다른 한 쪽에게 피해를 입히며 공생하는 것인데, 예를 들어 촌충이 물고기 뱃속에 자리 잡고 자신의 성장을 위해 물고기의 영양분을 빨아들이는 경우와 같은 것이다. 상리공생mutualism은 양쪽 모두가 이득을 얻는 공생인데, 예를 들어 산호가 그 세포 안에 있는 아주 작은 조류로부터 영양분을 얻고 또 조류에게 유제류와 과도한 빛으로부터의 안식처를 제공하는 경우와 같은 것이다. 공생의 세 번째 종류는 편리공생commensalism인데, 이 경우 한쪽은 이득을 얻지만 다른 한쪽은 이득이 없거나 거의 없다. 예를 들어 바다 해면동물 속에는 여러 종류의 작은 생물이 살고 있지만 이들은 해면동물 자체에는 영향을 주지 않는 것처럼 보인다.

굴은 조류와 다른 작은 분자들을 바닷물로부터 걸러내 먹이로 삼는 일에 아주 효과적이며, 사진에 나온 워싱턴의 윌라파(Willapa) 만에 있는 것과 같이 빽빽한 굴 양식장은 강 하구만을 맑고 투명하게 유지하는 데 중요한 역할을 한다.

그들만의 구역

조간대의 놀라운 특징은 그곳 생물들이 짧은 거리 안에서 해안선에 나란하게 확연한 띠를 형성하면서 변하는 방식이다. 대상구조zonation라고 불리는 이 현상은 바위투성이의 지역에서 가장 확연하게 드러나지만 다른 서식지에서도 발견되곤 한다. 별다른 특징이 없어 보이는 모래 해변도 고조선과 저조선의 낮아지는 경사면을 따라 해안가로 갈수록 드러난 퇴적물이 조금씩 달라지고 하나의 생물체에서 다른 생물체들로 전이하는 것을 볼 수 있다. 무엇이 생물체들을 그곳에서만 살게 한정하고 있으며, 더 높은 곳이나 낮은 곳에서는 살지 못하게 했을까?

두 종류의 따개비에 대한 이야기 생태학자 조셉 코넬Joseph Connell은 이 문제를 풀기 위해 멋진 실험을 하였다. 북반구의 바위투성이 해안에서는 조무래기따개비Chthamalus라고 불리는 갈색의 작은 따개비류들과 그 아래 흰 띠를 이루고 있는 북방따개비류Semibalanus를 쉽게 볼 수 있다. 코넬은 이 대상구조의 원인에 대한 네 가지 가설을 세웠다. 바로 각 지역의 특징적인 물리적인 조건들, 포식, 경쟁 그리고 따개비들이 처음에 어디에 정착할 수 있었는지에 대한 것이다. 따개비의 유생은 바닷속에서 자유롭게 헤엄쳐 다니는 반면, 다 자란 따개비들은 표면에 영구적으로 붙어

버린다. 다 자란 따개비들은 움직일 수 없기 때문에 그들의 분포는 부유 유생이 자리 잡은 곳으로 한정된다. 조심스러운 관찰 끝에 코넬은 이 두 종의 따개비 유생들이 다 자란 따개비의 서식지의 위, 아래 어디에나 자리 잡는 것을 발견했다. 그래서 그는 대상구조의 이유는 다른 데 있을 것이라고 결론지었다.

그 다음으로 코넬은 물리적인 조건으로 눈을 돌렸다. 원래 서식하던 구역을 벗어난 따개비는 크게 바뀐 온도나 건조함과 같은 스트레스로 인해 죽을지도 모른다. 이러한 가설을 시험하기 위해 코넬은 따개비가 많이 붙은 바위를 조간대의 높은 곳과 낮은 곳에 각각 배치하였고 따개비들이 생존할 수 있는지를 살펴보았다. 그 결과 원래의 서식지보다 낮은 곳에 배치된 따개비들은 생존할 수 있었던 반면, 두 종류의 따개비 모두 더 높은 곳에서는 살아남지 못했다. 물리적인 스트레스는 분명 높은 지대에서 이 두 종류의 따개비 모두에게 영향을 주었지만 낮은 곳에서는 아니었다.

위 워싱턴 주 올림픽 반도에서 조간대의 대상구조
아래 사진 아래쪽 가운데에 보이는 어린 북방따개비 두 마리는 지금은 작지만 더 나이든 조무래기따개비 위에서 자라거나 그 아래로 파고들 수 있다.

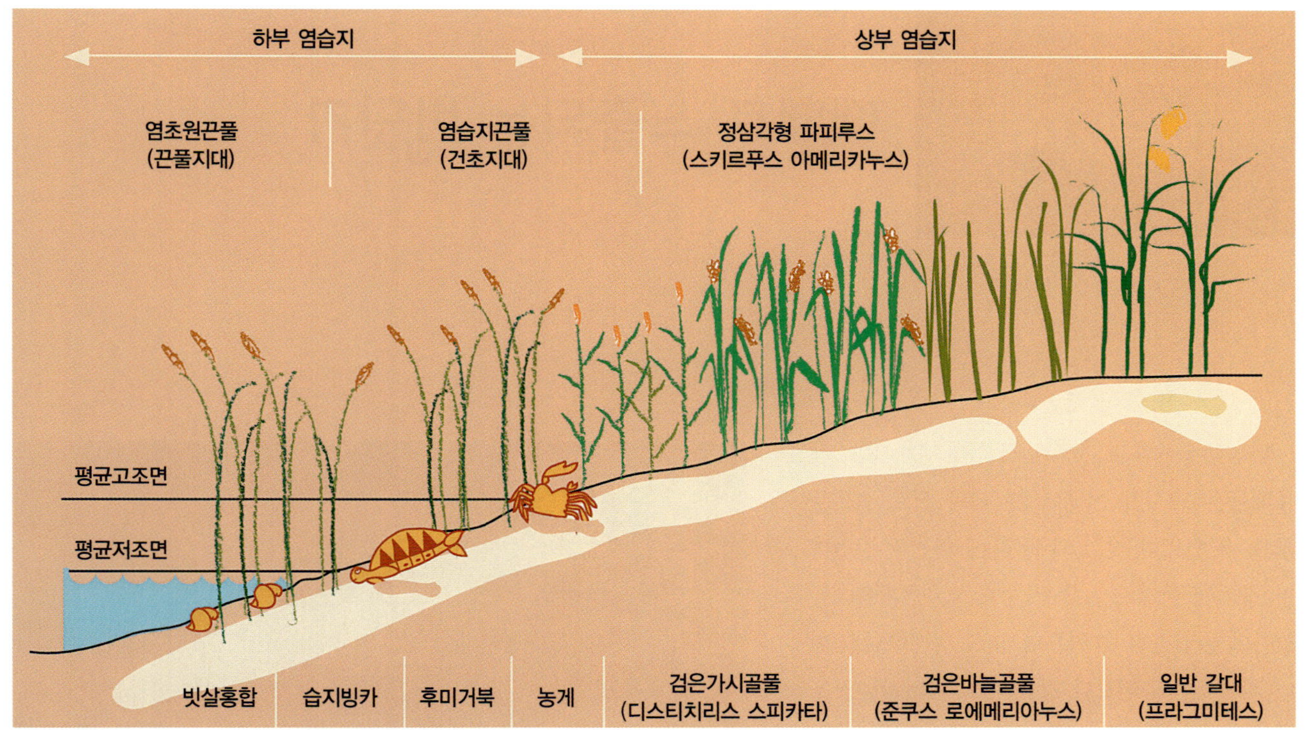

세계 곳곳에 있는 바닷물이 드나드는 늪지에서 여러 종류의 식물과 골풀들이 늪지의 각 부분을 특징짓는다. 각각의 종은 서로 다른, 예를 들어 소금물이 다소 들어찬다든가 하는 환경에 각기 적응하고 있다. 식물은 늪지를 형성하는 데 중요한 역할을 한다. 예를 들어 스파르티나 알테르니플로로(spartina alterniflora)라는 침식을 막는 밀도 높은 토탄을 형성할 수 있다.

그렇다면 생물학적 상호작용이 그들이 낮은 곳으로 이동하는 것을 막았을 수도 있다. 어떤 육식동물들이 특정 지역에만 살기 때문에, 그리고 그들이 없어야만 따개비가 살아남을 수 있기 때문에 이러한 현상이 일어나는 것일 수도 있다. 혹은 경쟁이 그 이유였을 것이다. 다 자란 따개비들은 이동할 수 없기 때문에 자리를 위해 치열하게 경쟁한다. 아마도 한 종류의 따개비가 다른 종류의 따개비에 승리를 거두고, 그 구역을 제한했을 수도 있다.

코넬은 두 개의 실험을 더 계획했다. 그는 육식 달팽이들을 풀어놓고, 따개비 몇 그룹은 우리 안에 넣어 달팽이로부터 보호하고 다른 따개비들은 그냥 노출된 채로 두었다. 그는 또 두 종의 따개비 유생들을 작은 공간에 놓아 그들이 자라면서 어떻게 상호작용하는지를 관찰함으로써 경쟁의 중요성을 시험했다. 포식에 대한 실험은 북방따개비의 활동을 어느 정도 제한하는 데 효과가 있었고, 경쟁 실험에 대한 효과는 더 놀라웠다. 빨리 자라는 북방따개비는 조무래기따개비 위로 자라면서 그들을 질식시켜 죽이거나, 그들 밑으로 자라면서 조무래기따개비를 바위에서 떨어뜨려 버렸다.

바위의 표면에서 이러한 실험들은 조간대의 대상구조에 대한 범례를 만들었다. 생물체 구역의 위쪽 한계는 물리적인 요소, 즉 열, 빛, 건조함 등의 영향을 받으며 아래쪽 한계는 생물학적 요소, 즉 경쟁이나 포식의 영향을 받는다는 것이다. 그러나 이러한 요소들은 생태학자 크리스 할리Chris Harley가 워싱턴 주의 올림픽 반도에서 증명한 것처럼 훨씬 더 복잡하게 상호작용할 수 있다. 파도에 노출된 바위의 북쪽 면 조간대에서는 물 바깥에서 오래 활동할 수 없는 유제류를 피해 잔디 같은 조류가 띠를 형성하며 있다. 더 뜨거운, 남쪽을 향한 바위 면에는 이러한 조류들이 없다. 유제류가 사는 해수면의 높이에서는 영향을 받지 않지만 보통의 조수 높이에서, 조류는 많아진 빛과 열에서 살 수 없다. 조류는 특정 깊이의 위나 아래에서는 죽어 사라진다.

때때로 노출되는 바닷가

바위투성이의 조간대는 극한의 세계이다. 생물체들은 12시간 이내에 22 ℃의 온도 변화를 겪을 수 있으며, 또 그동안 물에 완전히 잠겼다가 공기에 완전히 노출될 수도 있다. 겨울에는 얼음에 둘러싸일 수 있으며, 파도 하나하나의 힘이 허리케인의 힘보다 강할 때도 더러 있다. 조간대의 많은 동물들은 물 밑에 있을 때만 먹이를 먹을 수 있으므로 조수가 낮아졌을 때는 굶고 있어야 한다. 비는 담수 웅덩이를 만들어 낼 수 있으며, 태양이 강하게 내리쬐는 날에는 증발이 일어나 조수 웅덩이들을 아주 짜게 만들 수도 있다. 조간대의 생물들은 이렇게 가혹하고 다양한 환경 속에서 적응하도록 진화해 왔지만 아직도 고통이 남아 있다.

이러한 환경에도 불구하고, 아니 이러한 환경 때문에 바위투성이 조간대는 역동적이고 생명체로 가득 차 있으며 자연주의자들과 과학자들 모두에게 좋은 장소가 된다. 화려한 불가사리와 수많은 조류들, 그리고 유명한 소라게들은 언제나 방문객들의 눈을 즐겁게 해주는 생물들이다. 살아 있는 것 같지 않은 덩어리처럼 보이는 것이 사실은 따개비일 수도 있고, 달팽이처럼 생긴 삿갓조개가 몸을 구부리고 물이 다시 들어오기를 기다리고 있는 것일 수도 있다. 리본지렁이들은 따개비를 따라 진을 치고 독이 있는 주둥이로 빠

위 해달은 북서쪽 태평양의 주요 생물이며, 성게를 먹고, 켈프가 번식하도록 도와준다.
아래 브리티시컬럼비아 주 조간대의 바위 위에서 붉은색과 보라색의 화려한 불가사리들을 발견할 수 있다.

르게 공격하여 먹잇감을 마비시키기 위해 기다리고 있을 수도 있다. 더 아래쪽에서는 적응력이 뛰어난 물고기들이 조수 웅덩이나 바위 아래에 머물고 있을지도 모른다. 관찰하면 관찰할수록 더 많은 것을 보게 된다.

가장 바보 같은 실험 중요한 과학적 발견이 간단한 관찰로부터 시작되는 경우가 있다. 워싱턴 주의 외곽 해안에서 생태학자 로버트 페인Robert Paine은 홍합은 일정한 조수의 높이에서만 발견된다는 것을 알아챘다. 그 아래로는 맨바위들과 따개비, 말미잘, 해초와 황토색의 불가사리가 널려 있었다. 페인은 홍합이 황토색 불가사리가 가장 좋아하는 먹이라는 것을 알고 있었으며, 이 불가사리의 포식이 홍합이 더 낮은 곳에서 사는 것을 막았는지에 대해 생각해 보았다.

그의 가설을 시험하기 위해 페인은 그가 스스로 '가장 바보 같은 실험'이라고 칭한 실험을 시작했다. 그는 한 지역에서는 황토색 불가사리들을 모두 제거하였고 다른 지역에서는 그대로 놓아두었다. 3년 뒤, 불가사리를 제거한 홍합의 서식지는 몇 피트나 더 낮아져 있었지만 불가사리를 그대로 둔 곳에서는 변화가 없었다. 그의 가설은 증명된 것이다!

그러나 페인은 또 다른 사실을 알게 되었다. 불가사리를 없앤 곳은 다양한 무리의 군집이었던 예전의 모습이 사라지고, 홍합만이 살고 있는 것이었다. 더 자세하게 조사한 결과 홍합 서식지는 항만에 어느 정도 다양성을 더하지만 불가사리가 없다는 사실이 그 군집을 완전히 뒤바꿔 놓았던 것이다. 페인은 이 황토색 불가사리와 같이 생태계에서 한 종이 지나치게 번식하는 것을 막는 생물종을 표현하기 위해 '종석 포식자keystone predator'라는 표현을 사용했다. 해달은 또 다른 종석 포식자이다. 해달들은 성게를 잡아먹고, 성게는 켈프를 먹으며, 켈프는 항만에 숲을 제공하여 놀랍도록 많은 종류의 물고기들과 무척추 동물들을 살게 한다. 해달이 존재함으로써 성게의 수가 조절되고, 켈프 숲이 무성하게 유지될 수 있다. 19세기 말 무렵, 북아메리카 서쪽 해안의 해달들이 멸종 위기에 처할 정도로 사냥당했을 때, 성게의 수는 폭발적으로 늘어났고 켈프 숲은 사라졌다.

홍합과 같은 우세한 생물들이 제거되면 위에 보이는 바다 낭들과 같은 생물들이 그 공간을 빠른 속도로 지배하게 된다.

어린이들은 해변에 갔을 때 무너지기 쉬운 생태계를 파괴하지 않도록 교육받아야 한다.

1) 바위 밑에 무엇이 있는지 보기 위해 바위를 뒤집어볼 경우, 다 보고 나서 바위를 조심스레 원래의 상태대로 놓아두어야 한다. 바위 밑의 생물들은 노출된 채로 놓아두면 죽을 수 있으며, 위에 있던 생물들은 밑에 깔리면 질식할 수 있다.
2) 가볍게 걸어야 한다. 눈에 보이지 않는 동물들도 많으며 조간대를 걷는 사람들의 영향이 이들에게 큰 피해를 줄 수도 있다.
3) 동물들을 잡으면 그 자리에 다시 놓아주어야 한다. 그 동물은 원래의 특정한 지역에서 가장 잘 살아남는다.
4) 집에 가져오는 것을 삼가야 한다. 무엇이 살 수 있고 무엇이 죽어 버릴지 알기 힘들며, 해변 방문객들에 의한 일상적인 수집이 조간대의 생태계에 나쁜 영향을 줄 수 있다.

페인의 실험은 또한 간접적인 영향의 중요성을 보여주며, 누가 누구를 먹고 혹은 누가 누구와 경쟁하는지에 대한 현재의 지식을 가지고 미래를 예측하는 것이 얼마나 어려운 일인지를 강조한다. 불가사리들은 말미잘과 직접적으로 상호작용하지 않지만, 그들은 말미잘의 서식지를 가로채 멸종시키곤 하는 홍합을 잡아먹음으로써, 말미잘의 번식에 영향을 준다. 의미심장한 새로운 발견은 종종 뛰어난 관찰력과 '바보 같은' 간단한 실험에서 얻어지곤 한다.

바다 목장

화려한 산호초나 파도가 휩쓸고 간 바위투성이 조간대와 비교하면, 해초지는 이들과 매우 다르다. 물이 빠져나가면, 빽빽한 풀잎들은 무기력하게 모래나 바위 위에 달라붙어 누워 있다. 그러나 물속에서 해초지는 크고 작은 생명체들로 비옥해진다. 예를 들어 미국 북서쪽 해안에는 약 200종의 무척추 동물이 해초지에 살고 있으며 연어와 청어를 포함한 70여 종의 물고기들이 이 밭에서 먹이를 얻고, 생활하고 번식한다. 열대에서 해초지는 해우, 해마, 그리고 바다거북 등 위협을 받거나 위험에 처한 동물들의 집이 된다.

수생 식물 해초들은 바닷속에 살면서도 꽃을 피운다는 점이 특이하다. 바다 말과는 다르게 해초는 육상 식물처럼 영양분을 빨아들이는 뿌리를 가지고 있으며 꽃과 꽃가루, 씨앗을 만들어 낸다. 육상 식물들은 꽃의 수정을 위해 바람이나 동물을 주로 이용하여 씨를 퍼뜨리는 반면, 해초들의 경우 바다의 흐름이 이 역할을 한다. 씨들은 부력으로 떠오르는 공기방울에 갇혀 따로따로 이동할 수도 있으며, 부러지거나 뿌리째 뽑힌 줄기에 계속 붙은 채로 표류하기도 한다. 대부분의 씨앗은 그들이 출발한 해초지로부터 꽤 가까운 곳에 안착하지만, 어떤 것들은 그들이 출발한 곳으로부터 130 km나 떨어진 곳에서도 성공적으로 자리 잡는다.

유성생식이 가능함에도 불구하고 대부분의 해초들은 뿌리 같은 땅속줄기를 주변으로 뻗어 새싹이 돋아나는 무성생식을 한다. 따라서 수천 개의 독립된 개체로 이루어진 것처럼 보이는 해초지는 사실 천 년쯤 전의 한 줌의 클론을 가지고 있을 수도 있다.

수백만의 안식처 해초지에 군집이 풍부한 것은 해초가 먹이를 제공하고, 생물의 배양기이며, 다양한 종의 생물체들에게 안식처를 제공하

위 간조 때 해수면 근처의 거머리말류들
아래 해우, 혹은 바다소는 여러 가지 음식물을 먹는데 특히 해초에 크게 의존한다. 큰 해우는 하루에 수백 파운드의 식물을 먹어 치울 수 있다.

는 능력을 갖추고 있기 때문이다. 두껍게 깔려 있는 박테리아와 단세포 조류 혹은 각각의 잎이 자라는 다세포 조류들은 편모충이라고 불리는 아주 작은 풀을 먹는 동물들에게 먹이를 제공한다. 이들은 새우와 게의 사촌뻘인 작은 하팍티쿠스류harpacticoid copepods에 의해 잡아먹히며, 이것은 다시 연어와 다른 육식동물들에 중요한 먹이 자원이 된다. 이러한 먹이 그물을 제공하는 것에는 대가가 따른다. 각각의 잎은 그 자체의 무게보다 두 배나 더 무거운 생물체들을 떠맡아야 하며 광합성을 할 수 있도록 해수면이 무언가로 덮여 있지 않는 동안 빠르게 성장해야만 한다. 광합성은 해초들에게 매우 중요한데, 광합성 작용 시 에너지의 원천뿐만 아니라 잎을 뜨게 도와주는 공기방울이 만들어지기 때문이다. 우거진 해초 숲은 유속을 늦추고 은신처를 제공하며 청어와 연어, 그리고 식용 게들에게 먹이와 성장할 장소를 제공한다. 해초의 잎들은 수십억 개의 청어 알들로 둘러싸이기도 하며, 새와 곰에서부터 불가사리와 물고기에 이르기까지 다양한 생물들에게 맛있는 먹이를 제공한다. 매사추세츠 와쿳Waquoit 만에서의 거머리말류의 감소는 가리비의 감소를 야기했고, 과학자들은 이것이 저서성 성체가 되기 전 어린 가리비 유생이 헤엄치면서 성장할 전통적인 서식지인 거머리말이 부족했기 때문이라고 추측했다.

거머리말등각류의 색깔은 자신이 먹이로 삼는 켈프나 거머리말의 색깔과 비슷하다.

해초에 관한 사실들

세계적으로 거머리말, 나사말, 파도말 그리고 거북말을 포함하여 약 50종의 해초들이 존재한다. 알래스카 이젬베크(Izembek) 석호에서는 흑기러기들이 겨울을 보낼 멕시코로 3천 마일을 날아가기 전에 매년 2천 톤의 해초들을 먹어 치운다. 측정된 수치에 의하면 해초들은 1년에 일곱 번씩 잎을 떨어뜨리고 재생산해 낸다. 이것은 해초들이 영양분이 풍부한 30억 파운드의 물질을 생산해 낸다는 것을 의미한다. 역사적인 수준에서 비교했을 때, 해초들로 덮인 곳은 플로리다의 탬파(Tampa) 만에서 절반이, 미시시피 하구에서 75 %가, 텍사스의 갤베스턴(Galveston) 만에서 90 %가 감소하였다.

해마는 수영을 잘 못하기 때문에 해류에 휩쓸리는 것을 막기 위해 꼬리로 해초에 매달려 있다.

위협받는 해초 해초지는 그 중요성에도 불구하고 여러 가지 원인들로부터 위협을 받고 있다. 해초들이 생존하는 데는 강한 햇빛이 필요하기 때문에 부두나 다른 물 위의 구조물들은 그 구조물들 아래와 '그림자 지역shadow zone' 아래에 있는 해초들을 죽게 만들 수 있다. 해안선의 점진적인 확대와 산업의 발달은 해초들을 죽게 하거나 그들에게 스트레스를 줄 수 있는 오염과 퇴적물을 야기한다. 다른 곳에서 온 생물종들과 기후의 변화 또한 이에 일조하고 있다. 자주 발생하지는 않지만 잠재적으로 큰 재앙은 바로 질병이다. 1931년과 1932년, 원인이 밝혀지지 않은 질병이 남극 북쪽을 둘러싼 해초의 90 %를 죽게 만들었다. 이때 죽은 해초들의 수는 아직도 회복되지 못하고 있다.

• 클론(clone) : 무성생식에 의하여 모체로부터 분리 증식하여 유전적으로 동일한 개체들의 무리(옮긴이)

강과 조수

완만한 강과 시내가 바다를 만나는 곳에서 생기는 바닷물이 드나드는 염습지는 강과 조수의 운동에 모두 영향을 받는 변화의 장소이다. 다른 조간대 서식지들과 마찬가지로 염습지는 조수 흐름의 변화를 갖추고 있다. 폭풍이나 최고조 때만 물이 들어서는 고늪지는 거의 육지와 비슷하지만 그곳에 사는 생명체들은 때때로 소금물도 견딜 수 있어야만 한다. 대부분의 해양 생태계와는 달리 늪지에서는 조류가 아닌 진짜 식물들의 다양성이 나타난다. 잔디와 사초, 골풀들은 목장과 같은 느낌을 주며, 바다 라벤더는 꽃의 느낌을 준다. 가을이 오면, 늪지의 작은 피클위드는 뉴잉글랜드의 단풍나무에 화답하여 밝고 붉은색을 띠게 된다.

육지와 바다의 영양류를 모두 가지고 있는 염습지는 해양 지역 중 생명체들의 밀도가 가장 높다. 이렇게 풍부한 식물들은 그 수만큼이나 풍부한 동물들을 유지해 준다. 소라게들과 지렁이들은 진흙 속을 파고들어가 부패하는 유기물을 먹으며 산다. 대합조개와 홍합도 자신의 몸을 땅속에 숨기지만, 유기물 대신 물이 옮겨 오는 아주 작은 조류와 생물들을 먹으면서 산다. 너구리들은 게와 물고기를 사냥하고, 쥐들은 푸른 들판에서 이삭을 먹는다. 물속을 헤엄치고 있는 크고 작은 물고기들은, 그곳에 서식하거나 그곳을 지나쳐 가는 새들의 좋은 먹이가 된다.

흐름을 따라 강 하구 생태계의 독특한 요소 중 하나는 강의 흐름이 우세한 표층에서는 물이 바다 쪽으로 이동하고, 소금물이 우세한 그 밑바닥에서는 물이 반대 방향으로 이동한다는 것이다. 이러한 양방향성의 흐름은 수영을 잘 못하는 생물체들도 그들이 가는 방향으로 균형을 잘 잡을 수 있게 해준다. 수영하여 거슬러 올라감으로써 생명체들은 강 하구를 벗어날 수 있으며, 수영하여 내려옴으로써 생명체들은 육지 쪽으로의 흐름을 탈 수 있다. 성체가 되기 전에 물속에서 몇 주 혹은 몇 달을 보낸 게의 유생이 바로 이러한 방식으로 행동한다고 알려져 있다. 하루에 여러 번, 혹은 삶의 여러 단계에서 그 유생은 헤엄쳐 올라갈 것인지 내려갈 것

위 나미비아(Namibia)의 늪지
아래 여러 종류의 새들은 늪지에서 먹이를 구하고 새끼를 낳는다. 어떤 새들은 식물을 먹으며, 사진 속 해오라기와 같은 종류의 또 다른 새들은 물고기와 무척추동물들을 풍부하게 공급받아 먹는다.

인지를 결정하고, 그럼으로써 강 하구로 들어갈 것인지 그곳을 빠져나갈 것인지를 결정하게 된다. 핀머리보다 작은 뇌를 가진 동물 치고는 꽤 똑똑하지 않은가!

물에 잠긴 보물 자연적 매력 외에도 염습지는 인간에게 눈에 보이는 여러 가지 이득을 제공한다. 상업적으로 중요한 많은 물고기들연어와 청어, 넙치를 포함은 그들의 삶의 일부를 강 하구 습지에서 보내게 되는데 이것은 습지가 상대적으로 조용하고 먹이가 많기 때문이다. 늪지에서는 또한 게나 굴, 그리고 다른 무척추동물들을 오락 차원에서 낚시하거나, 상업적인 목적으로 포획할 수 있다. 습지는 물을 정화하는 작용을 하며, 홍수의 완충작용을 하기도 한다. 생태학자 에드워드 멀트비Edward Maltby가 습지를 "지구에서 가장 자연적인 보물, 물에 잠긴 인류의 보물"이라고 부른 것은 우연이 아니다.

그러나 이 보물은 위협받고 있다. 기후 변화에 따라 점점 빨라지는 해수면의 상승은 강 하구를 침수시킬 위험에 빠뜨렸다. 댐은 물의 흐름을 줄이고 통제하여 습지에 퇴적물이 부족하게 만들고, 염수와 담수의 균형을 무너뜨린다. 또한 심한 오염도 흔하게 일어나고 있는데, 공장과 기업형 농장의 시설에서 새어 나오는 오물과 사람들이 하수구에 버리는 엔진 오일까지 그 원인이 다양하다. 외부에서 온 생물들도 문제가 된다. 예를 들어 워싱턴 주의 윌라파Willapa 만의 경우 부드러운 외래 끈풀이 기존에 있던 개펄 생태계를 위협하고 있으며, 현재 굴이 살기 좋은 서식지인 이곳을 풀 많은 늪지로 바꿔 버리고 있다. 한편 끈풀의 원산지인 북동쪽에서는 갈대밭이 빠르게 자라나 끈풀이 위

개저식 준설기가 미시시피 강 밑바닥에서 퍼온 퇴적물을 방출하고 있다. 한때 걸프 해변을 따라 습지를 메우고 있었던 이러한 퇴적물들은 퍼내어져서 멕시코 만의 앞바다에 버려진다.

개발과 자연적인 강 흐름의 변경으로 인해, 수백만 에이커에 이르는 한때 풍요롭던 미국 걸프 해안의 습지가 파괴되었다. 건강한 습지는 스펀지와 같은 역할을 해서 물이 넘쳐날 때는 빨아들이고 나중에 서서히 방출하는데, 과학자들은 이 습지가 사라져 버려서 걸프 해안이 홍수와 폭풍에 더 취약해졌다고 경고했다. 1998년 허리케인

염습지는 날씨가 좋으면 조용하고 '아름다운 경치'를 제공하고, 폭풍이 오면 '보호'를 제공한다. 몇몇 늪지들은 하수 관리를 위해 이용되기도 한다.

조지(Georges)가 뉴올리언스 주를 강타할 뻔했을 때, 그리고 2004년 허리케인 이반(Ivan)이 피해를 주었을 때, 루이지애나 주는 연방 정부에 해안 습지를 복원하도록 도와줄 것을 요청했다. 정부는 망설였으며, 지사의 보좌관 시드니 커피(Sidney Coffee)는 생각했다. "의회와 대통령이 이것이 중요한 프로젝트라는 것을 깨닫게 하려면 어떻게 해야 할까? 또 다른 큰 허리케인의 피해를 입어 봐야 알게 될까? 누가 그것을 기다리려고 하겠는가? 인명 피해는 없어야 할 텐데"라고 말이다. 허리케인 카트리나(Katrina)는 재앙을 통해 과학자들의 예측이 맞았다는 것을 증명했으며 습지의 복구가 아주 중요한 프로젝트라는 강력한 메시지를 전달했다.

협받고 있다. 갈대는 원래부터 그곳에 있던 토착 식물이었지만, 갈대 자체나 환경, 혹은 이 두 가지 이유 모두가 갈대를 침략적인 식물로 만들어 해안선을 근본적으로 변화시키고 있다.

바다 옆의 숲

열대 해양 생태계에 대해 물어보면 대부분의 사람들은 산호초를 떠올리고 열대림에 대해 물으면 다우림을 상상한다. 그러나 대부분의 열대 해안선들은 완전히 다른 생태계인 맹그로브 홍수림으로 둘러싸여 있다. 모기로 가득 차 있고 가로질러 가기 힘든 이곳은 여행자들이 즐겨 찾지 않는다. 하지만 홍수림에는 웅장한 장관들이 꽤 있다. 스미스소니언 박물관의 생태학자 클라우제 뤼츨러Klause Rützler와 일카 펠러Ilka Feller는 이 서식지의 웅장함을 카리브 해 홍수림에 대한 그들의 저서에서 이렇게 표현했다. "바다로부터 뻗어 나온 들쑥날쑥하고 비비 꼬인 나무들과, 검고 지독한 냄새가 나는 깊은 진흙에 내린 뿌리들, 푸릇한 왕관들이 강렬한 태양을 향해 구부러져 있는 숲을 인식한다……. 이곳은 육지와 바다가 얽히는 곳, 바다와 대륙을 나누는 경계가 희미해지는 곳이다."

맹그로브(홍수림) 홍수림은 열대의 진흙과 아열대의 바다에서 생활할 수 있도록 적응된 나무들이다. 50에서 80종밖에 없지만 홍수림은 20여 개의 서로 다른 식물과에서 왔으며, 그냥 하나의 관목에서부터 수십 미터 높이의 나무까지 그 형태가 다양하다. 다른 종의 홍수림들은 온화한 연안에서부터 굉장히 짠 개펄이나 강 하구에 이르기까지 서로 다른 다양한 서식지에 살고 있다. 홍수림이 자라나는 진흙은 종종 안정적이지 못하며 산소가 부족해서, 홍수림은 여러 종류의 기근aerial root들을 진화시켰다. 기근은 나무를 안정시키며, 조수가 빠져나갔을 때 공기 중으로부터 산소를 빨아들이는 '숨쉬는' 구멍들이 있다.

홍수림이 염분이 있는 환경에 살기는 하지만 나무가 소금을 제거할 방법이 없다면 염분에 의해 죽을 수도 있다. 어떤 홍수림들은 소금이 유입되는 것을 처음부터 막기 위해 뿌리로부터 물을 빨아들일 때 소금을 걸러낸다. 이 나무들은 그 일을 아주 훌륭하게 해내는데, 그 뿌리를 잘라내면 염분을 걸러낸 맑은 물을 마실 수 있을 정도다. 또 다른 종류의 홍수림들은 소금물을 그대로 빨아들이지만 잎이나 뿌리, 줄기를 통해 소금을 방출한다.

맹그로브 군집 홍수림들은 그들만의 독특한 동식물 군집을 이루고 있다. 떨어진 잎과 줄기들은 영양분을 공급하고, 살아 있는 나무들은 퇴적

위 강이 호주의 맹그로브 숲을 굽이쳐 흐르고 있다.
아래 홍수림의 뿌리가 강바닥 위로 매달려 있는 모습. 이 뿌리들은 그 주변에서 자라나는 빽빽한 생물들로 복슬복슬한 모습이다.

빽빽하게 얽힌 뿌리는 퇴적물 속에서 홍수림이 안정하게 하고 충분한 산소를 얻을 수 있게 도와준다. 그들은 또 그 속에 사는 생물들이 폭풍을 이겨낼 수 있는 안전한 통로를 만들어 낸다.

물을 가두고 침식을 예방함으로써 환경을 안정시킨다. 조류와 동물들은 나무 위나 주변에서 생활하며, 고조 때는 수백 종의 물고기와 새우, 게들이 뿌리를 따라 헤엄친다. 홍수림은 육지에서 바다로 가는 퇴적물과 오염물질의 흐름을 줄여줌으로써 그들이 있는 곳 밖의 생태계까지 지탱해 준다. 이렇게 함으로써 그들은 인접한 거머리말초원과 산호초의 성장을 돕는다. 산호초에 사는 다 자란 많은 물고기 종들은 어릴 때 홍수림의 뿌리에서 안전하게 자라난 것들이다. 홍수림은 또한 세계 곳곳의 해안 사람들에게 먹을 것과 연료, 약재, 그리고 건축 자재를 제공함으로써 인간 사회를 지탱하기도 한다.

그러나 불행히도, 홍수림이 사라지고 있다. 추정한 바에 따르면 세계적으로 홍수림의 50 %가 사라졌다. 사람들은 관광객을 위한 해변을 만들거나 새우 양식장을 만들기 위해 이들을 베었다. 한때는 고갈됨 없이 이용했었으나 늘어난 인구가 생존하기 위해 그만큼 늘어난 사용은 그 가치를 치르게 되었다. 기후 변화 또한 문제인데, 해수면의 상승은 홍수림을 침수시킬 수 있으며 담수 유입의 변화는 현재 우거진 지역들을 홍수림이 자라기에 부적합한 곳으로 바꿔 버릴 수 있다.

파도로부터의 보호 홍수림의 중요성에 대한 뚜렷한 예로서 2004년 12월, 아시아에 쓰나미가 닥쳤을 때 스리랑카의 두 마을의 운명에 관한 이야기를 생각해 볼 수 있다. 수 에이커의 건강한 홍수림으로 둘러싸여 있던 카푸헨왈라kapuhenwala 마을에서는 두 명만이 사망했다. 10 km도 채 떨어지지 않은 곳에는 완두루파Wanduruppa 마을이 있었는데 이곳은 홍수

망둥어에게는 누관이 있어서 공기 중에 있을 때 눈을 건조하지 않게 해주며 물속보다 공기 중에서 더 잘 볼 수 있게 해준다.

물 밖의 물고기

대부분의 물고기들은 자발적으로 물 밖에 나와 시간을 보내는 일이 없지만, 홍수림의 눈이 튀어나온 망둥어는 좀 다른 종류의 물고기다. 그들은 촉촉하게 유지되는 한 피부로 숨을 쉴 수 있으며 땅 위를 여행하기 전 그 입과 아가미 방에 물을 채워둠으로써 '숨을 참을 수' 있다. 이들의 앞 지느러미는 다리처럼 움직여서 망둥어를 '걷게' 하며 나무도 오르게 할 수 있다! 망둥어 수컷은 좋은 진흙을 차지하기 위해 서로 사납게 싸우곤 한다.

사수어의 경우 물속에 머물지만 벌레나 작은 육지 동물들을 먹이로 삼는다. 먹잇감이 물 위 30 cm 이내에 있을 경우, 사수어는 물 위를 뛰어올라 먹이를 그대로 낚아챈다. 더 멀리 있는 먹이를 잡을 때는 잠수함 물대포처럼 변하여 1 m 밖의 먹잇감을 조준한 뒤 입으로 강력하게 물을 쏘아 그것을 물속으로 떨어뜨려 쉽게 먹어 치운다.

림이 심각하게 훼손된 곳이었다. 이곳에서는 5천 명에서 6천 명 사이의 사람들이 죽었다. 1999년 슈퍼사이클론이 인도의 오릿사Orissa를 강타했을 때 만 명의 사람들이 죽었고 마을 전체가 휩쓸려 내려갔다. 그런데 이때 인도에서 두 번째로 큰 홍수림을 보유하고 있던 비타르카니카Bhitarkanika 야생생물보호구역 근처의 마을들과 사람들에게는 피해가 없었다.

육지와 바다를 연결하는 순환

과학자들은 세상을 종종 여러 개의 서로 다른 권으로 나누곤 한다. 예를 들어 육지, 바다와 담수로 나누기도 하고, 단단한 지구와 그 위의 공간으로 나누기도 한다. 그러나 이러한 권들의 경계는 분명하지 않다. 분자는 생명체와 무생물의 사이를, 공기 중에서, 물속에서, 바위에서, 그리고 토양에서 끊임없이 순환하고 있다. 조간대의 생물들에게 공급되는 영양염은 수천 마일 떨어진 내륙에서 바다로 운반된 것들이며, 바다의 영양염은 사실 육지와 담수 환경으로부터 여러 가지 경로를 거쳐 바다로 온 것일 수 있다.

가장 중요한 영양소 중에는 질소, 인, 철분 그리고 규소가 있다. 질소는 아미노산을 만드는 데 사용되는데, 이것은 단백질과 엽록소를 형성하는 요소이다. 엽록소는 광합성을 하는 생물들이 에너지를 만들어 내는 주요 원천이다. 인은 DNA, RNA, 그리고 세포막을 만드는 데 필수적인 요소이며 많은 동물들이 뼈와 이빨 혹은 껍질을 만들기 위해 인산 칼슘을 사용한다.

질소는 가스의 형태로, 혹은 생물체의 일부로, 아니면 물에 용해된 상태로 발생할 수 있으며 주로 세 가지 형태로 나타나는데 바로 질산염과 아질산염, 그리고 암모늄이다. 질소가 지구 대기의 78 %를 차지하고 바닷물에 용해된 가스의 48 %를 차지하기는 하지만, 대부분의 다세포 생물들은 질소 가스를 마실 수 없다. 이 생물들은 질소를 사용할 수 있는 형태로 전환하기 위해 미생물들에 의존한다. 어떤 박테리아들은 질소에 수소를 더해 암모늄으로 만듦으로써 질소를 '고정'하기도 한다. 또 다른 박테리아들은 암모니아와 산소

위 인산염의 생산과정에서 나온 기름 탱크와 쓰레기로 덮인 염지와 늪지대
아래 왼쪽 저염분의 연안 습지에서 공통적으로 볼 수 있는 사슴콩. 질소의 순환에 중요한 뿌리 박테리아의 숙주이다.
아래 오른쪽 이러한 하수의 방출은 지역적인 영양염의 순환에 영향을 줄 수 있다.

를 결합하여 아질산염을 만들며, 아질산염을 질산염으로 변화시키는 것들도 있다. 질산염은 녹색 식물에 의해 가장 활발하게 사용되는, 질소를 포함한 혼합물이다.

공급원과 순환 영양염은 강, 비, 먼지, 하수의 배출 그리고 배들이 버린 쓰레기를 포함해 많은 공급원으로부터 해양 환경으로 유입된다. 바다에서 멀리 떨어진 곳의 토지를 비옥하게 만들기 위해 사용된 질소와 인, 그리고 돼지나 소의 축산업에서 나온 수많은 양의 쓰레기들은 시내와 강으로 흘러들어가 바다로까지 운반된다. 화석 연료를 태우는 것도 질소를 발생시킨다. 이와 비슷하게, 기반암의 풍화 작용은 강을 통해 바다로 흘러들어갈 수 있는 많은 양의 인산염을 방출한다.

조류와 기타 광합성 생물들은 그들 주변의 물에서 질소와 인 그리고 다른 영양분을 빨아들인다. 유제류는 그들이 잡아먹는 1차 생산자들로부터, 그리고 육식동물은 그들이 잡아먹는 동물들로부터 그 영양소를 흡수하게 된다. 살아 있는 생물들은 배설을 통해 영양소를 다시 배출하는데, 이것은 다른 생명체들이 다시 빨아들일 수도 있고, 밑으로 가라앉아 퇴적물의 일부가 되고 결국 암석이 될 수도 있으며, 혹은 증발하여 대기의 일부가 될 수도 있

홍연어들이 산란을 위해 헤엄쳐 올라가면서, 알래스카 카트마이(katmai) 국립공원의 강을 붉게 물들이고 있다. 이 연어들은 곰, 독수리, 무척추동물 그리고 수많은 기타 동물들의 먹이가 됨으로써 육지와 바다의 주요 연결고리를 형성한다.

환경을 비옥하게 하는 물고기

대부분의 사람들은 연어를 음식, 산업, 혹은 태평양 북서쪽의 상징이라고만 생각하는데, 몇몇 생태학자들은 그들을 영양소를 운반하는 기계라고 생각하기도 한다. 담수에서 태어난 연어는 수백 마일을 헤엄쳐 바다로 나아가며 성장하고 다음 세대를 위해 그들이 태어난 곳으로 다시 돌아온다. 그들이 알을 낳기 위해 내륙으로 향할 때, 그들은 번식에 대한 욕구뿐 아니라 많은 것들을 함께 가져온다. 그들은 바다로부터 인과 질소를 가져온다. 대부분의 연어는 산란과 동시에 죽기 때문에 그들의 몸은 이 영양소를 그들이 산란한 시내의 생태계에 퍼뜨리게 된다. 과학자들은 강줄기와 해안에서 멀리 떨어진 숲의 동식물에서 해양 영양소들의 특징을 측정해 낼 수 있다. 그러므로 연어의 수가 줄어드는 것은 그들이 한때 알을 낳았던 지역이 덜 비옥해진다는 것을 뜻한다.

다. 생물체가 죽으면 미생물이나 곰팡이와 같은 분해자들이 이산화 탄소, 영양소, 그리고 물의 형태로 사체를 분리한다.

해양 환경에는 세 가지 인의 순환이 존재한다. 그 중 한 가지는 혼합층이라고 알려진 바다 윗부분의 층에서 일어나는데, 이곳에서 살아 있는 생물들의 먹이 섭취와 죽음, 그리고 분해를 통해 인의 빠른 순환이 이루어진다. 생물이나, 인산염을 풍부히 함유한 유기물이 더 깊은 바다로 가라앉으면 순환의 과정이 좀 더 느리게 일어난다. 이들이 갖고 있는 인은 깊은 바닷속에서 순환하며, 수백 년의 시간이 흘러야 표면으로 다시 되돌아올 것이다. 어떤 인은 해저의 밑바닥까지 가라앉아서 퇴적물 속에 묻혀 인의 순환 중 가장 긴 순환을 한다. 한번 땅속에 묻힌 인은 그 순환에서 수백 년간 벗어나 있다가 화산 활동이나 지질학적인 작용이 인을 풍부하게 함유한 암석을 들어 올릴 때, 비료를 원하는 사람들에 의해 캐내어질 때, 혹은 자연적인 활동에 의해 바위로부터 걸러질 때 밖으로 나오게 된다.

외양에서의 삶

왼쪽 블루워터 다이버가 하강하고 있다. 그녀는 해파리 표본을 수집하기 위해 유리병을 지니고 있다. 해수면 위로 돌아가면 그 표본은 배의 연구실에서 연구될 것이다.
위 혹등고래가 물 위로 뛰어오르고 있다. 과학자들은 왜 고래가 물 위로 뛰어오르는지 아직 정확히 알지 못한다. 그것은 의사소통의 형태일 수도 있고, 고래 자신을 돋보이게 하는 행위일 수도 있다.
아래 해파리

외양은 우리에게 친숙한 육지 세계와 여러 기본적인 면에서 다르며, 재미있고 놀라운 점들이 많이 있다. 외양은 땅 위에는 알려지지 않은 곳까지 뻗어 있는 3차원 세계이다. 많은 해양 동물들은 매일 수직으로 수천 피트의 거리를 여행하며, 액체 속에서 잠을 자며 먹이를 먹는다. 아주 작은 박테리아에서 지구상에 살았던 가장 큰 동물에 이르기까지 외양에는 굉장히 많은 생물들이 살고 있다. 해양 먹이그물 전체를 유지시키는 1차 생산자의 대부분은 아주 작아서 현미경으로만 볼 수 있다.

외양의 생물들을 세세하게 연구하기 위해서 여러 가지 방법들이 동원된다. 포유류와 새들, 그리고 물고기들이 해수면 아래로 들어갔을 때 무엇을 하는지 알아보기 위해 과학자들은 동물에게 시간과 깊이를 기록하는 아주 작은 컴퓨터를 달거나, 바다표범의 경우 수중 비디오카메라를 달기도 한다. 또 아주 작은 생물들을 연구하기 위해서 해양학자들은 물속에서 그물을 끌어당기고 현미경이나 분자 기술을 이용하여 그들을 관찰한다. 연구자들은 외양에 사는 더 큰, 하지만 더 조심스러운 생물들인 해파리를 연구하기 위해 블루워터 다이빙이라는 활동을 한다. 외양에는 경계표가 없어서 방향 감각을 상실하기가 쉽기 때문에 블루워터 다이버들은 바다로 뛰어들기 전 배와 연결된 밧줄을 몸에 묶는다.

꿀 속에서 수영하기

이런 시나리오를 상상해 보라. 뜨거운 커피 한 잔에 크림을 부으면 크림은 부어진 바로 그곳에 작은 방울의 형태로 머물게 된다. 커피를 시계 방향으로 몇 번 저어 천천히 크림을 퍼뜨린다. 그 다음 젓는 방향을 시계 반대방향으로 바꾸면, 신기하게도 크림이 원래의 작은 방울 형태로 되돌아온다! 바로 이러한 것이 아주 작은 해양 생물들의 세계이다.

바로 지금 움직이기 유체 역학의 관점에서, 플랑크톤 생물이 어떻게 세상을 경험하는가에 대한 주요 결정 요소는 그들이 사는 곳의 레이놀즈수Reynolds number이다. 레이놀즈수는 생물체 주위의 물의 흐름이 고요한 층류인지 거친 난류인지를 결정하는 관성과 점성, 두 힘의 비율이다.

관성은 운동에 관한 뉴턴의 첫 번째 법칙으로, 움직이는 물체는 계속 움직이려 하고 멈춰 있는 물체는 계속 멈춰 있으려는 성질이 있다는 정의이다. 레이놀즈수가 높으면 관성의 힘이 지배하게 되고 흐름은 난류가 되는

데, 에디eddy나 와류, 기타 유동의 변동이 특징이다. 인간은 보통 높은 레이놀즈수에서 살고 있다. 어떤 사람이 자전거를 타다가 페달 밟는 것을 멈춰도 얼마간 앞으로 계속 나아갈 것이다. 이것이 바로 관성의 예이다.

점성은 액체가 얼마나 흐름에 저항하는지에 관한 수치이다. 흐름에 거의 저항하지 않는 공기는 아주 작은 점성을 갖고 있는 반면, 꿀은 더 높은 점성을 가지고 있다. 레이놀즈수가 낮으면 점성의 힘이 지배하게 되고 흐름은 고요한 층류가 되는데 일정한 유동이 특징이다. 박테리아는

위 꿀은 점성이 높은 물질이다. 꿀만큼 점성이 높은 환경에서 살아남으려면 생물체가 느리게 움직이면서 효율적으로 활동할 수 있어야 할 것이다.
아래 범고래와 같이 크고 빨리 헤엄치는 동물들은 유영할 때 난류저항이 크다. 범고래와 같은 곳에 사는, 현미경으로 볼 수 있는 작은 생명체들은 사실상 난류저항이 거의 없다.

낮은 레이놀즈수에서 살고 있다. 특정 유속의 연안을 따라 이동하는 박 테리아는 헤엄치기를 멈추면 1조분의 1 cm만 앞으로 더 나아간다. 낮은 레이놀즈수에서 움직이는 물체들에게는 계속 움직이려는 습성이 거의 없다. 생물체가 느리고 작을수록 레이놀즈수는 작아진다.

경계층 낮은 레이놀즈수에서의 삶은 어떠할까? 그것은 종종 꿀 속에서 시곗바늘보다 느린 속도로 몸을 움직이며 수영하는 것과 비교되곤 한다. 낮은 레이놀즈수에서 분자를 둘러싼 물은 거의 그 분자의 연장선이 되며, 경계층boundary layer이라고 불리는 것을 형성한다. 꿀로 채워진 수영장 안에서 공을 잡으려고 손을 뻗으면 그 공을 둘러싸고 있는 꿀 경계층을 밀게 되어, 결국 공은 더 멀리 떨어져 나갈 것이다. 그리고 커피의 예에서 보았듯이 흐름은 완전히 뒤집힐 수 있다. 즉, 공으로 뻗었던 손을 다시 움츠리면 공은 원래의 위치로 돌아오게 된다. 아주 작은 동물들이 움직이거나 먹이 분자를 잡으려면 그들은 물을 앞뒤로 밀지 않는 방식으로 그들의 부속지를 움직여야만 한다.

더 축축하고 더 밀도 높은 어떤 면에서 바다에서의 삶은, 높은 레이놀즈수인 평평한 땅 위에서 살고 있는 생물들의 관점에서는 도저히 있을 법하지 않은 일들도 일어난다. 한 가지 사실은 물속은 항상 축축하다는 것이다. 조간대의 생물을 제외하고, 해양 생물들에게는 그들의 몸을 축축하게 유지하기 위한 특별한 방법이 필요 없다. 이것은 애벌레와 다른 작은 생명체들이 자유롭게 살 수 있도록 도와주며, 그들의 숨 쉬는 기관을 몸 안보다는 바깥에 갖고 있게 만들었다.

물은 또한 공기보다 밀도가 높으며, 따라서 물에 뜨는 것은 공기에서 뜨는 것보다 쉽다. 생물

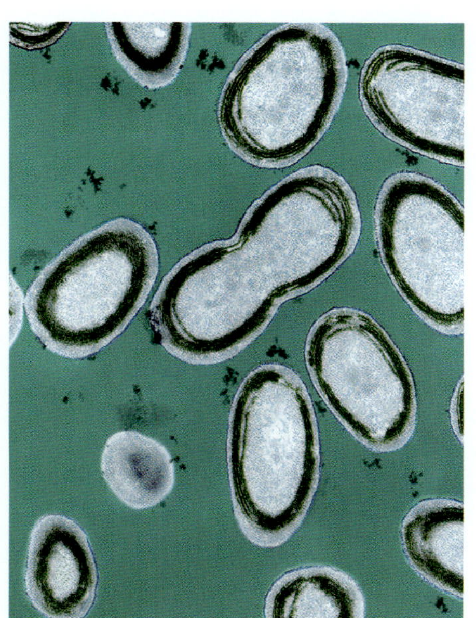

세포 하나로 이루어진 원녹조 석회(*prochlorococcus*) 플랑크톤의 채색된 전자 현미경 사진. 이들은 움직임이 없으며 해류를 따라 떠다닌다.

해수면 9만 미터 아래에서 헤엄치는 투명한 오징어

보이지 않는 생물체들

육지동물 중에는 투명한 것이 거의 없지만, 플랑크톤에게는 일반적이다. 투명한 몸을 가진 빗해파리, 해파리, 회충, 멍게, 환형동물, 화살벌레, 갑각류, 달팽이, 물고기가 각각 존재한다. 어느 정도 투명한 몸은 외양(open sea)에서 위장의 형태일 수 있다. 뒤섞일 표면이 없는 세상에서, 투명함은 위장의 유일한 방법이다. 또한 플랑크톤 같은 삶의 방식은 투명한 것을 쉽게 선택하게 한다. 물에 뜨는 성질은 불투명하고 단단한 뼈의 지탱을 필요로 하지 않게 해주며, 그래서 떠다니는 동물들은 거의 물로 이루어진 몸을 가질 수밖에 없다. 햇볕이 잘 드는 표면의 아래에서 살아야 한다는 사실은 해로운 자외선으로부터 보호하기 위한 어두운 색깔의 필요성을 크게 감소시켜 준다. 그러나 바다 깊은 곳에 짙은 색을 띤 동물들이 존재한다는 사실은 아직도 풀리지 않는 많은 수수께끼들 중 하나이다.

중에서 공기보다 가벼운 것은 없지만, 물보다 가볍게 유지하는 것은 쉬운 일이다. 플랑크톤에게는 종종 부레나 유적oil droplet이 있어서 물에 뜰 수 있다. 해파리와 같은 생물체들은 그들의 몸 전체를 바닷물과 비슷한 밀도의 물질로 형성한다. 새들이 날기 위해 계속 힘을 쓰는 것과는 달리 대부분의 플랑크톤들의 경우는 그렇지 않다.

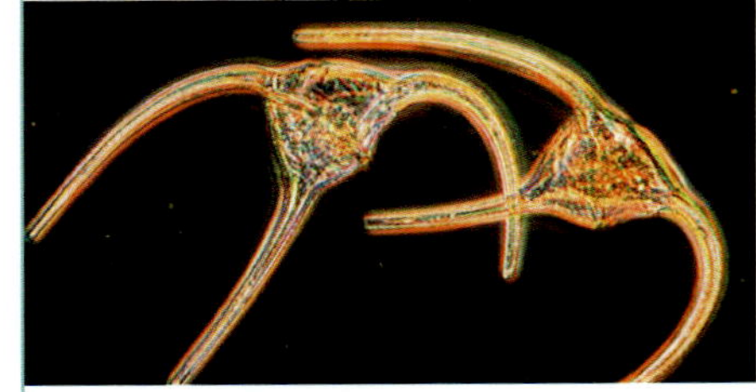

작은 표류자들

직접 볼 수 있는 것과 연관 짓는 것이 더 이해하기 쉽겠지만, 바다 생물의 다양성은 대부분 맨눈으로 볼 수 없다. 바닷물은 현미경으로만 볼 수 있는 동물, 조류, 박테리아와 원생생물들로 우글거린다. 물만 가득해 보이는 양동이에 삶의 모든 드라마가 담겨 있을 수도 있다. 젊음의 희망, 무차별적인 사냥과 죽음 그리고 번식과 같은 것들 말이다. 바다 생물 중 가장 작은 것을 뭉뚱그려 플랑크톤이라고 부르는데, 이것은 해류를 거슬러 헤엄칠 수 없는 생물을 일컫는 표현이다. 이들 중 몇몇은 전혀 헤엄칠 줄 모르며, 다른 종류들은 아주 미약하게 헤엄친다. 해파리와 같이 좀 더 큰 동물도 그 움직임의 목적이 전혀 없는 것처럼 보이기 때문에 플랑크톤으로 분류할 수 있다.

꽃피는 바다 플랑크톤 먹이사슬에서 제일 아래는 식물성 플랑크톤인데, 이들은 햇볕에서 에너지를 얻는다. 서로 고리나 집단을 이루고 있을 수도 있지만, 대부분이 단세포이다. 식물성 플랑크톤의 개체는 일반적으로 맨눈으로는 볼 수 없는 반면, 일정한 환경 조건이 갖추어지면 미친 듯이

위 케라티움 트리포스(*Ceratium tripos*)는 와편모조류이다. 이 생물체들은 독립적으로 움직일 수 있으며 다른 생물을 잡아먹을 수도 있고, 광합성에도 능하다.
아래 바렌츠(Barents) 해의 위성사진에서는 식물성 플랑크톤의 청록색 꽃을 또렷하게 보여주며, 이는 바다의 플랑크톤 군집에 번식이 왕성하게 일어나고 있다는 것을 나타낸다.

번식하여 바다의 빛깔을 더럽히는 꽃을 과도하게 피운다.

가장 일반적인 식물성 플랑크톤은 황금조류라고 불리는 규조류^{diatom}인데 삼각형에서부터 모자상자 모양, 뾰족뾰족한 구 모양에 이르기까지 다양한 모양을 하고 있다. 단단한 다공성의 캡슐을 갖고 있는데 이것은 유리를 형성하는 화학물질인 규소로 되어 있으며 빛을 통과시키거나 보호하는 역할도 한다. 와편모조류^{dinoflagellate}는 일반적인 식물성 플랑크톤의 종류로서, 분류하기가 힘든 종족이다. 두 개의 편모[•]를 사용하여 동물처럼 이동할 수 있고 생물체를 잡아먹거나 살아 있는 생물을 공격하기도 한다. 그러나 이들은 또한 아주 효율적으로 광합성을 한다. 더 혼란스러운 사실은 이 하나의 개체가 20개가 넘는 다양한 형태를 하고 있다는 것이다. 이들은 전형적인 단단한 껍질에 두 개의 편모를 갖춘 형태로부터 형태가 없는 아메바의 형태에 이르기까지 다양하다. 몇몇 와편모조류들은 치명적인 적조를 일으키기도 한다.

소비 사회 바다는 배고픈, 아주 작은 동물성 플랑크톤들의 서식지이다. 거의 모든 동물 문은 플랑크톤 단계를 조금이라도 지낸다. 일생 동안이 될 수도 있고, 삶의 사이클에서 특정 단계가 될 수도 있다. 1년에 여러 번의 세대를 거치는 것을 볼 때 동물성 플랑크톤의 대부분은 마치 "빨리 살고 빨리 죽자"는 좌우명을 따르는 것 같다. 몇몇은 박테리아와 식물성 플랑크톤을 먹으며, 어떤 것은 다른 동물성 플랑크톤을 먹이로 삼는다. 사냥은 극적으로 이루어질 수 있다. 바다천사라고 불리는 플랑크톤 달팽이^{planktonic snail}는 머리에 달린 턱을 이용해 전혀 천사 같지 않은 방법으로 먹이를 잡는다.

동물성 플랑크톤은 그 작은 크기에도 불구하고 해양 먹이사슬의 필수적인 일원이다. 해양에서 가장 큰 동물인 흰수염고래는 그들의 먹이를 플랑크톤에 의존하며, 이는 펭귄과 고래상어, 그리고 다른 여러 동물들의 경우에도 마찬가지이다. 특히 중요한 것은 요각류와 크릴

이러한 단각류들은 흰수염고래를 비롯한 많은 동물들의 먹이가 된다.

크레이그 벤터(Craig Venter)는 인간 게놈을 해독하는 기술의 선구자였다. 그는 현재 이 기술을 사용하여 바다 미생물의 다양성을 탐구하고 있으며 수백 종의 새로운 종을 발견해 냈다.

이라고 알려진 갑각류들인데, 이들은 풍부하며 지방이 많다. 성육장에서의 크릴새우 수의 감소는 펭귄 개체수의 감소와 연관이 있을지도 모른다.

플랑크톤으로 이루어진 생물체들의 양과 다양성은 계절에 따라 변화하며, 해류와 조수의 영향에 따라 날마다 혹은 시간 단위로 변화하기도 한다. 식물성 플랑크톤의 수는 유효한 빛과 영양염류에 따라 늘어나고 감소한다. 동물성 플랑크톤은 그들의 짧은 수명 때문에 식물성 플랑크톤이 만발하면 빠르게 늘어났다가 식물성 플랑크톤의 공급이 줄어들면 그들의 수 또한 줄어든다. 플랑크톤의 또 다른 일원은 플랑크톤 유생단계를 가지는 해저 동물의 번식 순환에 따라 계절별로 나타난다. 보름달이 뜬 후 산호초를 찾아가 보면 물은 산호 유생들로 득실거릴 것이다. 봄이 오면 온대지방에는 수백만 마리의 성게, 홍합 그리고 다른 동물들의 유생들로 가득 찰 것이다.

[•] 편모 : 편모 하나는 개체를 앞으로 나아가게 하고 다른 하나는 물속에서 회전하게 한다. 편모를 이용하여 자신의 방향과 위치를 조절할 수 있는데 가장 효과적으로 광합성에 빛을 쓸 수 있는 깊이로 이동한다(옮긴이).

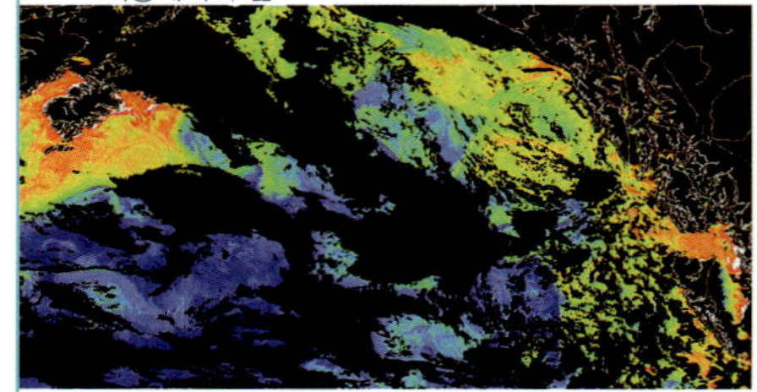

탄소의 순환

지구상의 모든 생물들에게 꼭 필요한 요소인 탄소는 무생물의 세계에서도 공통된 요소이다. 생물체 분자의 탄소 결합은 세포 안에 에너지를 저장하고, 당 안의 탄소 결합은 꽤 많은 칼로리를 제공한다. 바다와 대기, 그리고 육지 시스템 모두는 탄소를 위한 저장소처럼 작용해서, 탄소를 빨아들이고 방출하기를 시간의 흐름에 따라 반복한다. 바다는 가장 많은 탄소를 저장하는 창고이고 대기가 가장 적은 탄소를 저장하고 있다. 탄소는 바위에도 존재하는데, 이것은 수백만 년 동안 갇혀 있던 것일 수도 있다. 생물체와 무생물, 고체와 기체를 통한 탄소의 순환은 가장 큰 생지구화학적 순환을 형성한다. 탄소의 순환은 영양소로서 지구상의 생명에 직접적인 영향을 미치고, 지구의 날씨를 결정하는 데 간접적인 영향을 준다.

공급원 동식물을 포함한 살아 있는 많은 생물체들은 호흡의 부산물로서 탄소를 이산화 탄소의 형태로 방출한다. 산불은 탄소를 가스의 형태로 대기에 분출하며 재와 숯의 형태로 토양에 분출한다. 동물들은 배설을 통해 그들이 먹은 탄소의 약 10 %를 방출하는데, 이것은 물과 결합하여 용존유기탄소DOC; dissolved organic carbon의 형태로 된다.

위 위성에 장착된 해양 관찰 센서인 SeaWiFS의 영상에서 식물성 플랑크톤이 꽃피우고 있는 모습을 볼 수 있는데, 이들은 바다에 탄소를 방출한다.
아래 도버(Dover)의 흰 절벽은 수십억 년 동안 산호와 같은 석회질 생물체의 골격과 껍데기들이 퇴적되어 만들어진 석회암이다.

더 긴 시간의 관점에서 볼 때, 화산 분출은 지구 깊은 곳으로부터 탄소를 꺼내서 대기 중에 방출하거나 재와 용암의 형태로 매장해 놓는다. 화석 연료를 태우는 것은 기름과 가스를 태우는 것과 마찬가지로 땅속에

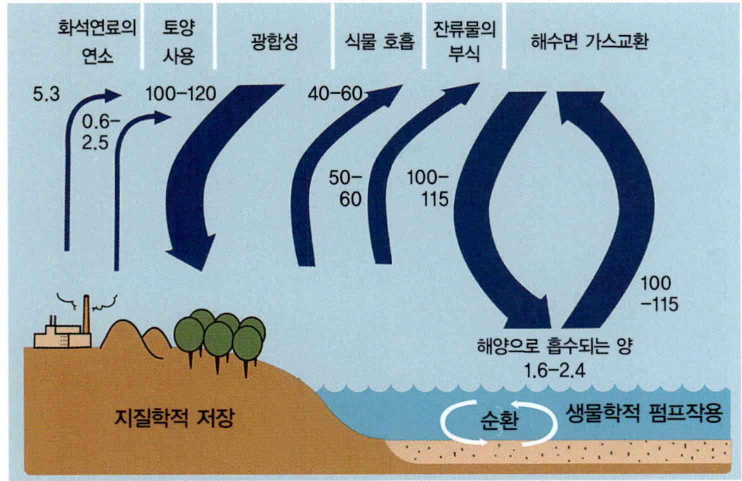

위 이 그림은 탄소 순환의 다양한 요소들을 묘사한다.
아래 사진의 왼쪽 위에 유공충 석회암의 암붕이 보인다. 해저 생물의 잔재들은 시간의 흐름에 따라 석회암, 석탄, 기름, 천연가스 등 여러 가지 물질들로 변형될 수 있다.

사는 동안 그것을 몸속에 저장한다. 또한 많은 동물들이 껍데기나 골격를 만드는 데 탄소를 사용한다. 이 동물들이 죽으면, 그들의 단단한 부분은 다른 생물에 의해 섭취되거나 토양 아래에서 분해되거나 혹은 물에 용해된다. 껍데기와 골격도 해저 바닥의 퇴적물에 묻히게 되어 석회암으로 된다. 이런 과정으로 원시지구 대기에 있던 많은 이산화 탄소가 석회암으로 저장되어 제거되었다. 특정한 환경 조건이 갖추어진다면 죽은 동식물은 석탄이나 석유, 천연가스를 형성할 수 있으며 이렇게 될 경우 그 안의 탄소는 탄소 순환으로부터 수백만 년간 벗어나 있게 된다.

바다를 비옥하게 하기 이산화 탄소는 지구 온난화를 일으키기 때문에, 많은 사람들은 대기 중의 이산화 탄소 양을 줄이기 위한 방법을 모색하고 있다. 한 가지 방법은 식물의 재배 등 바다에서 일어나는 다른 탄소 순환들에서 방출된 탄소를 빨아들이는 탄소의 저장소를 늘리는 것이다. 육지에서 많은 단체들, 기업들, 정부들이 나무를 심고 또 보호하는 것은 바로 이런 이유에서이다. 외양을 이와 비슷한 용도로 활용할 수 있다. 식물성 플랑크톤을 '심을' 수는 없지만, 비료를 사용함으로써 그들의 성장을 도울 수는 있다. 외양에서 식물성 플랑크톤의 성장은 보통 철분의 도움을 받는데, 과학자들은 바다 멀리에 많은 양의 철분을 버리는 실험을 한 바 있다. 예상했던 대로 철분은 식물성 플랑크톤의 성장을 촉진시켰고, 이것은 대기 중에서 더 많은 탄소를 제거하는 데 도움을 줄 것이다. 비판론자들은 이와 같은 비료 사용이 원양의 생태계를 근본적으로 파괴할 것이라고 지적하지만, 대기 중의 이산화 탄소가 미치는 영향을 생각해 볼 때 그 가치는 충분히 있다.

영겁의 세월 동안 저장되어 있던 탄소를 내뿜는다. 해저에 묻혀 있는 탄소가 풍부한 퇴적물이나 암석은 지각 활동이나 해수면의 하강으로 상승할 수 있다. 한번 노출되면, 암석과 퇴적물의 풍화 작용에 의해 탄소가 다시 활동을 시작한다.

저장된 탄소 이러한 원인들에 의해 방출된 탄소에는 어떤 일이 생길까? 조류와 다른 광합성 생물들은 이산화 탄소를 소모하여 당과 탄수화물을 만드는 데 사용한다. 박테리아와 다른 플랑크톤 생물들은 주변 물로부터 용존유기탄소를 소모한다. 동물들은 먹이를 먹을 때 탄소를 섭취한 뒤,

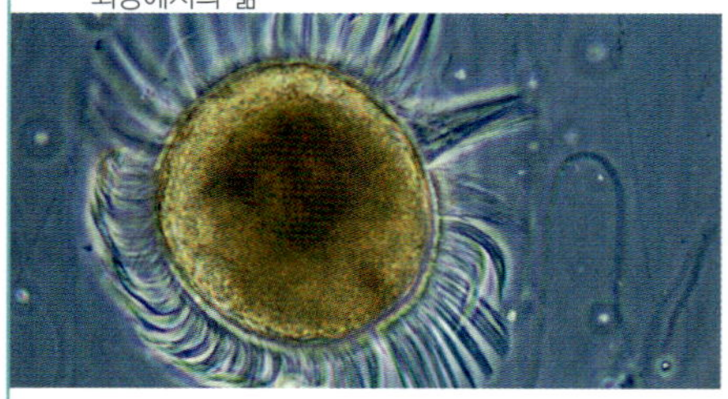

난자에서 난자로

진화론적인 관점에서 볼 때, 자손과 미래 세대의 생존만이 성공의 유일한 척도였으며, 해양 동물들은 번식하는 데 있어서 놀라운 다양성을 보여준다. 포유류, 조류, 달팽이류, 나새류sea slug, 두족류 그리고 갑각류 모두 체내수정을 거치는데, 이때 정자는 하나의 개체로부터 다른 개체로 직접 이동한다. 몇몇 물고기 종들 또한 체내에서 수정을 하지만, 극피동물이나 쌍각류 그리고 해파리를 포함한 대부분의 물고기들은 체외수정을 한다. 몇몇의 경우는 수정을 할 때 무언가 친밀함을 보여주는 행위를 하기도 한다. 예를 들어 한 쌍의 물고기는 짝짓기 춤을 추고 절정에 다다름과 동시에 생식 세포를 상대편 생식기에 방출한다. 체외에서 수정하는 동물들 대부분은 자유수정을 하는데, 여기서 정자와 난자는 그저 물로 방출될 뿐이다.

달의 인력 자유수정은 꽤 힘든 일이다. 정자는 방출된 후 오래 살아남지 못하며 그것을 받아줄 난자를 찾는 것은 힘들다. 그러므로 자유수정을 하는 생물들은 성공적으로 수정할 수 있는 확률을 높일 다양한 방식을 진화시켰다. 팔롤로 털갯지렁이palolo worm와 같은 다모류 동물들은 정자와 난자를 방출하는 시기를 달의 주기에 맞추어, 그 개체들이 같은 시간에 일제히 방출하여 수정될 수 있게 한다. 이 지렁이들은 또한 수정을 위해 해수면으로 올라가는데 이것은 개체들의 거리를 서로 가깝게 한다. 다 자란 산호들은 바다 밑바닥에 붙어 있는 반면 그들의 난자는 물 위에 떠다닌다. 산호는 그들의 산호초 속에서 동시에 수정하며, 정자와 난자는 산호 수정의 단계를 거친 후 해수면에 아주 매끈한 막을 형성한다. 자유수정을 하는 생물들에게 수정의 성공률은 낮기 때문에 그들은 1년에 수천, 수백만, 혹은 때로 수십억만 개의 난자를 뿜어낸다. 이 난자들 중 1퍼센트만 수정된다 하더라도 수백만 마리의 배胚들이 탄생할 것이다.

모든 동물이 유성생식을 하는 것은 아니다. 말미잘 무리는 그 몸이 서로 두 방향으로 갈리면서 두 개로 나뉜다. 해면동물은 그들의 작은 조각만으로도 새로운

위 브리슬 지렁이의 플랑크톤 유충인 갯지렁이(*Eulalia viridis*)는 먹이를 먹고 움직이는 데 사용되는 섬모로 둘러싸여 있다.
아래 포식자로부터 보호하기 위해 산호에 숨겨진 작은 돔발상어의 난자. 작은 상어의 난자들은 각각 하나의 배를 지니고 있으며 이것은 9개월 후 어린 상어로 성장하게 된다.

개체를 생산해 낼 수 있다. 히드로충이나 피낭이 있는 동물들과 같은 무척추동물 무리는 단지 원래의 몸에서 분리하여 새 조직을 만듦으로써 번식한다.

어미의 보살핌 어떤 동물들은 자신의 새끼에게 많은 시간과 에너지를 투자한다. 범고래는 보통 5년에 한 번씩 새끼를 낳는데, 어미는 2년간 이 새끼를 키운다. 반면에 보라 성게와 같은 동물은 연간 수백만 개의 난자를 생산하고, 이 개체들은 배로 성장할 영양분을 충분히 갖추고 있으며, 단 며칠 만에 스스로 먹이를 먹는 능력을 발달시킨다. 이처럼 자유수정을 하는 동물들은 그들 자식들의 운명을 절대로 알지 못한다. 중간 정도의 방식을 택하는 동물들도 있다. 상어와 그 동족들은 자라나는 배에게 달걀의 노른자와 놀랍도록 유사한 알의 노른자를 만들어 주고, 무척추동물도 노른자가 풍부한 알을 생산해 낸다. 여섯 개의 팔을 가진 불가사리를 비롯한 몇몇 동물들은 자식들이 혼자 살 수 있을 때까지 그들의 몸속이나 몸 위에서 키운다.

몇몇 무척추동물들은 그 자식들에게 섬뜩한 음식을 제공한다. 암컷은 배를 많이 지닌 캡슐을 생산해 내고, 그 속에서 제일 빨리 자라는 배가 나머지 배들을 먹어 치우는 것이다. 어떤 달팽이 종류는 위가 발달되기도 전에 서로 먹기 시작한다!

몇몇 유생들은 그들의 부모 근처에 자리 잡지만 어떤 것들은 살 곳을 정하기 전 수천 마일을 이동할 수도 있다. 예를 들어 북아메리카 해안의 홍합 유생은 유럽까지 이동할 수도 있다.

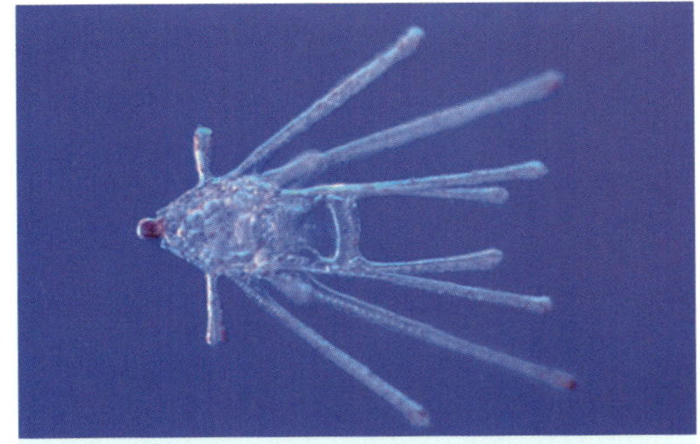

솜털이 있는 다리를 이용해 헤엄치는 성게의 유생

성장하기

한 종의 유생과 성체가 항상 같은 곳에 사는 것은 아니다. 많은 해저 생물들은 플랑크톤과 같은 유생 시기를 가지며, 몇몇 동물들은 그들의 일생 중에서 담수에 살 때도 있고 바닷물에 살 때도 있다. 이러한 경우, 유생으로부터 성체로의 변형 과정에서 서식지의 완전한 변화를 겪게 되며, 이것은 종종 빠른 시간에 일어난다. 예를 들어 성게는 몸 양쪽이 같고 여덟 개의 팔을 가진 헤엄치는 유생으로부터 구형의 성체로 단 몇 시간 만에 변화한다. 르네 브로디(Renae Brodie) 박사는 파나마 나오스섬 스미스소니언 열대 연구기관의 해양실험실에서 더욱 심한 변화를 겪는 동물들을 연구하며 시간을 보냈다. 그녀가 연구한 육지의 소라게(*coenobita compressus*)는 해양 유생시기를 갖는 생물이었다. 1년 중 때가 되면 성체들은 파나마 숲에서 바다까지 통틀어 돌아다니며 그들의 유생들을 퍼뜨린다. 플랑크톤으로 몇 주간 자라는 소라게들은, 물속에서 생활하며 풍부한 먹이를 먹고 헤엄치던 유생으로부터, 육지에서 공기를 들이마시며 기어 다니고 먹이를 찾아 헤매는 성체로 변화한다.

웨스턴오스트레일리아 주에서 산호가 수정하는 모습. 산호는 일반적으로 유성생식을 하는데, 이때 이들은 정자나 난자를 물속으로 내보내 유생을 생성한다. 그들은 유성생식이 아닌 방법으로 번식하기도 하는데, 떨어져 나온 산호 조각이 해류에 의해 운반되어 새로운 곳에 자리를 잡고 성장하게 된다.

사라진 배들의 바다

1945년 12월 어느 날의 오후, 다섯 대의 해군 폭격기들이 수면 위 조종 훈련을 위해 플로리다 포트로더데일Fort Lauderdale 주둔지의 해양 공군 기지로부터 이륙하였다. 날씨 조건은 바람이 약하게 불었고 비가 약간 흩뿌리는 비행 훈련에 있어서 보통의 수준이었다. 교관은 숙련된 사람이었고 훈련생들은 충분한 경험을 갖고 있었다. 모두들 이것이 그저 일반적인 훈련이 될 것이라고 생각하고 있었다. 그런데 비행 두 시간이 지나자 걱정스러운 라디오 메시지가 들려왔다. 비행기의 나침반이 제대로 작동하지 않아 길을 잃었다는 것이었다. 이것이 마지막 통신이었다. 비행기들과 조종사들은 다시 볼 수 없었으며, 5일간의 탐색도 헛수고였다. 이 미스터리한 실종이 일어난 장소는 바로 악명 높은 버뮤다 삼각지대였다. 버뮤다 삼각지대는 주로 배와 비행기, 사람들의 실종 등 설명하기 어려운 사건이 많이 일어나는 지역이다.

버뮤다 삼각지대가 있는 사르가소Sargasso 해에서는 이런 이야기들이 1800년대부터 들려 왔다. 510만 km²의 해초로 둘러싸인 이 바다는 북대서양 순환의 중심에 위치해서 바람이 없이 잔잔하다. 멕시코 만류, 북대서양 해류, 카나리아 해류, 그리고 북적도 해류 등 네 개의 강한 해류가 시계 방향으로 둘러싼 이 지역은 바다의 무덤

이라고 할 수 있다. 이 지역에 바람과 해류가 적다는 것은, 즉 이곳에 떠 있는 것이 유기물이든지 난파선이든지 쉽게 빠져나갈 수 없다는 것을 뜻한다. 바람의 힘으로 항해하던 시절의 뱃사람들은 그 잔잔함을 저주했다.

바닷말에서 유래된 이름 '사르가소 해' 라는 이름은 그곳에 많이 떠다니는 바닷말로부터 유래하였다. 몇몇 사르가소, 다시 말해 모자반속의 바닷말 종류들은 다른 대부분의 바닷말들과 마찬가지로 바닥에 붙어서 사는데, 사르가소 해에 많이 사는 이 모자반속 바닷말 중 두 종류는 플랑크

위 사르가소 물고기들은 사르가소 해조에서 자라며, 주머니 같은 부속지 살들을 가지고 그들의 서식지에 조화된다.
아래 몇몇 사르가소 해조들은 바다 밑바닥에 뿌리를 내리지 않는다. 이들은 그들의 삶 전체를 해류에 떠다니며 보내는데, 이때 이산화 탄소로 채워진 작은 둥근 주머니들로 몸을 지탱한다.

톤과 매우 흡사해서, 땅에 닿는 일이 없이 그들의 삶을 이어 나간다. 사르가소 해 주변에 부유하는 모자반의 양은 약 400만~1,100만 톤이나 된다. 수많은 작은 무척추동물들이 이 바닷말에 살고 있으며, 작은 물고기들은 그 잎에 몸을 숨기고 포식자들로부터 피해서 먹이를 먹는다. 포식자들 또한 이 밀도 높은 켈프를 잘 이용한다. 몇몇 포식자들은 그저 이곳을 먹을 것을 찾아다니며 지나가지만 다른 포식자들은 이곳에 살면서 몸을 위장한 채로 숨어 있다가 방심한 먹이를 낚아챈다. 이런 모든 동물들은 그들의 배설물을 통해 사르가소 해를 비옥하게 한다. 이 배설물이 없었다면 영양염류가 부족했을 이 지역에 자양분을 공급하고, 그들을 품는 바닷말의 성장을 용이하게 해주는 것이다.

외양의 성육장　사르가소 해에는 고깔해파리도 많이 서식한다. 해파리 같이 생긴 고깔해파리*는 물에 뜨게 만드는 부레와, 아래로 길게 늘어뜨린 찌르는 촉수를 가지고 있다. 그들은 사르가소처럼 헤엄칠 방법이 없어서 바람과 해류가 이동하는 대로 움직인다. 고깔해파리는 그들의 촉수를 먹고 사는 물고기 종들을 끌어들인다. 어린 바다거북도 고깔해파리와 다른 해파리를 먹이로 하며, 사르가소 해의 주변은 멸종 위기에 처한 여러 종의 바다거북에게 중요한 성육장이 된다. 어린 거북이들은 대서양의 해변에서 알을 까고 나와 사르가소 해로 들어가서 몇 년간 먹이를 먹으며 성장한다.

유럽 뱀장어는 떠다니는 사르가소 바닷말들 속에서 태어난다. 부화한 후 멕시코 만류를 따라 북동쪽으로 이동하여 영국에 닿기까지 3년 정도가 걸린다. 작고 어린 새끼 뱀장어들은 무리 지어 강의 상류로 이주하는데, 가끔 높은 곳의 원류나 연못에 닿기 위해 축축한 모래 토양

고깔해파리의 촉수는 먹이를 찌르는 데 사용되기도 하고 어떤 특정 종류의 물고기들에게 서식처를 제공하기도 한다.

검은발신천옹들이 물속의 쓰레기를 먹고 있다. 북태평양 쓰레기 구역의 잔잔한 바다에 모인 쓰레기들은 이 지역의 서식지에 치명적인 부작용을 초래한다.

쓰레기 구역

북대서양 순환과 사르가소 해의 잔잔함에서 찾아볼 수 있는 대기와 바다의 힘이 북태평양에서도 비슷한 현상을 만들어 내는데, 이곳에서는 텍사스만 한 크기의 범위에서, 강한 해류가 시계 방향으로 돌고 있다. 이곳의 바다는 해초 이외의 것들로 가득하다. 바로 쓰레기들이다. 북태평양 끝자락에서 온 플라스틱병, 슬리퍼, 생물에 의해 분해되지 않는 다른 쓰레기들 때문에 많은 사람들이 이 지역을 쓰레기 구역이라고 부르게 되었다. 어떤 연구에 따르면 이 쓰레기 구역에는 플랑크톤 1파운드당 6파운드의 쓰레기가 존재한다고 한다. 이러한 환경은 보기에만 흉한 것이 아니라 생명에도 치명적이다. 거북이들과 바다 새들은 먹이와 쓰레기를 구별하지 못해 그들의 뱃속을 병뚜껑과 비닐, 담배 라이터로 채우게 된다. 이러한 물체들은 동물들이 생존하는 데 필요한 음식을 충분히 섭취하지 못하게 만들고, 동물들은 뱃속이 쓰레기로 가득 찬 채 굶어죽게 된다. 쓰레기는 PCB와 같은 독성 화학물질을 빨아들여 그것을 먹은 동물들에게 독을 퍼뜨린다.

을 50 km나 파고 이동하기도 한다. 12년 정도 먹이를 먹으면서 성장한 뱀장어 성체는 사르가소 해로 되돌아가 번식하고 알을 낳는다. 미국 뱀장어도 사르가소 해에서 번식하지만 유럽 뱀장어보다 더 빨리 멕시코 만류를 벗어난다.

---

* 고깔해파리 : 촉수에 독이 있는 자세포가 있어 사람이 쏘이면 사망하기도 해서 포르투갈 전사(Portuguese man-of-war)라고 한다.

헤엄치는 동물들

바다의 포유류들은 바다 보호의 심벌이다. 거대한 고래의 엄청난 크기, 장난치며 뛰노는 돌고래들 그리고 해달이 켈프 위로 등을 대고 누워 웃는 얼굴 등 해변에 한 번도 가보지 못한 사람들에게조차 익숙한 이미지들이 많이 있다. 그러나 이들은 수많은 유영 동물, 즉 바다에 살며 헤엄을 잘 치는 동물들의 극히 일부일 뿐이다.

물고기 같은 동물들 모든 물고기가 냉혈인 것은 아니다. 악상어와 참치는 체온을 11 °C까지 유지하는데, 이는 그들이 사는 물보다 더 높은 온도이다. 그들은 뒤얽힌 정맥과 동맥의 구조를 통해 피를 따뜻하게 만들어 몸을 흐르게 하며 아가미로 갓 들어온 차가운 피를 덥힌다. 이러한 능력이 이들에게 더 많은 힘과 속도를 허락하며, 다른 물고기들과는 달리 바다의 여러 온도에서 넓은 지역을 차지하며 살 수 있게 해준다.

길 찾기 고래와 바닷가재를 비롯한 많은 해양 동물들은 특정한 경계표도 없이 수백 혹은 수천 마일을 여행한다. 해안에서 멀리 떨어진 물고기들은 먼 거리를 아주 정확하게 똑바로 헤엄쳐 다닌다. 이들은 어떻게 그렇게 헤엄쳐 다닐 수 있을까? 몇몇 종들은 몸 속에 나침반이 있어서 지구의 북쪽과 남쪽 자기장으로 이동하게 된다. 또 다른 종들은 지구의 자기장의 주기적 변화에 의해 해저 바닥에 만들어진 자장의 지도를 이용한다. 과학자들은 동물들이 헤엄칠 때 자기장을 이용하는 여러 가지 방법들에 대해 이제 막 이해하기 시작했다. 바다의 동물들은 그들의 지역 환경을 탐험하기 위해 여러 가지 감각을 사용한다. 많은 동물들은 시력과 후각을 이용하며, 고래와 돌고래는 수중 음파 탐지기를 이용하는데, 즉 똑딱거리는 소리를 내보내 그것이 단단한 물체로부터 반사되

위 대서양 바하만(Bahaman) 섬의 해수면 근처에서 참다랑어 무리가 헤엄치고 있다.
아래 주먹코 돌고래들이 배가 만든 파도에서 놀고 있다. 활발하고 역동적으로 헤엄치는 돌고래들은 배 주변에 종종 모여든다.

코끼리바다표범은 아주 숙련된 다이버들이다. 남방코끼리바다표범은 물속에 2시간까지 머물 수 있으며 이것은 고래류를 제외한 다른 모든 포유류보다 더 오래 잠수할 수 있는 것이다.

어 오는 소리를 듣는다. 상어는 모든 생물들에 의해 생성되는 작은 자기장을 이용하여 먹이의 위치를 파악하는데, 특히 퇴적물 안에 묻힌 먹이를 찾을 때 그렇다. 실험실에서, 귀상어는 약한 자기장을 형성하는 장치를 먹이로 오인하고 물어뜯을 것이다!

나와 같은 포유류 우리가 큰 물체를 표현할 때 코끼리처럼 크다고 하지만, 커다란 고래에 비하면 코끼리는 작다. 대왕고래의 혓바닥은 코끼리만 하며, 심장은 작은 자동차의 크기와 비슷하다. 하지만 이 거대한 동물들은 물속에서 산다. 이빨 대신 빗처럼 생긴 고래수염을 가지고, 크릴이라고 불리는 작은 새우 같은 동물 플랑크톤을 먹고 산다. 대왕고래만 한 크기의 동물은 땅에서는 살 수 없을 것이다. 엄청나게 크고 무거운 뼈가 없다면 그 동물은 자신의 몸무게에 의해 주저앉을 것이기 때문이다. 바다에서는 몸속의 물에 뜨는 기름층이 고래의 거대한 몸집을 지탱하게 도와준다.

모든 해양 포유류는 물속에서 어느 정도는 생활할 수 있으며, 잠수하는 포유류에게는 진화하여 적응한 몇몇 형태가 공통적으로 나타난다. 물속으로 들어갈 때는 심장의 박동이 훨씬 줄어들고 피는 몸의 바깥 부분에서 안쪽으로 이동한다. 해양 포유류들은 또한 그들의 근육 속에, 헤모글로빈보다 세 배에서 열 배에 이르는 산소와 결합하는 분자인 미오글로빈을 가지고 있다. 대부분의 포유류는 물속에 그저 몇 분간 머무르는 반면, 다음 두 종류의 동물들은 깊은 물에 긴 시간 동안 머무르는 것에 아주 뛰어나다. 향유고래는 주기적으로 반마일에서 1마일 정도의 깊이의 바닷속까지 들어가 1시간 가까이 머물며 오징어를 잡는다. 남방코끼리

19세기 매사추세츠 주 뉴베드퍼드(New Bedford)의 부두에 포경선이 정착해 있다.

헤르만 멜빌(Herman Melville)의 1851년 소설 《모비 딕(Moby-Dick)》은 흰 향유고래를 쫓아가 죽이고 싶어 하는 에이해브 선장의 극단적인 욕망에 관한 이야기이며, 이 욕망은 결국 에이해브 선장의 선원들 중 한 명만을 남기고 모두 죽게 만든다. 선원의 생활을 경험했던 멜빌은 이 이야기를 쓰기 전 두 가지 영감을 받았을 것이다. 하나는 1800년대 초 칠레 남쪽 바다에 살았던 백변종 향유고래, 모차 딕(Mocha Dick)이었다. 모차 딕은 공격을 받으면 난폭해졌으며, 1830년 죽기 전까지 100번이 넘는 포경선들로부터 피해 살아남았다고 알려진다. 또 다른 영감은 낸터킷 섬의 포경선 에식스호(Essex)가 남아메리카 서쪽 바다에서 80톤짜리 향유고래에 의해 침몰한 사건이었다. 20명의 선원들이 세 개의 작은 보트로 피신했지만 거의 다섯 달 후 8명만이 생존한 채로 구조되었다.

바다표범도 1마일 가까이의 깊이까지 잠수할 수 있으며 이것은 다른 바다표범들보다 몇천 피트나 더 깊이 잠수할 수 있는 능력이다. 또한 그들은 그들 삶의 80 %를 잠수한 채로 지낸다. 이러한 바다표범은 다른 바다표범보다 피 안에 혈색소가 더 많으며, 더 많은 양의 피를 가지고 있다. 이러한 적응 형태는 그들이 더 많은 산소를 저장할 수 있게 해주며, 따라서 더 오래 물속에 머물 수 있게 해준다.

하늘을 나는 생물들

해변은 머리 위를 나는 기러기들과 얕은 물을 경쾌하게 달리는 긴 다리의 바다 새들과 오랫동안 관계를 맺어 왔다. 그러나 이 새들은 물에서보다 땅 위에 발을 딛고 보내는 시간이 더 많으며, 아직도 육지에 많이 의존한다. 다른 종류의 새들은 바다 위에서 혹은 바닷속에서 더 편하게 생활하며, 바다 새라는 이름값을 한다. 대부분의 바다 새들은 다른 종류의 새들보다 더 오래 살고 더 늦게 성숙하며, 무리를 지어 둥지를 틀고 새끼를 적게 낳아 아주 잘 돌보아 준다.

파도 위를 미끄러지듯 날기 튜브코tubenoses라는 이상한 이름의 새야말로 진정한 바다의 새일 것이다. 이들은 신천옹albatross, 바다제비속, 슴새shearwater들과 같이, 오래 미끄러지듯 날 수 있는 길고 가는 날개를 가진 조류를 포함한다. 다른 바다 새들과 마찬가지로 이들도 번식을 하기 위해서만 해안에 오며, 이들 중에는 잘 걷지 못하고 굽혀서 기듯이 걷는 것들도 있다. 이 새들은 바다 위에서 잠을 자고 그곳에서 먹이를 먹고, 바닷물을 마신다. 염분으로 가득 찬 생활을 이겨내기 위하여 튜브코들은 과도한 염분을 제거하는 특별한 분비 기관을 가지고 있는데, 즉 염분이 긴 튜브 모양의 콧구멍을 따라 배출되는 것이다. 튜브코라는 이들의 이름은 여기에서 얻어진 것이다.

미끄러지듯 비행하는 새의 대명사는 신천옹과 큰 바다제비속

위 풀마는 갈매기를 닮았지만 튜브코라고 불리는 조류의 일종이다. 이들은 절벽에서 번식하며 바다에서 사냥한다.
아래 가마우지가 물속에서 나와 날개를 말리고 있다. 가마우지는 물고기와 작은 뱀장어를 먹고 살며, 가끔 물뱀도 먹는다. 이들은 해수면에 앉아 있다가 물속으로 들어가며 헤엄을 아주 잘 친다.

조류들이다. 이 새들은 날개를 최대한 뻗었을 때 그것을 유지시켜 주는 힘줄을 가지고 있어서, 날아오를 때의 근육 사용을 최소화한다. 신천옹의 날개 길이는 3.35 m에 이르고 현존하는 조류 중 가장 큰 것이지만, 이것은 이륙을 불편하게 한다. 땅에서 이륙할 수 있는 충분한 점프를 하기 위해서는 강한 바람을 맞으며 빠르게 달려야만 하기 때문이다.

공중에서 먹이 먹기 많은 바다 새들은 해수면 위에 떠다니거나 헤엄치면서 머리를 물속에 넣어 먹이를 먹는다. 또 다른 종류의 바다 새들은 먹잇감을 공중에서 사냥한다. 예를 들어, 제비갈매기라고 불리는 조류는 해수면 바로 위를 날면서 주둥이를 벌리고 아래턱을 물속으로 집어넣는다. 무언가가 그 턱에 걸리면 제비갈매기는 부리를 즉시 다물어 버린다. 또한 북양가마우지와 같은 새는 더 높은 곳에서 날다가 30 m 위의 높이에서 시속 100 km의 속도로 바닷속으로 들어가 먹이를 먹는다.

물속 사냥꾼들 비행에 정통한 새들이 있는 반면, 어떤 새들은 수영에 정통하여 물속에서 활발하게 먹이를 쫓는다. 펭귄이나 바다오리, 바다쇠오리, 에투피리카와 같은 새들은 물속에서 날개를 뻗고 공기 중의 새들처럼 휘저으며 "난다". 논병아리, 가마우지, 아비와 같은 또 다른 물속 사냥꾼들은 날개를 접어두고 발의 강력한 추진력을 이용하여 헤엄친다. 자연은 물속 사냥꾼들의 경우 발이 몸통보다 더 뒤에 달려서 유선형의 몸을 유지하고 더 강한 추진력을 낼 수 있는 새들을 선택했다. 이들 중 몇몇은 발이 몸통의 너무 뒤에 달려서 똑바로 서지 못하는 것들도 있다.

　가장 깊이 잠수할 수 있는 조류는 황제펭귄이다. 보통 3분에서 6분까지 잠수하며, 100−200 m까지 잠수하는데, 이들은 최대 550 m 이상의 깊이까지 잠수하고 20분 넘게 머물 수도 있다. 황제펭귄은 지구상에 생존하는 모든 펭귄들 중에서 가장 키가 크고 체중이 많이 나가는 종이고, 다른 펭귄들처럼 날지 못하며 남극에만 서식한다.

　물속에서 수영하고 날아다니는 대부분의 조류들은 머리부터 집어넣음으로써 파도 밑으로 들어간다. 이들은 바위나 빙산에서 뛰어내리거나 물 위에 앉아 있다가 앞으로 뛰어들면서 이러한 행동을 한다. 그러나 논병아리는 다른 방법을 사용한다. 이들은 깃털 사이와 내부의 공기주머니에 있는 공기를 짜냄으로써 다이빙이라기보다 잠수함처럼 그대로 물 밑으로 가라앉을 수 있다. 이들은 또 머리만 물 밖에 내어놓고 떠 있을 수도 있다.

위 북극제비갈매기는 수명이 길어서, 종종 20살까지도 산다. 이들은 북극 북쪽으로부터 남극의 남쪽까지 이동하며 매년 다시 돌아온다.
아래 푸른발가마우지는 다이빙에 능숙하지만 잘 서 있지 못한다. 이들은 종종 배 위에 내려와 앉으며 아주 유순하다.

수수께끼를 풀다

오리의 일종인 안경솜털오리는 러시아와 미국령의 북극에서 자란다. 20세기 후반기에 알래스카 서쪽에서 이들 오리의 수는 곳에 따라 약 90 %나 크게 줄었다. 미국은 이들의 수가 줄어드는 것을 막기 위해 여러 가지 조치를 취했는데, 한 가지 커다란 수수께끼가 있었다. 바로 어느 누구도 이들이 겨울을 어디서 보내는지 알지 못하는 것이었다. 수백 수천 마리의 새들이 그저 사라지곤 했다. 1995년 2월, 단서는 봄에 오리의 몸속에 심어 놓은, 그러나 8월부터 아무 동작이 없었던 위성 송신기의 이상 신호의 형태로 나타났다. 과학자들은 이 신호가 어디서 오는 것인지를 추적하기 위해 비행기에 올라탔다. 그리고 그들은 베링 해의 얼음 덩어리 위에 구멍을 파고 15만 마리의 오리들이 서로 꼭 붙어 있는 것을 발견하였다. 영하 6 ℃의 온도에서, 그 얼음 구멍은 새들의 움직임과 체온으로 유지되고 있었다.

해저의 생명

바다 깊은 곳에는 햇빛이 들지 않는다. 온도는 1년 내내 얼기 직전의 온도이지만, 열수가 분출될 때는 이 지역의 온도가 갑자기 400 ℃까지 치솟기도 한다. 골프공을 찌그러뜨릴 정도의 강한 수압은 해수면의 압력보다 수백 배는 더 강하다. 먹이도 드물다. 생산적인 섬들은커녕 분출공, 지하수가 스며드는 구멍들, 죽은 고래들뿐인 이곳에서는 1차 생산이 일어나지 않는다. 바다에 눈이 내리는 것처럼 작은 유기체 조각들이 높은 곳으로부터 떠내려온다. 그렇다고 해서 해저에 특징이 없거나 빛이 전혀 들지 않는 것은 아니다. 거대한 해산이 심연의 평야에서 분출하여 솟아오르며, 단층들은 언덕과 계곡을 형성한다. 열수 분출공들은 희미한 빛을 내뿜으며, 반짝이는 여러 가지 생물들이 어둠 속에서 별처럼 빛을 내며 깜박인다. 우리는 지구상의 다른 생태계에 비해 해저의 생태계에 대해서는 아직 잘 알고 있지 못하며, 이곳에서 발견되는 생물체들은 전설 속의 바다 괴물들보다 훨씬 더 이상하다.

왼쪽 일본 혼슈 스루가(Suruga) 만의 약 230 m 아래의 바닥. 해저 생물체들은 햇빛 없이 생활하는데, 몇몇 생물들은 광합성을 위해 열수 분출공의 빛을 이용하기도 한다.
위 산호 다발(*Corallium*)
아래 아이보리색의 부키오니드 조개. 이 조개들은 육식이다. 그들은 바닷물에서 흡수한 탄산 칼슘으로 껍데기를 만든다.

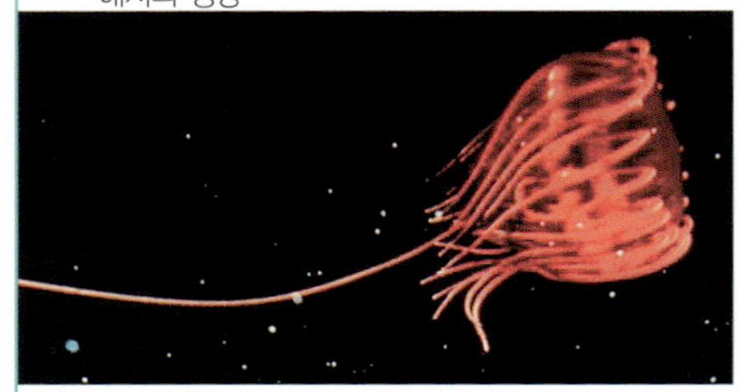

심해의 평원

해저 바닥의 3분의 1 이상이 캔자스 주보다 더 평평하다. 대륙사면과 중앙해령 사이에 위치한 이 심해의 평원은 4천~6천 m에 이르는 깊이에서 수백 수천 km²까지 뻗어 있다. 아마도 단단한 표면이 드물고 유기 물질의 유입이 적기 때문에 이곳에는 생명체들의 밀도가 낮은 듯하다. 이에 반해 생물의 다양성은 커서, 이곳에 사는 생물들은 상상할 수 있는 외계 생명체들만큼이나 괴상하다.

천국에서 내려오는 만나   깊은 바다에서 사는 생물체들은 염양염류로 바다눈marine snow에 의존한다. 해수면으로부터 서서히 가라앉는 이 작은 덩어리들은 배설물 덩어리, 먼지, 점액 덩어리, 식물성 플랑크톤, 부패하는 물질 조각들 그리고 방사선 낙진 등을 포함한다. 미소 생물들은 이 바다눈 위나 그 속에 무리를 형성한다. 심해의 생물들에게는 불행하게도, 바다눈이 해저 바닥에 닿기 전에 미생물들과 다른 플랑크톤들이 그것의 거의 대부분을 먹어 치운다. 해저의 동물들은 그들 근처까지 오는 물질들을 효율적으로 사용하며, 신진대사량이 낮아 꽤 낮은 칼로리를 필요로 한다.

심해에서 가장 성공적으로 살아남은 무척추동물은 극피동물이다. 적어도 맨눈으로 볼 수 있

위 심해 어두운 곳에 있는 해파리
가운데 줄기가 있는 바다나리. 머리를 덮고 있는 끈끈한 깃가지들을 사용하여 동물성 플랑크톤을 잡는다. 이들은 천해와 심해에 모두 거주하며 고생대부터 존재해 왔다.
아래 수심 533 m에서 채집된 연필성게. 튜브지렁이가 이들의 가시에 달라붙어 있다.

는 동물들을 기준으로 말이다. 브리틀불가사리는 그들의 길고 우아한 팔을 이용하여 입자들을 모으는 반면 지렁이처럼 생긴 해삼과 바다돼지는 입으로 진흙을 파헤치는데, 적어도 한 종류의 해삼은 날개와 같은 구조를 갖추고 있어서 물속을 날아다닐 수 있다. 성게들 중 어떤 것들은 길고 우아

한 가시들을 이용하여 뻣뻣하게 걸어 다니고, 또 어떤 것들은 부드럽고 탄력 있는 몸통을 가지고 진흙 주위에서 움직인다. 해저의 불가사리는 얕은 곳에 있는 것들과 마찬가지로 먹이를 소화시키기 위해 위를 뒤집어 꺼낸다. 긴 줄기를 가진 바다나리는 털이 많이 달린 팔을 뻗어 먹이를 먹는다.

극피동물 주변에는 수많은 종류의 다른 동물들 또한 존재하는데, 게와 대형바다거미, 물고기, 오징어, 문어, 해파리, 그리고 이 밖의 여러 생물들이 있다. 연구자들은 해저를 방문할 때마다 항상 새로운 생물종을 발견해 내는 듯하다. 최근 발견된 1.8 m가 넘는 오징어와 같은 생물은 다른 생태계에서는 찾아볼 수 없었던 것들이다. 현재 탐색된 해저는 5 % 미만이며, 수없이 많은 신기하고 새로운 생물체들이 아직 발견되지 않았다.

사랑을 찾아서 짝을 찾는 일은 힘든 일이다. 특히나 해저처럼 끊임없이 어둡고 사는 생물이 거의 없는 곳에서는 더욱 그러하다. 해저의 생물종들은 이 문제를 해결할 여러 가지 방법을 가지고 있다. 몇몇 생물들은 무성생식으로 번식하여 애초에 짝을 찾을 필요성을 없앴다. 성게와 같은 생물은 무리 지어 이동하면서 미래에 짝이 될 성게들을 항상 가까

해저의 차가운 환경에서 자라는 오렌지색 산호초(*Lophelia*)

심해의 산호

산호는 태양과 따뜻함에 의존하는 습성 때문에 보통 얕은 물에서만 살 수 있다고 믿어진다. 하지만 춥고 어두운 곳에서도 풍부하고 역동적인 산호들의 무리가 생겨난다. 이들은 약 6,000 m 아래 2 ℃의 차가운 물에서도 발견되었다. 얕은 물의 산호들은 에너지를 얻기 위해 녹조 공생자들에 의존하는 반면, 깊은 물속의 산호들은 주위의 분자 물질과 미생물로부터 영양분을 스스로 얻어야 한다. 열대의 산호초들과 마찬가지로 이곳의 산호초들 또한 게, 새우, 말미잘, 불가사리, 볼락 등 많은 생물들의 서식처가 된다. 불행히도 이 산호들은 그 존재가 인식되지 못하는 바람에 많이 파괴되었다. 고기잡이배들은 무거운 닻과 트롤그물을 산호초 위로 질질 끌었으며, 이 정교한 곳을 쑥대밭으로 만들었다. 또 이러한 생태계의 아름다움과 다양성을 전하기 위한 여행에서조차 인간 활동에 의해 종종 이들이 파괴되는 일이 생겨난다.

이한다. 포식자 튜니케이트와 같은 생물은 자웅동체로서, 정자와 난자를 모두 생산한다. 이들은 짝이 없을 경우 자신이 가진 정자와 난자로 스스로 수정한다. 깊은 바다의 아귀는 좀 더 영구적인 부착을 형성한다. 어린 수컷은 암컷 옆에 꼭 붙는데, 이 쌍의 조직은 결국 하나로 합쳐진다. 수컷의 몸의 대부분은 퇴화하여, 암컷의 몸의 외부 생식선이 된다. 햇빛은 심해까지 미치지 못하지만 계절별로 꾸준히 번식이 일어난다. 계절에 따라 해수면의 1차 생산의 차이가 큰 곳에서는, 동물 종들이 번식기를 조절한다. 즉 겨울이 끝나고 먹이가 풍부하게 제공되는 봄에 맞춰 유생들을 내보내기 위해, 봄의 절정이 왔을 때로 번식기를 맞춘다.

• 만나(manna) : 옛날 이스라엘 사람이 광야를 헤맬 때 신(神)이 내려준 음식(옮긴이)

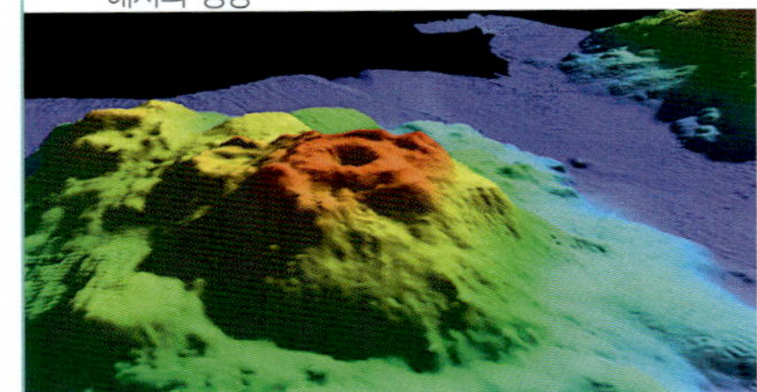

파도 밑의 산

세계 곳곳의 바다 표면 아래로 수십 수천 개의 산들이 숨겨져 있다. 해산seamount이라고 불리는 이 화산 꼭대기들 중 많은 것들은 육지에서 가장 높은 산들과도 비견될 만하며, 다른 산들은 적당한 높이를 가졌다. 지구에서 가장 높은 산은 에베레스트 산이 아니라 해저로부터 10,205 m에 이르는 하와이의 마우나케아Mauna kea 산이다. 이 높은 산은 약 80만 년 전 해저의 화산 폭발로부터 시작되었다. 이 해산은 물 위로 솟아나오면서 섬이 되었지만, 이러한 변화는 영구적이지 않을 수도 있다. 화산섬은 해수면 아래로 가라앉을 수 있다. 이 가라앉는 과정에서 파도에 의한 침식은 해산의 꼭대기를 평평하게 만든다.

과학자들은 해산의 개수에 대해 일반적으로 10,000개에서 14,000개 정도 될 것이라고 추측만 하고 있을 뿐이며, 이 해산들에 사는 생물에 대해서는 더더욱 잘 모르고 있다. 하지만 해산에 대한 연구는 계속 확대되고 있으며 이를 통해 해산은 탐색되지 않은 바다의 다른 지역들과 마찬가지로, 여러 종류의 놀라운 생물들의 서식지라는 것이 밝혀지고 있다.

수많은 생명들 해산이 생물학적으로 풍부한 곳이라는 것에는 여러 가지 이유가 있다. 첫째로, 깊은 바다의 해류가 해산을 만나게 되면 솟아올

위 알래스카 만의 일리(Ely) 해산. "파멸의 분화구(Crater of Doom)"라고 명명된 칼데라의 모습이 해산의 꼭대기에 분명히 보인다.
아래 태평양의 산호초 위에 있는 바위바닷가재. 이 바닷가재는 해산에도 많이 서식한다.

라 그 주변을 감싸게 만들어 용승의 조건을 만들어 낸다. 이것은 해수면 근처의 많은 영양분을 가져오며, 1차 생산을 늘리고, 또 이 결과로 해산 근처의 동물들과 해산 위의 동물들에게 더 많은 먹이를 제공하게 된다.

해산은 때로 매우 커서, 밑바닥은 완전한 암흑 속에 있고 봉우리는 광합성 생물이 살 수 있을 정도로 햇빛이 드는 경우가 있다. 해산의 바위투성이 표면은 말미잘이나 산호가 자리 잡을 수 있는 단단한 기저를 풍부하게 제공한다. 또 여러 종류의 바다거북과 물고기, 고래들은 헤엄쳐서 이동할 때, 혹은 서로 만나서 먹이를 먹거나 짝짓기를 할 때 해산을 지표로 삼는 듯 보인다.

생물학적 다양성은 세계 곳곳의 해산들에 따라 크게 다르지만 이 해산들의 공통점은 다른 곳에서는 찾아볼 수 없는 많은 종류의 생물들의 삶을 지탱해 주고 있다는 사실이다. 어떤 해산들에서는 그곳에 사는 생물의 반 이상이 그 해산에서만 살고 있는 종류이다. 해저 분출공들의 경우 수천 마일 떨어진 곳도 서로 같은 종류의 생물들이 살고 있는 반면, 타스마니아Tasmania의 두 해산은 3,000 km도 채 떨어져 있지 않은데도 불구하고 서식하는 생물들이 서로 완전히 다르다. 해산에 사는 생물들 중에는 멸종된 지 오래되었다고 생각했던 '살아 있는 화석'들도 존재한다. 이것은 해산이 상대적으로 격리되어 있고, 생존에 풍부한 자원을 많이 제공할 수 있어서 진화하는 새로운 생물종들이나 한때 지구의 바다에 널리 살고 있던 생물들 모두에게 좋은 장소가 되었기 때문일 것이다.

숟가락지렁이와 바다조름, 바다나리 줄기, 제노피오포어 그리고 브리틀불가사리는 대서양의 발라누스(Balanus) 해산에 서식한다.

위협받는 다양성

해산에는 오렌지러피orange rou-ghy나 바위바닷가재와 같이 상업적으로 중요한 생물들이 풍부하기 때문에 사람들은 이를 잡으러 해산을 많이 찾는다. 다른 바다의 서식지들과 마찬가지로 파괴적인 포획 기술은 물고기와 어업의 근본이 되는 생태계를 위협한다. 물고기들을 끌어들이는 해산의 특징은 바로 서식지의 다양성이다. 산호초와 바다나리들이 해산 표면의 90 %를 덮고 있다. 트롤 어업은 이 생물들의 수를 감소시키며, 이 생물들은 약간의 피해를 입어도 회복 기간이 길다. 50년 동안 고기를 잡지 않은 북태평양 해산의 피해는 아직도 회복되지 않았다. 진짜 비극은 과학에 알려지지 않은 수백 종의 생물들이 누군가가 연구하거나 혹은 발견할 새도 없이 사라지고 있다는 것이다. 이것은 열대림을 베는 것과 같은데, 다른 점이 있다면 해산의 경우 잘 알려지지도 않은 다양성이 파괴되고 있다는 점이다.

뉴잉글랜드 앞바다의 매닝(Manaing) 해산에 있는, 돼지 꼬리와 같은 고리를 지닌 긴 채찍처럼 생긴 레피디시스(Lepidisis) 대나무 산호와 녹빛의 검은 산호의 모습

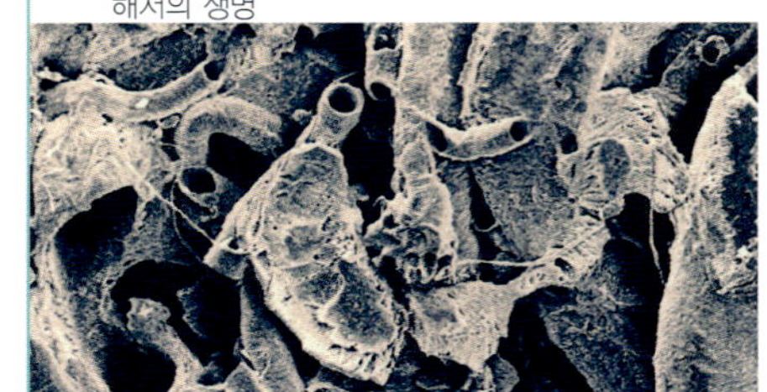

죽은 고래의 삶

하와이 대학 해양학 교수인 크렉 스미스Craig Smith는 죽은 고래를 바다 밑바닥으로 가라앉히기 위해 수천 달러의 돈을 쓰며, 정기적으로 사체가 썩는 것을 확인하기 위해 또 수천 달러를 쓴다. 이것이 사람들에게는 재미없는 생각처럼 들릴 수도 있지만, 스미스는 가라앉은 고래의 사체가 지금까지 바다 깊은 곳에서 발견된 환경 중 가장 밀도 높고 다양한 생물체의 보금자리가 된다는 사실을 알아냈다.

해변에서는 냄새나고 보기 싫은 고래의 사체가 영양분이 부족한 바다 깊은 곳에서는 아주 풍부한 영양분를 제공해 주는 노다지일 수 있는 것이다. 고래의 사체가 가라앉는 것은 예측할 수도 없으며, 또 이것이 영양분을 공급하는 것이 고작 몇십 년밖에 되지 않을 수도 있지만, 이들은 해저의 생태계에 꼭 필요하다. 고래 사체를 차지하는 생물은 열수 분출공이나 냉수 분출공에 사는 생물들과 아주 가까운 관계가 있으며, 연구자들은 열수 분출공의 생물들이 죽은 고래를 대체 서식지로 삼는 것이 아니냐는 의견을 내놓았다. 환경학자들이 우려했던 고래 수의 급격한 감소가, 과학자들이 이제 막 알기 시작한 환경에 대해 큰 영향을 미치고 있을 수도 있다.

열광적인 먹이 가라앉은 죽은 고래의 환경은 특징적인 몇 개의 단계를 거치게 된다. 첫째로, 먹장어나 그린란드 상어, 단각류, 그리고 리소디드 게 킹크랩의 사촌뻘 등 움직이는 청소동물들이 찾아온다. 이 동물들은 아주 효율적으로 고래의 부드러운 피부를 90 %를 제거한다. 한 예로 30톤짜리 고래의 부드러운 피부는 단 18개월 만에 거의 모두 사라졌다. 5톤 정도 되는 작은 고래의 경우 단 4개월 만에 깨끗이 사라질 수 있다. 이 청소

위 다모지렁이들이 만든 보호관들
아래 몬트레이만 아쿠아리움의 연구자들이 2002년 2월 촬영한 해저의 고래 사체. 수천 마리의 오세닥스(*Osedax*) 지렁이들의 몸이, 뼈대를 붉은 '카펫' 처럼 보이게 만들었다.

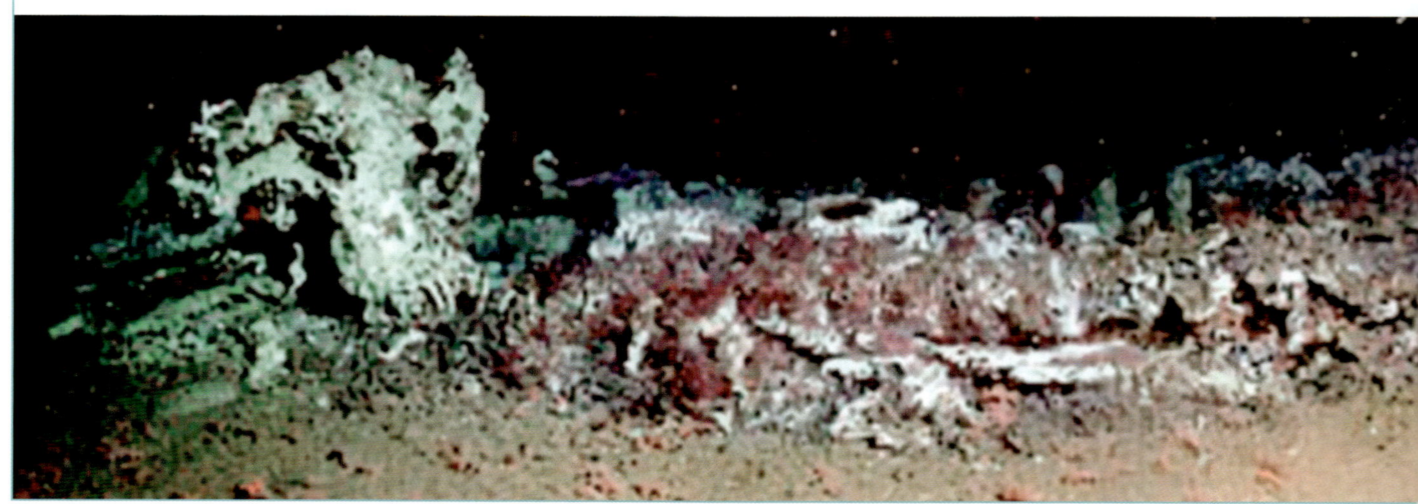

동물들은 항상 죽은 고래를 맛볼 수 있는 것이 아니기 때문에, 이러한 먹이 파티를 그냥 지나쳐 가지 않는다.

　청소동물이 할 일을 끝내면 다모지렁이와 달팽이 그리고 두건새우가 들어온다. 이 기회주의적 생물종들은 청소동물의 지저분한 식습관을 이용하여, 사체와 사체 주위 퇴적물에 있는 유기물을 먹는다. 이 단계에서 볼 수 있는 동물들은 고래의 사체가 있을 때만 발견되는데, 그래서 이들은 아무래도 죽은 포유류만 골라 찾아다니면서 생존한다고 판단된다. 죽은 고래를 처리하는 전문가 집단 중 하나는 뼈를 먹는 좀비지렁이다. 이 지렁이들은 고래의 뼈 속으로 몸을 뿌리 같이 뻗는 동시에 점액으로 둘러싸인 꽃 같은 털을 물속에 뻗는다. 이 '뿌리'에 공생하는 박테리아는

뼈 무게의 반 이상을 차지하는 기름진 물질을 분해하여 지렁이가 사용할 수 있는 형태로 만든다. 때로 사체에 좀비지렁이가 너무 많아서 마치 털 카펫처럼 보일 때가 있다.

마지막 단계　두 번째 단계에서는 크고 하얀 세포를 가진 박테리아들이 뼈 위에 나타나기 시작한다. 이 박테리아들은 화학합성독립영양생물로서, 이들은 화학 혼합물을 에너지의 원천으로 사용하는 미생물들이다. 이들은 두꺼운 층을 형성하게 되는데 이것은 죽은 고래의 삶의 세 번째 단계의 특징이다. 열수 분출공에서의 경우와 마찬가지로 부패하는 뼈에서 황화물과 다른 혼합물을 섭취하는 화학합성독립영양생물들은 생물의 풍부한 다양성을 유지해 준다. 이 단계에서 고래 사체 하나에 3만 마리가 넘는 생물들이 발견되는데, 여기에는 홍합, 대합조개 그리고 다모지렁이도 포함된다.

　유기물이 완전히 소모되면 남은 고래의 뼈들에는 여러 암초들이 자라 먹이보다는 안식처를 구하는 동물들에게 숨을 곳과 단단한 표면을 제공한다.

위 오세닥스 지렁이로 둘러싸인 고래의 뼈. 이 지렁이의 붉고 흰 털들은 아가미의 기능을 한다고 생각된다.
아래 해변으로 밀려온 고래. 고래의 사체는 심해에서는 값진 영양분의 원천이 되지만, 해변에 있을 때는 보기 흉하고 버리기 힘든 사체일 뿐이다.

열수공과 냉수공

1977년 에콰도르 해안의 갈라파고스Galapagos 해저 산맥의 갈라진 틈으로의 여행은, 20세기 가장 흥분되는 해양 발견 중 하나가 되었다. 바로 열수 분출공 환경의 발견이다. 해수면의 수천 미터 아래에는 미네랄이 풍부한 물이 해저의 뜨거운 물줄기로부터 가물거리며 앞으로 내뿜어져서, 풍부한 생물들로 둘러싸인 검은 굴뚝과 같은 환경을 형성하고 있었다. 이 굴뚝 아래의 화려한 붉은 털을 지닌 관벌레들을 보고 영감을 얻어 연구자들은 이 지역을 장미 정원Rose Garden이라고 명명했다. 장미 정원은 그 후 용암층으로 뒤덮여 버렸지만, 심해 생물학에 대한 우리의 이해는 계속 자라고 있다.

뜨거운 검은 굴뚝 열수 분출공은 두 개의 지각 판이 서로 떨어져 나갈 때 발생한다. 이 떨어져 나가는 지각 판들의 중심에서 갈라진 틈으로 스며드는 바닷물은 마그마와 새롭게 형성된 뜨거운 지각을 만나게 된다. 물은 바위로부터 미네랄을 용해시키며, 뜨겁게 달궈져 갈라진 틈으로 다시 분출된다. 200개가 넘는 열수 분출공이 세계 곳곳에서 발견되었다.

분출공에서 나온 물은 보통 약 380 ℃에 이르지만, 그 온도는 경우에 따라 많이 다르다. 지금까지 발견된 가장 뜨거운 분출공은 407 ℃의 물

위 홍합, 거미게 그리고 지렁이는 새어나오는 탄화 수소에서 나오는 에너지에 의존하는 생물들의 일부이다.

아래 태평양 샴페인 분출공에서 박테리아와 규조로 이루어진 흰 유모성의 지형과 함께 100 ℃에 이르는 가스 성분의 하얀 분출이 보인다.

을 뿜어낸다. 이 온도에서 물은 초임계유체로 액체와 기체의 특성을 모두 가진다. 분출공 물의 색깔은 그 화학 조합에 따라 달라진다. 검게 뿜어져 나오는 분출은 철분과 황화물이 풍부한 것이며, 더 하얗고 차가운 분출은 바륨, 칼슘 그리고 규소를 더 많이 포함한 것이다. 열수 분출공의 물이 차가운 해저의 물을 만나면, 미네랄은 용해된 상태에서 빠르게 정출되어 특이한 굴뚝을 형성한다. 이 굴뚝은 18개월 만에 309 m까지 이를 정도로 빠르게 형성된다. 지금까지 발견된 가장 큰 굴뚝은 고질라Godzilla라고 명명된 굴뚝인데, 15층 빌딩의 높이를 이루었다가 자체의 무게를 견디지 못해 무너졌다.

지구의 외계 생물들 육지의 먹이그물과는 달리 열수 분출공 환경은 햇빛 에너지에 의존하지 않으며 그곳에는 식물과 비슷한 생물이 존재하지 않는다. 이러한 환경에 연료가 되는 것은 단세포인 화학합성독립영양생물인데 이들은 화학 화합물로부터 에너지를 얻는 미생물들이다. 이들 중에는 빽빽하게 무리지어 사는 것이 있는 반면 대합조개나 홍합, 혹은 관벌레의 피부 속에 사는 것들도 있다. 이러한 동물들과 미생물의 공생은 상당히 친밀하다. 자이언트관벌레는 미생물이 그들의 영양을 책임지기 때문에 여기에 절대적으로 의존하여, 입이나 위장을 갖고 있지 않다. 황화 수소는 관벌레에게는 독성이 되지만 그들의 공생들이 이를 필요로 하기 때문에, 관벌레들은 피 속에, 황화 수소를 바닷물에서 박테리아까지 운반하는 특별한 분자를 갖추고 있다. 열수 분출공 밑에 사는 어떤 미생물들은 가장 열기를 좋아하는 생물이라는 기록을 보유하고 있으며, 이들은 엄청나게 뜨거운, 169 ℃에서도 살아남는다.

차갑고, 느리고, 꾸준하게 열수 분출공만 심해 생물체의 오아시스인 것은 아니다. 첫 열수 분출공을 발견하고 7년 후, 과학자들은 캘리포니아 해안의 몬트레이 협곡에서 처음으로 냉수 분출공 군집을 발견했다. 열수 분출공처럼 냉수 분출공 환경도 햇빛이 아닌 화학 화합물의 미생물 소화로부터 에너지를 얻고 있었다. 열수 분출공들과는 달리 냉수 분출공들은 주변 바닷물과 같은 온도를 가지고 있으며, 메탄과 황화 수소, 혹은 기름이 퇴적물로부터 새어나오는 곳에 형성된다. 어떤 경우에는 메탄이 기포 형태로 빠르게 솟아나와 특이한 진흙 '화산'을 형성하기도 하는데, 대부분의 냉수 분출공들은 느리고 꾸준하게 화학 화합물을 내뿜는 것이 특징이다. 따라서 냉수 분출공의 군집은 열수 분출공의 같은 생물들보다 더 느리게 자라고 더 오래 사는 경향이 있다. 실제로 냉수 분출공에 사는 어떤 벌레 종은 가장 오래 사는 동물일 수도 있는데 어떤 것들은 250살이 넘었다고 추정되기도 한다.

광합성을 하는 적녹색의 조류는 화학합성 박테리아 무리들과 공생한다.

태양이 없다고? 문제없다!

몇 년 동안 생물학자들은 해저에는 햇빛이 없기 때문에 광합성이 일어나지 않을 것이라 추정했다. 해수면에서 몇 마일이나 떨어진 깊이에서 어떻게 생물체들이 일정하고 센 빛을 구할 수 있겠는가? 그런데 심해 연구가들은 몇몇 열수 분출공들이 지열 빛이라고 알려진, 미약하지만 꾸준한 빛을 낸다는 사실을 발견했다. 연구가들은 1999년, 이러한 분출공에 있는 몇몇 박테리아가 화학합성을 통해 만들어 낸 에너지를 보조하기 위해 광합성을 했다는 사실을 발표하였다. 하지만 그때에도, 광합성이 필요한 생물체가 정말로 심해에서 생존할 수 있는가 하는 의문이 남아 있었다. 결국 2005년 한 국제 팀이, 빛이 있어야만 살아남을 수 있는 초록유황박테리아 종을 열수 분출공의 기둥으로부터 분리해 냈고, 해저에도 광합성이 존재한다고 결론지었다.

저온의 황화물 굴뚝을 가득 에워싸고 있는 관벌레들. 이 굴뚝은 주아리움(Zooarium)이라고 명명되었는데, 그것은 이곳에 수많은 해저 생물들이 서식하기 때문이다.

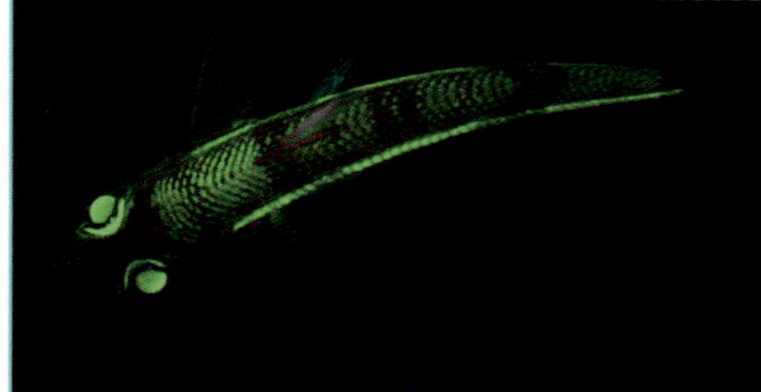

수십억 개의 살아 있는 별들

'생물 발광bioluminescence' 이라는 단어는 살아 있는 빛이라는 뜻이다. 발광하는 생물체, 즉 빛을 생산할 수 있는 생물체들은 바다의 여러 깊은 곳과 여러 지역에서 찾아볼 수 있다. 과학자들은 심해 생물의 90 %가 발광할 수 있는 능력을 가지고 있다고 추측한다. 박테리아에서 오징어, 물고기에 이르는 많은 생명체들이 자체 발광할 수 있는데, 그들은 각기 다른 방식으로 발광한다. 몇몇 동물들은 그들 몸속에 저장된 화학물질로부터 빛을 생산하고, 또 다른 것들은 발광하는 박테리아들을 담은 주머니를 가지고 있으며, 해군생도물고기처럼 그들의 먹이에서 추가적인 요소를 필요로 하는 것들도 있다.

왜 빛을 내는가? 생물 발광은 심해의 생물들의 다양한 목적을 충족시킨다. 새우같이 생긴 갑피류의 여러 종들의 경우, 수컷은 헤엄치면서 깜박이는 빛을 내며 암컷을 유혹한다. 마치 반딧불처럼, 그들이 내는 빛의 패턴은 그 종류마다 특이하며, 따라서 암컷은 다른 종류의 갑피류에 접근하는 시간 낭비를 하지 않는다. 생물 발광은 포식자와 먹이의 관계에서도 중요하다. 몇몇 심해 새우들은 공격을 받으면 빛나는 구름을 내뿜는데, 이것은 포식자들을 혼란스럽게 하거나 쫓아 버림으로써 도망갈 시간을 벌기 위

위 짧은코녹색눈물고기의 눈과 몸이 빛나고 있다.
아래 왼쪽 돌출촉수 관해파리. 심해의 관해파리들 중 일부는 그들의 투명한 몸을 통해 볼 수 있는 어두운 오렌지색이나 붉은색의 소화 기관을 가졌다. 많은 관해파리들이 자체 발광할 수 있으며 방해를 받으면 녹색이나 푸른색 빛을 낸다.
아래 오른쪽 이 심해의 아귀는 노르웨이 아베로이에서 잡혔다.

해서일 것이라 추측된다. 그러나 포식자들도 역시 발광을 이용한다. 심해의 아귀는 머리에 달린 먹이처럼 생긴 빛나는 기관을 흔들면서 유혹하여, 그것을 보러 오는 모든 것들을 잡아먹는다. 떠다니는 해파리 무리를 닮은 동물인 관해파리들 중 어떤 것은 투명한 더듬이 끝의 빛으로 먹이를 유혹한다. 그들은 어부가 낚싯대를 흔들 듯 이 유인장치를 흔든다. 루스조loosejaw라고 불리는 물고기들은 특히 빛의 사용에 있어서 교활하다. 붉은빛은 물속에서 잘 보이지 않으며, 심해에서도 매우 드물다. 대부분의 심해 동물들은 붉은빛을 보지 못한다. 그러나 루스조는 붉은빛을 만들어 낼 수 있으며 볼 수도 있다. 그들은 눈 근처의 기관을 붉게 발광시키고 먹이를 찾으며, 먹잇감이 도망치지 않게 몰래 그 붉은 빛으로 다른 루스조들과 의사소통을 한다.

어떻게 빛이 생기는가?

전구와는 다르게, 생물 발광은 빛을 만드는 매우 효율적인 방법인데, 왜냐하면 열이 발생하지 않기 때문이다. 형광 발광은 외부의 빛 자원이 있어야만 일어나고, 인광은 처음에 외부 자원에서 얻어진 빛의 에너지가 필요하지만, 생물 발광의 과정에는 이 모든 것이 필요 없다. 생물 발광은 빛의 물리적인 굴절인 무지갯빛과도 다르다. 그렇다면 생물 발광은 어떻게 일어날까? 기본적인 반응에는 최소 세 가지 요소가 필요하다. 그것은 바로 산소와 루시페라아제luciferase

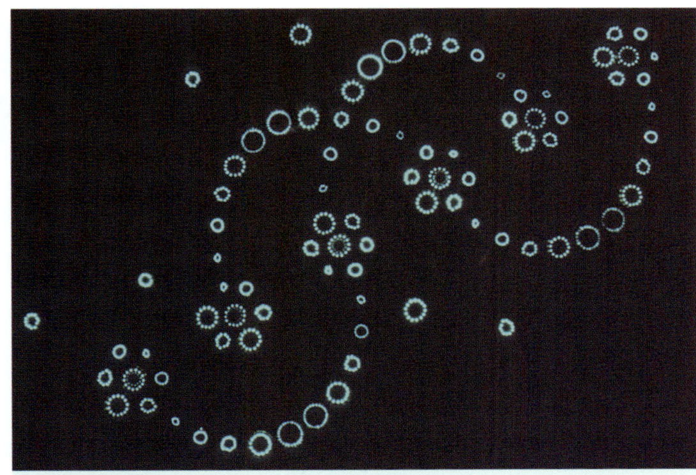

안젤라 볼즈(Angela Bowlds)의 자체 발광 박테리아 그림. 이 빛나는 박테리아의 신비로운 아름다움은 뱃사람들과 과학자들 모두에게 놀라움을 불러일으켰다.

우윳빛 바다

1854년 6월, 쾌속 범선 슈팅스타(Shooting Star)의 선장 킹먼(Kingman)은 자바 섬 남쪽을 여행하면서 우윳빛 바다라고 불리는 현상을 이렇게 관찰하였다. "바다는 온통 눈으로 덮인 평야와 같았다. 천국에는 구름 한 점 없었지만 하늘은…… 폭풍이 몰아치는 것처럼 검었다. 그것은 무서운 장관이었다. 바다는 빛나고 있었고, 천국은 암흑 속에 걸려 있었으며, 별들은 꺼지고, 모든 자연은 우리가 성경에서 배웠듯이 이 물질적인 세상에 종말을 가져올 마지막 불바다를 준비하는 것처럼 보였다." 현대의 관찰자들은 이보다 미사여구를 덜 사용하기 하지만, 우윳빛 바다는 계속 놀라움을 불러일으킨다. 우윳빛 바다는 엄청난 양의 자체 발광 박테리아들이 조밀하게 모여 있어 생기는 것이라고 생각된다. 이들이 발생시키는 빛은 수천 평방마일을 덮을 수 있으며, 며칠 동안 지속될 수 있고, 우주에서도 볼 수 있다.

라고 불리는 효소, 그리고 루시페린luciferin이라고 불리는 분자이다. 루시페라아제와 산소는 함께 루시페린을 자극하여 빛을 내뿜는다. 빛을 밝히는 신호는 물고기가 헤엄쳐 지나간다든가, pH가 변하는 것과 같은 화학적 자극이라든가, 아니면 박테리아처럼 아주 높은 개체군 밀도의 결과일 수 있다. 루시페린과 루시페라아제는 종마다 서로 다르다. 적어도 다섯 개 종류의 루시페린이 알려져 있다. 많은 생명체들이 추가적으로 다른 혼합물을 필요로 하기 때문에 생물 발광 반응의 특징들도 각기 다르다.

인간과의 관계

생물 발광은 인간들에게도 유익하다. 제2차 세계대전 때, 일본군은 갑피류나 씨앗새우의 빛을 이용해 지도를 읽었다. 오늘날 의사와 연구자들은 어떤 박테리아가 항생 물질에 대해 내성을 갖고 있는지 테스트하기 위해 생물 발광을 사용한다. 이들은 박테리아 환경에 생물 발광 유전자를 주입한다. 생물 발광의 경로는 생물체가 살아 있을 때만 작동하기 때문에, 노출된 후 몇 시간 동안 계속 빛나는 박테리아 환경은 사용된 항생 물질에 내성을 갖고 있는 것이다. 과학자들은, 생존을 위해 빛을 만드는 생물들을 계속 연구함으로써 해양 생물에 관한 또 다른 신비로운 지식을 얻는다.

진흙이 전해 주는 이야기

바다 밑바닥 퇴적물의 두꺼운 층은 자연환경의 역사책과 같다. 세기에 세기를 거치면서 물질들은 육지에서 침식되고, 녹아내리는 빙산으로부터 떨어져 나오고, 하늘에서도 떨어진다. 살아 있는 생물체의 잔재들 또한 이 기록의 일부가 된다. 심해의 평원에는 1,000 m 깊이에 이르는 퇴적물이 쌓일 수 있으며, 해구 안의 퇴적물은 수백 수천 년 전부터 쌓이기 시작하여 수천 미터의 두께를 갖고 있을 수도 있다.

해저의 진흙을 연구하는 데 어려운 점 중 하나는 그것의 샘플을 얻는 일이다. 장비를 원거리에서 작동하거나 해양학자들이 직접 잠수함에 탐으로써 작은 샘플들을 획득할 수 있다. 시간을 거슬러 더 오래 전의 정보를 담고 있는 더 깊은 곳의 샘플을 구하기 위해서는 속이 빈 파이프들이 여러 개 필요하며, 채취할 때 정확한 위치에 머물러 있게 하기 위한 12개의 추진기를 갖춘 배도 필요하다. 2톤의 무게 추를 단 파이프를 해저 바닥으로 내려 밑바닥을 7.6 m 정도 남기고 그것을 아래로 떨어뜨리면, 2톤의 무게 추가 표본 채취기를 진흙 속으로 밀어 넣는다. 내부의 피스톤이 당겨지고 그곳에 있는 진흙을 빨아들이면, 이를 다시 조심스레 배로 올려 표본을 채취한다.

진흙에서의 삶 해저 바닥을 덮고 있는 진흙의

대부분에는 생명이 없는 것처럼 보이지만 그렇지 않다. 뉴저지 해안과 델라웨어 해안의 수심 2,100 m에서 샘플을 채취하였는데, 단지 233개의 접시 크기의 퇴적물 샘플 속에서, 생물학자들은 800종류에 이르는 생물들을 발견해 냈다. 이는 14개의 생물 종에 속하는 것이며, 이 중 반 이상이 처음으로 발견된 것들이었다. 각각의 새로운 샘플들이 이전의 샘플들과 비교했을 때 계속해서 새로운 생물 종들을 담고 있는 것에서 미루어 볼 때, 이들 샘플은 해저 바닥에 있는 다양한 생물들 중 극히 일부만을 긁어온 것일 뿐이라는 사실이 분명하다. 이 결과에 기초하여, 과학자들은 해저의 진흙 1 km^{2}는 천만 개 정도의 동물 종들을 간직하고 있을 것이라고 추측한다.

또, 동물들은 퇴적물의 다양성의 일부일 뿐이다. 해저의 진흙에는 박테리아, 고세균, 진핵생물의 세 가지 생물 영역domain의 단세포 생물들이 모두 살고 있다. 적어도 두 개의 영역, 즉 핵이 없는 형태의 단세포 생물

위 대서양 북동쪽 해저 바닥의 망간 단괴. 망간 단괴는 망간과 철분 광물이 작은 해저 물체의 표면에 축적될 때 형성된다.
아래 해저의 진흙이 버려진 닻 위를 점점 덮고 있다.

인 박테리아와 고세균은 해저 바닥 위에만 있을 뿐 아니라, 몇 마일 더 아래의 바다 지각 속에서도 살고 있을 수 있다. 해저 바닥 3분의 1 마일 아래의 퇴적물 샘플에서도 살아 있는 미생물들이 발견되었고, 북해 아래 2마일 가까이 되는 기름이 축적된 곳에서도 미생물이 발견되었다.

이들 생물체들 에너지의 주요 원천은 아마도 화학물질일 테지만, 로드 아일랜드 대학교의 해양학자들은 잔여 방사능 또한 에너지의 원천이 될 수도 있다고 주장했다.

과거의 기후를 캐내다 과학자들은 지구의 기후가 지난 천 년간 어떻게 변화했는지 이해하기 위해서, 심해 퇴적물 샘플로부터 얻어진 다양한 정보를 이용한다. 한 가지 방법은 시간의 흐름에 따라 찬물과 따뜻한 물의 생물 종들이 어떻게 분포되었는지 지도를 그리는 것이다. 유공충이라고 불리는 미생물들은 이러한 측면에서 특히 유용한데, 왜냐하면 생물종들은 죽은 지 오랜 시간이 흐른 뒤에야 그들이 남기는 딱딱한 골격의 형태로 발견되기 때문이다. 이 골격들도 또한 시간에 흐름에 따른 해양 화학의 정보를 제공한다.

퇴적물은 또한 시간의 흐름에 따라 얼마나 많은 빙산들이 존재했는가에 대한 단서를 제공하며, 이는 과거 기후를 나타내는 지표가 된다. 빙산이 많았다면 기후가 더 차가웠다는 뜻이다. 빙산은 육지의 빙하로부터 시작되어 암석, 자갈 그리고 다른 물질들을 축적한다. 빙산이 녹으면 이 물질들은 해저 바닥으로 떨어져나가고 독특한 퇴적층을 남기게 되어, 빙산의 수와

크기에 대한 단서들을 제공한다. 또한 이 퇴적물을 구성하는 물질들은 과학자들에게 빙산이 어디로부터 왔는가를 이야기해 준다. 예를 들어, 아이슬란드의 빙하로부터 시작된 빙산은 많은 양의 검은, 유리 같은 화산 자갈들을 많이 내포하고 있는 반면, 세인트로렌스 만으로부터 생겨난 빙산은 붉게 물든 암석들을 많이 내포하고 있다. 이러한 증거들을 이용하여 과학자들은 지난 4천 년 동안 빙산의 거대한 무리들이 2, 3천 년마다 북대서양으로 퍼져나갔으며, 바다의 양측 모두에서 동시에 일어났다는 사실을 알아냈다. 이것은 주기적인 반구 단위의 한파를 암시한다.

조개껍데기에 사는, 널리 퍼진 미생물인 유공충

노출된 DNA

DNA가 생명체의 유전자 코드 전달 수단 이상의 것이라는 사실이 밝혀졌다. DNA는 해저 퇴적물에 살고 있는 미생물들에게 인의 원천이 된다. 지구적인 관점에서, 해저 바닥의 퇴적물 가장 윗부분 10 cm는 0.5기가 톤의 세포외 DNA를 포함하고 있으며 지구의 바다 여러 곳곳에서는 더 많은 DNA가 포함되어 있다. 퇴적물 속에 사는 미생물들은 그들이 지닌 인 중 반 정도를 이 DNA에서 추출된 것에서 얻고 그곳에 포함된 인 이온을 사용한다. 이렇게 노출된 DNA의 근원은 무엇일까? 화학 분석 결과는 이것이 바다 표면 근처에 사는 광합성 생물들로부터 왔다는 것을 암시한다.

과학자들이 해저 퇴적물 샘플을 채취하는 데 쓰이는 파이프 반두를 준비하고 있다. 해저 지각의 층은 지구의 자연 역사에 대한 중요한 정보를 제공한다.

CHAPTER 12

위협과 해결책

왼쪽 1995년, 바다에서 화물선 시트러스(Citrus)가 짐을 싣던 중 다른 배와 충돌했다. 이로 인해 기름에 젖은 솜털오리들이 프리빌로프(Pribilofs) 세인트폴 섬의 해변에 올라와 있다.
위 아름답지만 독이 있는 이 쏠베감펭은 아마도 아마추어 어류 연구자에 의해 미국 동부 해안에 소개되었을 것이다.
아래 패럴론즈 국립 해양 보호구역의 항만은 방문객들을 맞이하여 이 조간대에 대한 교육 투어를 제공한다.

2003년과 2004년, 미국 바다의 상황에 대한 두 개의 종합 보고서가 발표되었다. 두 보고서 모두 바다의 생태계는 위험에 처해 있다고 결론지었다. 2001년에는 약 13,000개에 이르는 해변이 오염 때문에 문을 닫았다. 매 8개월마다 1,100만 갤런에 이르는 기름이 거리와 도로에서 씻겨 미국의 바다로 유입된다. 오염의 사각지대들은 멕시코 만과 체서피크 만 그리고 기타 해안가의 고기잡이와 해양 생태계를 위협하고 있다. 2만 에이커의 해안 습지가 매년 사라진다. 침략적인 외래 생물종들이 원래 살고 있던 생물들을 위협하여 내쫓는다. 세계 곳곳에서 해양 생태계는 이와 같은 위협을 받고 있다.

위협받고 오염되고 있는 이 상황이 바다의 미래일까? 아마도 아닐 것이다. 개인과 단체들이 이 문제를 점점 심각하게 인식하면서 이를 해결하기 위한 노력을 시작했으며, 재미있고 독창적인 해결책들을 계속 내놓고 있다.

지구의 쓰레기장

유엔 환경 프로그램UNEP에 따르면 바다에는 매 1평방마일마다 46,000조각의 플라스틱 쓰레기들이 떠다닌다고 한다. 부적절하게 버려진 엔진 오일과 도로에서 씻겨 나온 기름이 매년 4천만 갤런이 넘게 바다로 쏟아져 들어간다. 독성 화학물질과 비료는 수많은 강과 시내를 통해 바다로 흘러들어간다. 방사능 쓰레기까지 결국 바다로 가게 된다. 47,000배럴의 방사능 물질이 샌프란시스코에서 48.6 km 떨어진 패럴론Farallon 섬 근처에 버려진 것이다.

정신 차리기 오염물질들은 바람과 해류를 통해 지구에 퍼지며, 처음 발생한 곳에서 수천 마일 밖의 지역까지 이동한다. 해양 생물들도 또한 독성 화학물질의 운반자가 될 수 있으며, 이들이 번식하는 곳을 오염시킨다. 연구자들은 큰 바다새의 무리 근처의 연못에서 수은과 DDT 같은 공업 오염물질의 수치가 다른 곳의 연못보다 훨씬 높은 것은 발견하였으며, 알래스카의 어떤 호수에서는 알을 낳으려고 되돌아오는 연어가 수천 마일 떨어진 곳에서 먹이를 먹으면서 높은 수치로 공업 오염물질을 몸에 묻혀 옮겨 오는 것도 발견하였다.

먹이사슬의 위쪽에는 2006년, 북극곰들이 범고래를 제치고 세계에서 가장 오염된 동물이라는 타이틀을 차지했다. 이것은 어느 정도, 북극곰들이 사는 북극에서는 오염물질이 제거되는 속도가 느리며, 공업국인 북반구에서 나온 화학물질이 바람과 물을 따라 북극으로 흘러옴에 기인한다. 하지만 이것은 이야기의 일부일 뿐이다. 북극곰들은, 오염된 다른 동물들 중 그들이 좋아하는 먹이인 고리무늬물범의 70배가 넘는 오염 수치를 나타내고 있다. 왜 이러한 일이 일어날까?

오염물질이 처음 바다로 들어가면 여러 가지 일들이 일어난다. 이 물질은 부서지거나 퇴적물 속에 축적될 수도 있고, 아니면 해류에 휩쓸려 운반될 수도 있다. 살아 있는 생물들이 이것을 먹을 수도 있다. 미생물, 식물성 플랑크톤, 그리고 원생생물들은 바닷물로부터 이 화학물질을 세포벽으로 직접 흡수하며, 다른 많은 동물들이 아가미를 통해 화학물질을 먹게 된다. 몇몇 화학물질들은 빠르게 배설되는 반면, 또 다른 것들은 시간을 두고 축적되어, 그냥 물

위 북극곰들은 멀리 공업지역에서 운반된 오염물질의 영향을 받는다. 이 오염물질들은 북극곰들을 불임에 이르게 할 수 있다.
아래 버려진 자전거는 해저 풍경의 흉물이 된다.

속에 퍼져 있을 때보다 생물체의 몸속에서 더욱 농축되게 된다. 예를 들어 DDT는 그냥 물속에 있을 때보다 동물성 플랑크톤의 몸속에 있을 때 800배나 더 농축된 상태가 된다. 차례로 이 동물성 플랑크톤을 먹은 물고기는, 그 동물성 플랑크톤보다 약 30배나 많은 DDT를 몸속에 지니게 되며, 이런 식으로 먹이사슬은 계속 진행된다. 먹이사슬의 꼭대기에 있는 동물들은 그들이 사는 환경보다 백만 배 정도나 높은 독성 화학물질을 먹게 될 것이다. 이러한 과정을 생물학적 농축bioconcentration이라고 부르며, 어떤 지역의 오염이 그곳 외의 다른 생물들에게도 영향을 미치는 이유들 중 하나가 된다.

플라스틱 플라스틱이 없는 곳은 없다. 사람들은 매일 플라스틱을 사용하고, 또 버린다. 매년 수백만 파운드의 플라스틱이 바다로 버려지며, 그곳에서 길고 긴 시간 동안 머물게 된다. 플라스틱 중 일부는 가라앉지만 일부는 물 위에 떠다니는 쓰레기 섬을 형성한다. 북태평양 한가운데에는 텍사스보다 더 넓은 지역이, 떠다니는 쓰레기로 뒤덮여 있는데 이 쓰레기들 중 90 %가 스티로폼에서 나일론, 폴리프로필렌에 이르기까지 다양한 플라스틱들이다. 많은 해양 생물들, 특히 새들과 바다거북들은 플라

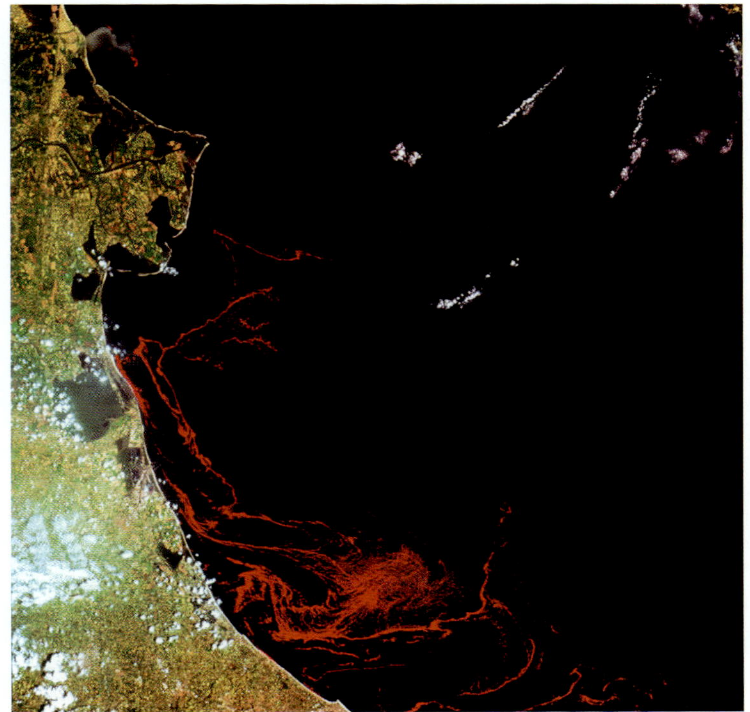

이탈리아 동쪽 해안의 이 사진은 색상보정을 통해 넓은 조류의 꽃을 붉은색으로 보여주고 있다. 하수와 농업 유거수를 통해 아드리아 해로 쏟아지는 오염물질은 이 조류들의 먹이가 된다.

스틱을 먹고 죽는다. 플라스틱은 다른 방식으로도 생물들을 죽인다. 수백만에 가까운 바다 새들과 10만 마리의 해양 포유류들이 매년 플라스틱 그물, 음료수 홀더나 기타 파편들 때문에 걸리거나 질식하여 죽는다.

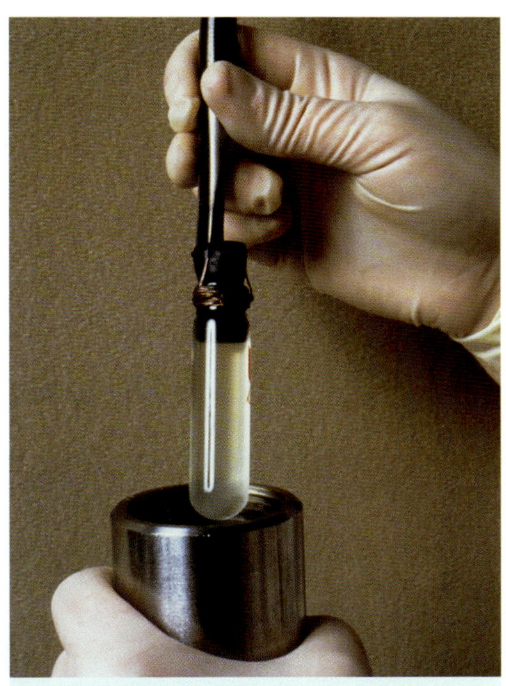

유출된 기름을 청소하는 데 사용할 박테리아의 습성에 대한 연구

기름을 먹는 박테리아

자연의 분출공들은 더러운 물, 유거수, 공업 배출물보다는 석유를 더 많이 바다로 내뿜는다. 날마다 매우 느리고 꾸준한 비율로 기름은 해저 바닥의 수많은 균열과 열구로부터 새어나온다. 이 기름을 먹고 사는 다양한 박테리아 집단들이 존재하는데, 과학자들은 이 기름을 먹는 박테리아를 연구하여 인간에 의해 유출된 기름을 청소하려 하고 있다. 이러한 방식은 기름을 없애기 위해 기름만큼이나 독성일 수 있는 화학물질을 사용하는 것을 막아 준다. 아직까지는 상반된 결과들이 나오고 있지만 적어도 해변에서는, 박테리아의 성장을 촉진시키기 위해 영양분을 더함으로써 기름 분해의 속도를 높이고, 해변을 원래의 건강한 상태로 되돌리고 있다.

잃어버린 서식지

벌목꾼들이 숲을 넓게 베거나 개발꾼들이 주차장을 짓기 위해 불도저로 풀밭을 미는 것이 환경에 미치는 영향은 간과할 수 없을 정도로 크다. 그러나 매년 브라질과 콩고, 인도를 합한 것보다 더 넓은 해저의 면적이 저인망과 트롤그물에 의해 쑥대밭이 되고 있으며, 과학자들은 이것이 해양 생태계에 어떤 영향을 미치는지에 대해 이제 막 깨닫기 시작했다.

해저를 쑥대밭으로 물고기와 조개를 상업적으로 포획하는 방법 중에서 트롤그물과 저인망의 사용이 3분의 1 정도를 차지한다. 저인망으로 물밑을 훑는 것은 갈퀴질하는 것과 비슷하다. 이빨이 달린 커다란 금속 바구니가 그 끝 부분^{받두}으로 해저의 바닥을 훑어 대합조개와 가리비, 굴들을 퍼낸다. 트롤그물의 경우에는 새우, 대구, 넙치 등 움직이는 동물들을 목표로 삼는다. 트롤은 고깔 모양의 넓은 그물이다. 종종 무거운 체인과, 그물 쪽으로 헤엄치거나 떠내려오는 동물들을 몰기 위한 다른 장치들을 포함한다. 트롤과 저인망 모두 해저 바닥의 서식 환경에 재앙과도 같은 영향을 미친다. 이들은 지나가면서 산호, 육방해면류 그리고 물고기와 기타 동물들이 숨고, 번식하고, 먹이를 먹는 데 이용하는 바위들을 부수고, 넘어뜨린다. 이들은 퇴적물 또한 망가뜨려서, 이들이 지나간 지역에는 질 좋은 유기체 먹이를 필요로 하는 동물들이 드물어진다. 퇴적물 속에 묻혀 사는 동물들은 빠르게 죽는다. 모래 바닥과 같은 지역은 트롤과 저인망에 의한 피해를 더 빨리 회복할 수 있을지도 모른다. 반면, 해저의 산호초는 회복하는 데 수백 년이 걸릴 수도 있으며 암석의 배열과 같은 것은 회복이 불가능하다. 다행히도 해저 바닥에 사는 생물들을 수확하는 데 트롤과 저인망이 유일한 수단인 것은 아니다. 게나 게류는 항아리를 사용하여 잡을 수 있는데, 이것은 상대적으로 피해를 덜 미치며, 의도하지 않은 죽음들을 조금만 초래한다. 대합조개는 해변에서 전통적인 방법으로 손으로 캐낼 수 있다. 나무의 벌채에 있어서 나무

위 저인망은 오랫동안 대합조개를 수확하는 데 사용되어 왔다. 이 행위는 해저 환경을 파괴한다.
아래 이 거북이 차단 장치(TED)는 거북이들이 물고기 그물에 걸리지 않게 해 준다.

해수면 근처에 사는 물고기를 잡는 데 사용되는 두 종류의 기구는 대형 건착망(위)과 주낙 어선(가운데)이다.

를 베는 것은 필수적이지만, 해저를 '베는' 것은 그곳에 사는 동물들을 수확하기 위해 필수적인 것은 아니다.

죽어 가는 니모 열대 산호초 물고기는 열대 전체의 해안 환경에서 중요한 단백질 자원이지만, 이들은 또한 음식으로서 혹은 수족관 동물로서 비싼 값에 팔린다. 산호초에 생계가 달려 있는 사람들에게는 이 자원을 조심스럽게 보존해야 할 강한 동기가 부여되지만, 눈앞의 이윤을 위해 물고기를 파는 사람들은 아주 파괴적인 고기잡이 방법을 사용할 때가 있다. 가장 일반적인 방식은 청산가리나 다이너마이트를 이용한 고기잡이다. 청산가리로 고기잡이를 할 때, 다이버들은 청산가리나 기타 독성 물질을 해저의 갈라진 틈새 사이로 쏘아서, 그곳에 숨어 있다가 놀라서 나온 물고기들을 잡는다. 이런 방식으로 잡은 물고기들은 수족관에 팔리거나, 상당수는 회가 비싼 값에 판매되는 아시아의 레스토랑으로 팔려간다. 불행히도 청산가리는 다른 산호 생물체들에게 독을 퍼뜨릴 수 있으며, 산호의 백화 현상과 죽음을 초래할 수 있다. 다이너마이트를 사용하는 고기잡이는 더욱 파괴적이다. 다이너마이트나 직접 만든 폭발물들을 물에 던져서, 죽거나 놀란 물고기들을 쉽게 잡는 방식인데, 이는 많은 동물들을 죽일 수 있을 뿐 아니라, 산호초를 파괴하고 커다란 구덩이와 산

동네 슈퍼마켓의 해산물 코너에서 우리가 무엇을 구입하는가에 따라 물고기를 잡는 방법에 영향을 미친다.

우리가 할 수 있는 일

해산물을 구입할 때 사람들의 선택은 고기잡이 방식과 양식장의 조절 방식에 영향을 줄 수 있다. 환경을 걱정하는 소비자들이 어떤 해산물을 구입할지 결정하는 것을 돕기 위해 여러 가지 프로그램들이 생겨났다. 해양보호위원회(Marine Stewardship Council)라는 한 단체는 세계 곳곳의 어업의 방식을 조사하고, 양식장과 물고기 제공자들이 자연환경을 파괴하지 않는지를 인증한다. 해양관상어류협의회(Marine Aquarium Council)라는 단체는 수족관의 용도로 채집된 물고기들에 대해 비슷한 인증 프로그램을 제공한다. 해산물 감시 프로그램은 자연환경을 보호하는 측면에 있어서 어떤 종류의 해산물이 좋고, 보통이고, 나쁜지를 나열한 지갑 크기의 카드를 제공한다.

호 파편 조각들을 남겨 놓는다. 사람들은 이 파편들을 얻을 목적으로 산호초에 다이너마이트를 터뜨리기도 하는데, 이 파편들은 건축 자재나 석회 그리고 기념품점의 보석과 미술품들을 만드는 데 쓰인다. 산호초를 잃는다는 것은 세계에서 가장 숨 막히도록 아름답고 다양한 생물의 온상을 잃는 것을 뜻한다. 이것은 또한 산호초들이 지역사회에 제공하는 것들, 예를 들어 음식, 침식과 파도로부터의 보호, 생태관광 수입 등을 잃어버리는 것을 뜻하기도 한다.

원하지 않는 희생자들

어부가 그물로 잡는 것들의 4분의 1 정도가 매년 잡어, 즉 어부가 잡으려고 하지 않았던 종류들로 분류되어 버려진다. 몇몇 동물들은 어부가 그 특정 동물을 시장에서 팔 수 있는 면허가 없기 때문에, 혹은 그것을 가공할 설비를 갖추고 있지 않기 때문에 버려진다. 연승 방식은 그 자체만으로도 매년 4만 마리의 바다거북과 30만 마리의 바다 새들을 죽게 만들며, 그물에 걸리고 질식하여 수천 마리가 더 죽는다. 잡어 문제에 있어서는, 아마도 새우잡이 트롤이 가장 큰 문제일 것이다. 평균적으로 새우 1파운드를 잡기 위

한 그물에는 5파운드의 다른 동물들이 걸리는데, 여기에는 청어, 게, 넙치, 그리고 참치가 포함된다. 물고기를 심하게 남획하는 지역에서는 상황이 훨씬 더 안 좋다. 코르테즈 해에서는 새우잡이 트롤에 의해, 포획한 새우 1 kg당 거의 10 kg의 다른 해양 생물들이 죽는다. 세계적으로 새우잡이 트롤은 연간 약 860만 kg의 잡어를 초래하며, 이것은 지구 전체의 물고기 수확량의 4분의 1과 맞먹는 양이다. 어느 정도의 잡어들은 버려지지 않고 음식물로 이용되지만, 거의 대부분은 죽거나 죽어 가는 채로 다시 바다에 던져진다.

좋은 방식과 나쁜 방식 목표하지 않았던 동물들이 얼마나 많이 잡히는가, 그리고 이들은 어떻게 되는가는 고기를 잡는 방식에 따라 크게 달라진다. 가장 정교한 기술은 작살을 사용하는 것이다. 작살을 쓰는 사람은 죽이기 전에 눈으로 각각의 동물을 확인하기 때문에 의도하지 않았던 생물이 피해를 입는 일은 거의 없다. 견지낚시나 손낚시처럼 하나의 갈고리와 낚싯줄을 사용하는 방식도 잡어의 수가 상대적으로 낮게 유지된다. 잡어가 잡히면 빠르게 놓아줄 수 있기 때문이다. 그러나 대규모의 상업적 기업들은 이러한 방식보다 덜 선택적이지만 더 효율적인 방식을 선호한다. 주로 황새치나 넙치를 목표로 하는 주낙 어선들은 수천 개의 작은 갈고리가 매달려 있는 중추 선을 80 km 밖까지 뻗어놓는다. 갈고리들은 생물들을 '빨아들이도록' 몇 시간 동안 물속에 배치되기 때문에,

위 이 많은 물고기들은 새우잡이 트롤에 의해 의도하지 않게 잡혀 죽은 것들이다.
아래 북해의 바다사자가 어선이 남기고 간 그물에 걸려 있다.

갈고리에 걸린 동물들은 꽤 오랜 시간 동안 그곳에 걸린 채로 있게 된다. 새들과 거북이들 그리고 해양 포유류들은 여기에 걸려서 종종 익사한다.

또 다른 고기잡이 방법은 갈고리 대신 그물을 사용하는 것이다. 건착망으로 넓은 지역에 그물의 벽을 형성하며 해저 밑바닥에서 오므렸다가 다시 끌어당긴다. 이 방법은 정어리나 참치, 혹은 산란하기 위해 모이는 오징어들처럼 떼를 지어 다니는 물고기들을 잡기 좋은 방식이다. 자망은 다양한 물의 깊이에 설치하는 가늘고 거의 보이지 않는 그물이다. 물고기들은 이 그물 속으로 헤엄쳐 들어와 덫에 걸리게 된다. 정어리, 연어 그리고 대구를 잡는 사람들은 이 방법을 주로 사용한다. 트롤그물 방식은, 목표하는 생물들이 사는 특정 깊이를 고깔 모양의 망을 이용하여 훑는 것이다. 이러한 방식들 모두 많은 잡어들을 동시에 잡아들인다. 연승 방식과 같은 그물 기술은 새와 거북이, 그리고 포유류들을 잡아 익사시킬 수 있다.

유령들의 그물 때때로 어부들은 그물이나 기타 고기잡이 장비들을 잃어버리거나, 고의적으로 그것들을 바다에 버린다. 원인이 무엇이든 간에, 북태평양에서만 연간 총 966 km가 넘는 길이의 그물이 버려진다. 그물은 내구력 있는 플라스틱으로 만들어져 있어서, 오랫동안 바다에 떠다니며 물고기, 새들, 포유류들, 그리고 무척추동물들을 잡아 가둔다. 때때로 그물은 커다란 공처럼 말려서 별로 피해를 주지 않는 경우도 있지만, 종종 이들은 오랜 시간 동안 '유령들의 낚시'를 계속한다. 지난 20여 년간 200마리에 이르는 멸종위기에 놓인 하와이몽크바다표범들이 이렇게 버려진 그물들에 의해 익사했다. 3,300 m 길이의 그물 조각이 발견되었으며, 축구장만 한 길이의 그물 조각도 어렵지 않게 찾아볼 수 있다.

라이산 오리와 라이산 신천옹들은 미끼를 단 갈고리로 뛰어들다가 고기잡이 그물에 걸려 죽는다.

변화를 위한 노력

잡어를 원하는 사람은 아무도 없다. 그것은 해양 동물들의 수를 위협하며, 어부들이 귀중한 시간을 어선 위에서 더 보내게 함으로써 그들의 삶을 더 힘들게 한다. 어부들과 워싱턴 대학교의 교수들은, 연승 방식으로 고기잡이를 할 때 바다 새들이 그물에 걸리지 않도록 할 수 있는 매우 쉬운 방법을 제안하였다. 새들은 대부분 그물이 쳐질 때 죽는다. 새들은 갈고리에 걸린 미끼들을 보고 그것을 공격하며, 그 후 그물에 걸려 물 밑으로 끌려들어간다. 하지만 연승 그물 양쪽 폴리에스테르 밧줄에 밝게 칠한 플라스틱 장식 리본을 달아 놓는 간단한 방법이, 새들에게 겁을 주어 쫓아버릴 수 있다는 사실이 밝혀졌다. 1998년 이후, 이 방법으로 바다 새가 그물에 걸려 죽는 것을 80 %나 줄였고, 미국 어류 및 야생생물처는 현재, 연승 그물을 사용하는 어부들에게 이 플라스틱 장식을 공짜로 만들어 주고 있다.

고기잡이 그물에 걸린 바다거북

더 이상 무한하지 않은 해양 생물

해양 생물들은 엄청나게 번식하고, 생존구역이 넓고, 바다는 어마어마하기 때문에 이들은 '멸종하지 않을 것' 이라는 오래된 고정관념이 존재한다. 이러한 견해는 거짓임이 증명되었다. 12개의 해양 종이 멸종되었다고 알려졌으며, 133종은 이전에 살던 서식지에서 자취를 감추었다. 세계 어업을 주시하고 있는 국제기구인 유엔 식량농업기구FAO는 바닷물고기의 4분의 1이 과도하게 포획되거나 고갈되었다는 사실을 발견하였으며, 이는 고기잡이에 대한 압박이 너무 큰 나머지 물고기들을 멸종으로 몰아갈 수 있다는 것을 뜻한다. 또한 물고기의 반 정도는 완전히 고갈되어서 자연재해나 관리 실수에 아주 취약해졌다. 멸종되거나 멸종 위기에 처한 어종의 실제 수는 의심할 여지없이 더 많아졌으며, 상업적으로 포획되는 물고기들조차 베일에 싸여 있다. 예를 들어 과학자들은 1988년, 그저 두 종이라고 믿어 왔던 게가 사실은 18개로 구별되는 생물 종들이며 각각이 고유한 삶의 주기와 생태적 지위를 지니고 있다는 것을 깨달았다.

먹이사슬 아래에서 고기 잡기 세계적으로 잡아들인 물고기의 양은 2000년까지 꾸준히 증가했으며, 그 수치는 아직도 꽤 높다. 2000년에 9,600만 톤으로 가장 높았지만 현재는 9,000만

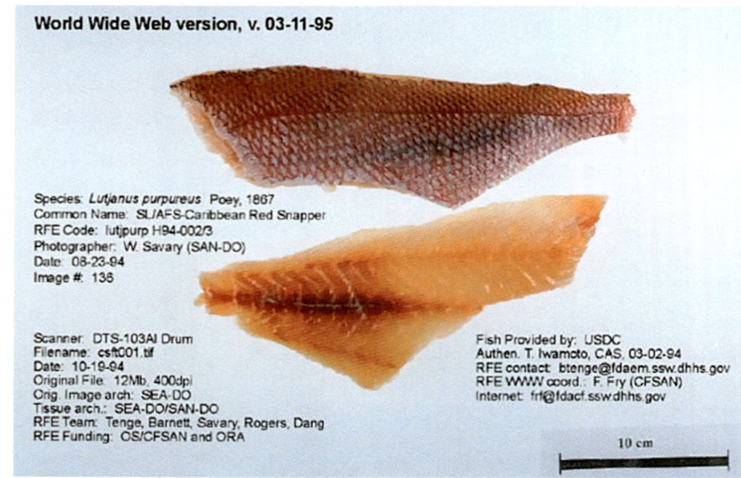

위 초밥의 유행은 특정 어종의 고갈을 초래했다.
아래 미국 식품의약국(FDA)의 규제 어종 백과는 위와 같은 자료를 통해 연방, 주 그리고 지역 공무원들과 소비자들이 이 어종을 알아보고 시장에서의 사기 행위를 피할 수 있도록 도움을 주는 정보를 제공한다.

톤 수준으로 떨어졌다. 그러나 지난 수십 년간 세계적으로 잡아들이는 물고기의 종류에 있어서 큰 변화가 있었다. 먹이사슬의 꼭대기 부분에

있는 크고, 수명이 긴 어종들, 즉 참치, 대구, 도미와 같은 포식자들의 수는 90 %나 줄어들었다. 어업은 이후 먹이사슬의 아랫부분에 있는, 더 작고 빨리 자라는 어종들을 목표로 삼았다.

점점 작아지는 물고기 현대의 농업에서는 가장 좋은 특징 예를 들어, 커다란 크기을 가진 개체야말로 다음 세대를 이어나갈 만한 유전자를 보유했다는 것에 초점을 맞춘다. 소를 키우는 농부가 가장 크고 좋은 소를 죽이고, 작고 좋지 않은 소에게 번식을 시킨다면, 바보라는 말을 들을 것이다. 하지만 많은 경우에, 어부들은 바로 이런 일을 한다. 어부가 그물을 사용하여 많은 물고기를 포획하면, 커다란 고기를 잡고 작은 고기를 살게 한다. 이것은 두 가지 결과를 낳는다. 첫째, 이렇게 함으로써 물고기 개체군의 평균 크기를 즉시 감소시킨다. 대부분의 어종에서, 큰 물고기가 작은 물고기보다 훨씬 많은 새끼를 낳는다. 예를 들어 59 cm인 붉은 볼락 암컷은 36 m인 붉은 볼락보다 17배나 많이 번식시킬 수 있다. 큰 물고기를 잡는 것은 잡은 물고기들이 번식시켰을 새끼들의 수를 급격히 줄이는 것이다.

둘째, 큰 물고기를 제거하는 것은 또한 진화에 따른 물고기의 크기를 줄일 수 있다. 큰 물고기들은 더 쉽게 포획되어 죽을 수 있기 때문에 크기가 작고 성장이 느린 유전자를 지닌 개체들이 다음 세대를 이어갈 대부분의 새끼들을 생산한다. 어종들의 기본적인 유전자 형태는 변화하였고, 이는 세대에 걸쳐 물고기의 평균 크기를 줄어들게 한다. 예를 들어 틸라피아tilapia라고 불리는 물고기는 최대 10 cm까지 자라는데, 포획이 활발하게 일어나는 가나에서는 2.5 cm가 조금 넘었을 때 알을 낳을 수 있는 성체가 된다. 몇몇 틸라피아가 우연히 플로리다에 살게 되었는데, 플로리다는 이들에 대한 포획이 훨씬 덜 이루어지는 곳이었다. 몇 세대

알래스카 케나이 강의 어선들

가 지난 뒤, 이들의 평균 크기는 거의 25 cm까지 자라 있었으며 15 cm가 되어서야 성체가 되었다. 연어를 포함하여, 상업적으로 포획되는 다른 물고기들과 조개들에서도 비슷한 결과가 나타나는 것이 발견되었다.

소비자들은 조심해야 한다. 종종 식료품점에서 '자연산' 이란 꼬리표가 붙은 물고기들은 사실 양식장에서 키운 것들이다.

광고의 진실?

클렘슨 대학교의 피터 마르코(Peter Marco) 교수는 일부 레스토랑들이, 유명하지만 고갈된 산호물고기인 붉돔을 다른 물고기로 바꿔치기하고 있다는 소문을 듣게 되었다. 그는 이것을 그가 강의하고 있던 집단유전학 수업에서 프로젝트의 주제로 삼기로 결정했다. 학생들은 붉돔이라고 꼬리표가 붙은 생선 조각들을 8개의 주에 있는 9개의 식료품점에서 구입해 와서, 그 꼬리표가 맞는지를 확인하기 위해 DNA를 분석했다. 결과는 놀라웠다. 학생들이 구입해 온 22조각 중 다섯 개만이 진짜 붉돔이었던 것이다.

꼬리표가 잘못 붙은 것은 붉돔의 경우만이 아니다. 최근 연구에서는 뉴욕 시에 있는 여덟 군데의 식료품점 중 여섯 군데가 양식장에서 키운 연어를 자연에서 잡았다고 하며 팔고 있는 것이 밝혀졌다. '프리미엄' 이 붙은 가격을 지불하고 고기를 구입하는 소비자들은 거짓 꼬리표에 분개하고 있다. 물고기들의 현재 상태에 대해 잘못된 인상을 줄 수 있다고 주장하는 자연보호론자들 또한 분노하고 있다. 즉, '붉돔' 이 정말 식료품점에서도 구할 수 있는 것이라면, 이 어종이 멸종 위기에 처했다는 사실을 누가 믿을까?

좋은 것을 너무 많이 사용한 결과

아이러니하게도 농업 생산성을 높이기 위한 화학비료의 사용이 널리 시작된 것을, 사람들은 녹색 혁명이라고 부른다. 이 화학비료가 없었더라면 세계 곳곳의 많은 사람들이 배가 고팠을 거라고 주장하는 사람들도 있다. 하지만 이 비료들은 돼지농장 등 여러 곳에서 나온 쓰레기들과 함께, 전 세계적으로 '무생물 구역dead zone'이라고 불리는 해양 지역을 150개나 초래하였다. 이 지역은 용존산소량이 너무 낮아서 빠져나가지 못하는 동물들은 질식하여 죽는다. 산소의 결핍은 더 많은 수컷을 생산하는 등, 몇몇 어종의 성비에도 영향을 줄 수 있다.

어떻게 이런 일이 발생할까 비료를 사용하는 것은 육지에서 식물의 성장을 촉진할 뿐만 아니라, 바다에서는 식물성 플랑크톤의 성장을 촉진한다. 적조algal bloom라고 불리는 이것은, 조류를 먹으며 물속에 사는 작은 동물의 수를 급격히 증가시킨다. 이 동물들이 죽으면서 그 사체는 해저 바닥으로 떨어지고, 분해자들이 일을 시작한다. 분해자들은 산소를 사용한다. 이 분해자들의 수가 많아지면, 이들은 용존산소를 게나 지렁이, 그리고 많은 물고기 종들과 같은 해저 생물들이 더 이상 살 수 없을 정도의 수준으로 떨어뜨릴 수 있다. 산소가 더 많은 위쪽으로 올라가는 동물도 있지만, 나머지는 죽게 되고 분해자들을 더욱더 활발하게 만든다. 조류의 성장은 빛과 따뜻함, 그리고 영양소에 의존하기 때문에 무생물 구역의 환경은 여름에 최악이 된다. 대부분의 무생물 구역들은 인간 활동에 의한 것임이 분명하지만, 미시시피 강 어귀의 퇴적 코어코어링해서 얻은 샘플는 화학비료를 널리 사용하기 이전에도 네 번의 두드러진 저산소 활동이 발생했다는 것을 암시한다. 이 사건들이 발생한 시간은 강 흐름이 빨랐던 시기와 관계가 있다. 해양학자들은 이 시기에 담수층이 해수층 위에 형성되어, 이것이 대기와 바닷물 사이의 산소의 이동을 차단했다고 추정한다.

커다란 구역들 미국 바다에서 가장 큰 무생물 구역은 멕시코 만에 있다. 그 크기와 발생 시기는 매년 달라지지만, 산소가 결핍되는 지역은 뉴저지 주만큼이나 크며 몇 주 혹은 몇 달간 지속될 수 있다. 이 무생물 구역은 대부분 중서부 지방의 미시시피 강을 따라 농업 비료가 바다로 많이 공급되는 것에 기인한

위 질소 혼합물을 포함한 돼지 비료를 뿌리는 트랙터. 물과 섞이면 환경에 해로울 수 있다.
아래 발트 해에는 세계에서 가장 큰 해양 무생물 구역이 있다.

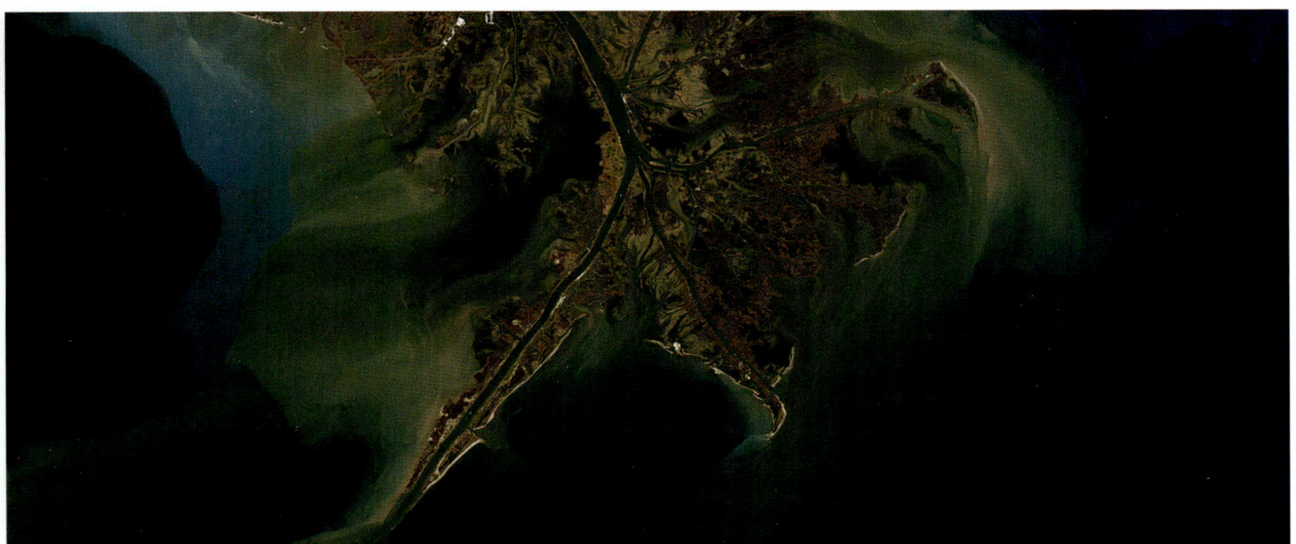

이 위성사진은 멕시코 만으로 흐르는 미시시피 강 어귀의 무생물 구역을 보여준다.

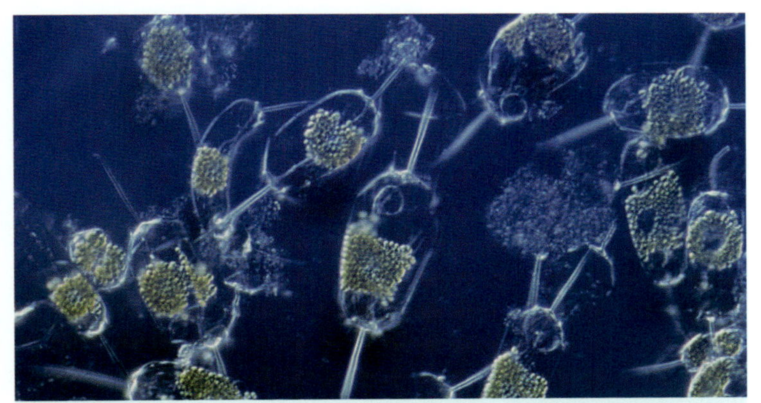

지구 온난화를 늦추기 위한 방법을 모색하고 있는 연구가들은 식물성 플랑크톤의 성장에 있어서 철분을 늘리는 효과에 대한 이론을 발표하였다.

게리톨 방안

1989년 해양학자 존 마틴(John Martin)은 혁명적인 주장을 했다. 그는 1차 생산량이 적은 외양의 곳곳에 충분한 양의 철분을 투입하면 식물성 플랑크톤의 성장을 촉진시킬 것이며, 이것을 지구의 기후를 바꾸는 데 사용할 수 있을 것이라고 주장했다. 즉, 식물성 플랑크톤이 중요한 온실 기체인 이산화 탄소를 빨아들이는 것이다. 식물성 플랑크톤을 자라게 하라, 빠르게! 온난화가 진행되고 있는 지구에 새로운 빙하 시대가 올지도 모르는 일이다. 여러 실험들을 통해 바다의 특정 지역에 철분을 더하는 것이 실제로 식물성 플랑크톤을 인상적으로 꽃피운다는 것을 볼 수 있었다. 이것이 정말로 지구 온난화를 늦출 수 있을까? 아마도 아닐 것이다. 철분 비료가 다량으로 뿌려져서 흡수된 탄소가 지구 온난화에 큰 영향을 주기는 힘들어 보이며, 영향을 주려면 수천 파운드의 철분을 끊임없이 바다에 쏟아부어야 할 것이다.

다. 세계에서 가장 큰 무생물 구역은 발트 해에 있다. 그것은 1년 내내 존재하며 멕시코 만의 무생물 구역보다 4배가량이나 더 커서, 아이슬란드보다 약간 작은 크기의, 10만 km²를 덮는다.

적조 그리고 성의 변화 비료의 과도한 사용은 해로운 녹조 꽃을 촉진시킬 수 있으며, 이를 적조라고 부른다. 적조는 자연적으로 일어나지만, 비료에 의한 오염이 심한 지역에서 더 자주, 더 강하게 발생한다. 이들은 와편모조류dinoflagellate라고 불리는 단세포 생물 수의 폭발적인 증가로 인해 일어나는데, 붉은색이나 갈색의 색조 때문에 적조라는 이름이 붙었다. 몇몇 와편모조류는 아주 강력한 신경 독을 만들어 낼 수 있어서 물고기와 바다거북, 포유류와 새들을 직접적으로, 혹은 먹이사슬을 통해 간접적으로 죽게 만들 수 있다. 적조현상이 사라진 뒤에도 이 독성 성분은 조개와 해초에 오랫동안 남아 있을 수 있다. 이와 관련된 예로, 플로리다의 해우들이 해초를 입에 가득 물고 죽어 있었는데, 알고 보니 그 해초는 적조의 독소로 덮여 있었다.

외계 생물의 침략

회전초는 노랫말에도 등장하는 미국 서부의 영원한 상징이다. 로스앤젤레스에서 야자나무가 흔들리는 모습은 캘리포니아 남부의 삶을 상징한다. 그러나 이 식물들은 외래종으로, 다양한 방법을 통해 외부로부터 들어와 그곳에 살게 된 것들이다. 미국 내 모든 주요 담수와 해양, 그리고 육지의 생태계는 외래산 생물종들로 가득 차 있다. 샌프란시스코 만과 같은 몇몇 생태계에서는 외래종 생물의 수가 토종 생물의 수를 압도한다.

변화하는 생태계 알려진 모든 생물종들이 새로운 환경에 뿌리를 내릴 수 있는 것은 아니다. 많은 종들은 죽으며, 또 어떤 것들은 생존하기는 하지만 번식하지 않는 경우도 있다. 보존 생물학자들이 걱정하는 것은 침략적인 외래종들인데, 이들은 그들의 수를 빠르게 증가시켜 기존 생물들을 대체하고 그들의 서식지를 방해한다. 몇몇 해양

바다칠성장어가 송어를 휘감고 있다. 이 공격적인 기생 생물은 담수에서 번식하는 해양 물고기이다. 온타리오 호수에서 온 칠성장어들은 1920년대에 다른 오대호를 침략했다.

외래종들, 예를 들어 태평양 굴 같은 것들은 상업적으로 중요하지만, 경제적, 생태학적 관점에서는 매우 커다란 피해를 준다. 이러한 재앙에 관한 유명한 이야기가 있는데, 식욕이 특히 왕성한 빗해파리인 감투빗해파리 *Mnemiopsis*는 1980년대 우연히 흑해로 옮겨와 빠르게 번식했다. 식물 유생뿐 아니라 그곳의 동물성 플랑크톤을 거의 다 먹어 치움으로써 그들은 흑해와 아조프 해 Azov Sea, 카스피 해 Caspian Sea의 어장을 초토화시켰다. 카스피 해에서는 카스피바다표범과 같은 최상류층의 포식자들도 이 해파리의 영향을 받았다. 다행히도 그 지역에 새로 찾아온 다른 종류의 빗해파리에게는, 감투빗해파리보다 더 좋은 음식이 없었다. 과학자들은 이 새로운 빗해파리들이 계속 감투빗해파리들을 억제해 주길 바라고 있다. 뉴잉글랜드의 해안에서는 침략적인 외피동물이 찾아와 한때 물고기와 가리비가 매우 풍부했던 조지스 제방 Georges Bank의 거대한 길을 덮어버렸다. 이 특이한 외피동물의 개체는 서로 연결되어 막을 형성하여 쌍패류조개를 질식시키고 해저 바닥의 물고기가 살 수 없게 만들었다. 이들을 먹는 포식자는 아직 알려진 바가 없으며, 이들을 억제해 줄 수 있는 생물이 존재하는지는 불분명하다.

위 2003년, 공격적인 멍게의 한 종이 뉴잉글랜드 해안의 조지스 제방에서 발견되었다. 자갈밭 왼쪽에서 오른쪽으로 걸어가면 피막 생물의 군집을 볼 수 있다.
아래 왕게는 바렌츠 해에서 살고 있는 외래종이다.

그들은 어떻게 이곳에 왔는가 몇몇 생물종들은 새로운 지역에 의도적으로 유입된다. 예를 들어, 워싱턴 주의 토종 굴의 수가 과도한 수확에 의해 크게 줄어들자, 미국 굴이 동쪽 해안으로부터 들어오게 되었다. 그러나 이 종은 살아남지 못했고 일본으로부터 태평양 굴이 들어왔다. 이 태평양 굴은 굴이 살기 좋은 이 지역 조간대의 대부분을 차지했으며, 현재 지역 해양생물 산업의 주요산업이 되었다. 그런데 의도적으로 들여오는 생물종은 종종 이들에 편승한 불청객과 함께 온다. 태평양 굴이 워싱턴 주로 들어올 때, 육식 달팽이와 기생 편형동물들도 함께 들어왔다. 일본 오이스터드릴은 이제 캘리포니아 남쪽까지 퍼져서 굴들을 잡아먹으며, 편형동물들도 워싱턴 주 곳곳의 굴 양식에 큰 골칫거리가 되었다.

따개비, 불가사리, 외피동물 그리고 수많은 다른 생물종들은 배의 선체에 붙어 세계를 여행한다. 배가 부두에 세워졌을 때나 정박되었을 때 이들이 떨어지거나 번식한다면, 그 수가 다른 지역에서 성공적으로 퍼질 수도 있는 것이다. 그러나 침략 종들의 훨씬 더 커다란 원인은 바로 밸러스트ballast이다. 짐을 싣지 않은 배들은 선박을 안정시키기 위해서 큰 탱크를 바닷물로 채우는데, 여기에는 플랑크톤뿐 아니라 해저 동물들의 유생들이 포함되게 된다. 배가 새로운 항구에 도착하여 짐을 실으면 밸러스트 물과 그 안의 생물들은 그 새로운 항구에 버려진다. 한 시간에 평균 2백만 갤런의 밸러스트 물이 미국 공해에 쏟아부어진다. 100종이 넘는 동물들이 이러한 방식으로 전해지는데 여기에는 적조를 일으키는 해로운 생물체도 포함되어 있다. 1991년 남아프리카의 콜레라 전염병은 전염된 밸러스트 물의 방출과 관계가 있다.

일본오이스터드릴은 20세기 초 일본에서 캘리포니아 해안으로 들어오게 된 작은 달팽이다. 이 해양 달팽이들은 리본과 같은 이빨을 이용하여 어린 굴의 껍데기에 구멍을 냄으로써 굴뚝 잡아먹는다.

기후 변화

지구가 지난 천 년 동안에 비해, 나아가 아마도 지난 65만 년 동안에 비해 가장 더워졌다는 사실은 이제 의심의 여지가 없다. 지구 온난화의 원인 중 일부는 자연적인 것일 수도 있지만, 가장 큰 이유는 인간 활동, 특히 화석 연료의 사용에 기인한다. 해양 생태계에서 나타나는 현상은 전 범위에서 일어나고 있으며, 몹시 심각하다. 생물종들은 예전보다 더 고위도에서 발견된다. 풍부한 해안 어장을 형성하는 해수의 용승은 예측하기 힘들게 일어난다. 기후 변화라는 도전을 받아들이려면 지구가 다 함께 노력해야 한다.

조수의 상승 빙하와 만년설이 녹으면서 육지에 저장되어 있던 물이 바다로 흘러가게 되어 해수면을 높인다. 만약 그린란드의 대륙빙이 모두 녹는다면, 그것만으로도 해수면이 6.5 m 상승할 것이다. 동남극의 대륙빙이 녹는다면 해수면을 엄청난 높이인 65 m나 상승시킬 것이다. 바다의 높이는 해수의 열팽창에 의해서도 상승하고 있다. 해수면 상승의 비율은 150년 전에 비해 두 배가 되었으며, 2100년이 되면 바다의 높이가 1990년보다 30 cm는 더 올라가 있을 것이라고 추정된다. 완만한 경사의 해안선의 경우, 이것은 해안선을 300 m나 뒤로 후퇴시킬 것이다.

바다의 상승은 사람들과 생태계를 이동시킨다. 인도 순다르반스 Sundarbans의 네 개의 섬은 벌써 파도 속으로 사라졌으며, 저지대에 위치한 태평양 섬들의 경우 사람들은 호주나 뉴질랜드로 이주하는 것을 고려

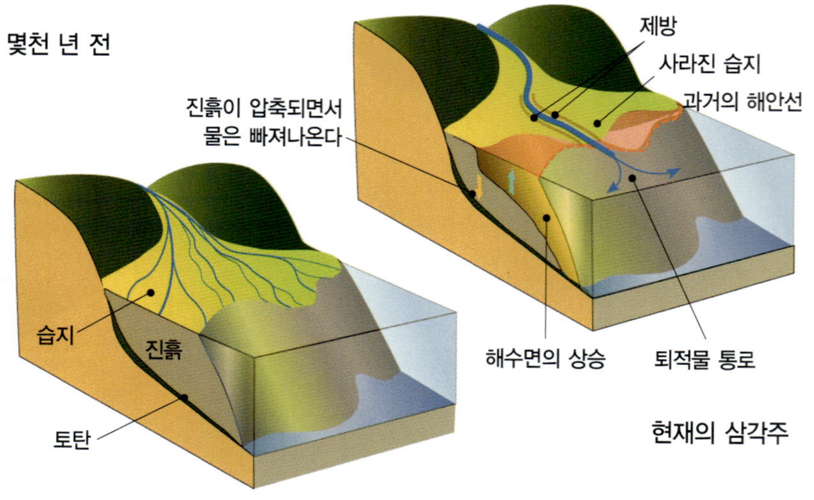

위 아델리펭귄이 로스 해의 얼음 위를 걷고 있다.
아래 왼쪽 미시시피 삼각주에서, 여러 가지 작용들이 결합하여 해수면 상승 비율을 평균 이상으로 높였다. 강의 수로 생성은 새로운 퇴적물의 유입을 막으며, 오래된 퇴적물은 압축되어 그 무게를 이기지 못하고 가라앉는다.
아래 오른쪽 메릴랜드 주 패턱센트 강 근처의 이 지역은 아주 높은 조수로 인해 물이 들어찼다. 해수면이 계속 상승한다면 이것은 일반적인 일이 될 것이다.

하고 있다. 화석의 기록은 해수면이 빠르게 상승했을 때 홍수림이 널리 사라졌다는 것을 보여주는데, 이 상황은 곧 되풀이될 수 있다. 과거 해수면의 상승은 바위와 산호초들로 무성했던 캘리포니아 해안을 현재의 모래사장으로 바꾸어 놓았다.

사라지는 해빙 빙하, 대륙빙과 마찬가지로 북극의 빙산 또한 빠르게 사라지고 있다. 빙산은 늦가을에 형성되어 이른 봄에 녹으며, 매년 이들이 덮는 지역이 점점 더 적어진다. 정말로 북극해는 21세기 말쯤 되면 얼음이 하나도 없을지도 모른다. 그렇게 되면 북극을 가로질러 무역할 수 있는 경로를 열어줄 수 있을지는 모르겠지만, 빙산에 의존하는 사람들과 동물들을 망연자실케 할 것이다. 겨울 폭풍 때 이 빙산이 없어서 북극 해안의 침식이 크게 늘었으며, 몇몇 마을 주민들은 수천 년간 살아 왔던 그곳을 떠나야만 했다. 북극곰은 빙산에서 사냥하기 때문에 빙산이 줄어들어 많은 북극곰들이 굶주리게 되었으며, 과학자들은 북극곰이 물에

높아진 해수면 온도가 여러 천해 바다의 산호들의 백화 현상을 초래했다. 파푸아뉴기니의 이 탁자산호의 경우도 마찬가지다.

죽어 가는 산호들

열대 산호들은 그들의 세포 안의 미세 조류로부터 색깔을 얻으며, 또 에너지의 대부분을 얻는다. 산호가 과도한 빛이나 열 또는 질병 때문에 스트레스를 받으면, 조류가 빠져나가고 백화 현상이 일어난다. 좋은 환경 조건이 갖춰진다면 산호가 백화 현상으로부터 회복할 수도 있지만, 거의 대부분은 죽는다. 최근 수십 년 동안 열대 바다의 온도가 상승함에 따라 과학자들은 산호초의 백화 현상이 점점 더 많이 일어나는 것을 목격하였다. 1997년과 1998년에는 세계적으로 대대적인 백화 현상이 일어났다. 스리랑카, 싱가포르, 그리고 탄자니아 일부에서는 천해 바다의 산호 90 %가 죽었다. 몇몇의 종은 백화를 이겨내고 보통 때처럼 생존하기도 하였지만 캐리비안의 산호들은 2005년에서 2006년에 심각한 폐사율을 보였다. 95 %가 넘는 상추산호와 93 %의 별산호 그리고 61 %의 뇌산호가 백화되었으며, 800년이 넘은 오래된 산호의 무리는 살아남지 못했다. 천해 바다의 산호의 미래는 매우 암울하며, 과학자들로 하여금 특히 더운 날에는 산호를 차양으로 덮는 극단적인 행동까지 고려하게 만들고 있다.

빠져 죽는 것을 처음으로 보게 되었다. 또 고리무늬물범은 빙산에서 새끼를 낳고 기르기 때문에, 빙산이 줄어들어 북극 곳곳에서 물범 새끼들의 생존율이 낮아졌다.

얼음 위에서 바다표범이 쉬고 있다.

산성 욕조 기후 변화에 따라 특히 방심할 수 없는 영향은 늘어나는 이산화 탄소로 인한 해수 산성화의 점진적인 증가이다. 산이 뼈와 이빨을 녹이는 것처럼, 더 낮은, 즉 더 강한 산성의 pH는 생물체가 조개껍데기나 커다란 산호 뼈대와 같은 탄산 칼슘 구조물을 만드는 속도를 늦춘다. 차가운 물은 이산화 탄소를 더 많이 포함할 수 있기 때문에 극지방의 물에서 산성화는 더욱 심하게 일어날 것이며, 이것은 바다 전체에 아주 오랜 시간 동안 영향을 미칠 것이다. 2050년이 되면 열대 바닷물의 pH는 산호의 성장률을 반으로 저해할 정도로 떨어질 것이다. 2100년이 되면 극지방의 물은 플랑크톤 달팽이의 껍데기를 녹여버릴 만큼 강한 산성으로 변해 있을 것이다.

평범한 것들에 대한 보호

1600년대 초, 네덜란드의 법학자이자 철학자였던 휴고 드 그루트Hugo de Groot는 네덜란드 동인도회사East India Company와 스페인, 포르투갈, 잉글랜드의 마찰을 보고, '공해자유항행권'이라고 알려진 정책을 내놓았다. 연안 국가들은 해안에서 대포의 거리가 닿는 범위까지, 즉 약 6 km까지 통치권을 가지고 있었지만, 그것을 벗어난 바다는 그 누구의 영역도 아니었다. 20세기 중반, 몇몇 국가들에 의한 일방적인 해양 주권의 확장은 이 문제에 대해 국제적인 토론을 야기했다. 결국 국제 조약인 해양법UNCLOS에 대한 유엔협약이 1982년 등장했으며 1994년 그 효력을 발휘하였다. 유엔 해양법은 배타적 경제수역EEZ을 규정하였는데, 이는 해변으로부터 200해리370 km까지의 모든 자연 자원에 대해 그 국가의 통치권을 인정하고, 그 해양 환경을 보호하라는 국제적 의무를 부여한 것이다. 국제적으로 이루어지는 시행과 협약은, 상대적으로 전세계적인 협조를 구하기가 힘들다. 몇몇 국가들이 지구의 바다를 보호하기 위한 노력, 예를 들어 DDT나 PCB와 같은 지속성 유기 오염물의 발생을 줄이거나 밸러스트 물을 통해 생물종이 이동하는 것을 막는 등의 노력을 시작했지만 훨씬 더 많은 노력이 필요하다.

국가의 노력 국가들은 바다의 자원을 개발하고 보호할 권리가 주어진 후, 이 두 가지를 모두 실행에 옮겼다. 자원 관리는 개별적인 생물종들에 초점이 맞추어졌으며, 포획양이나 장비에 대한 제한, 혹은 특정 어종에 대한 포획 금지 등을 제정하였다. 이러한 방식이 성공하기 위해서는 생태계, 그리고 문제가 되는 생물종들의 현재 상태에 대한 충분한 이해와, 수산업계의 큰 압력을 이겨내고 과학에 근거하여 포획양 제한을 정하고 실행할 수 있는 수산업 공무원들이 의지가 필요하다. 이러한 방식은 몇몇 상업적으로 포획된 어종들에게는 성공적이었지만, 다른 어종들은 잘못된 관리로 인해 그 수의 급격한 하락을 겪었다.

위 해양주권영토에 대한 최초의 규정 중 하나는 1600년대 초에 제정되었으며, 이것은 헨리 허드슨의 반달호가 허드슨 강에 도착할 무렵이었다.
아래 캘리포니아 해안에 위치한 채널 제도 국립 해양 보호구역

패럴론즈 국립 해양 보호구역에 위치한 토말레스 곶. 이 보호구역은 북부에서 중부 캘리포니아 해안에 이르는 948평방해리마일(1,255평방마일)의 지역을 포함한다.

보호구역 관리와 보존에 대한 더 넓은 접근은 개개 생물종들보다는 장소에 초점을 맞춘다. 의존할 만한 적절한 서식지나 생물학적 환경이 없으면 생물종들은 자연에서 살아남을 수 없기 때문이다. 바다 전체의 1 %도 되지 않는 지역이 현재 보호구역으로 지정되어 있지만, 이것은 급격히 변하고 있다. 2006년 6월, 태평양 하와이 군도 주변 바다의 222,000 km^{2}이 해양 보호지로 지정되었고, 이것은 세계에서 가장 큰 규모이다. 그해 여름, 캘리포니아 주는 6년 동안 계획해 왔던 해양 보호구역 네트워크를 실행에 옮겼고, 캘리포니아 주 해양의 5분의 1 가까이 되는 구역에서 어종의 포획을 제한하거나 금지했다. 알류샨 군도의 60 % 이상에서 트롤 그물을 사용하는 것을 법으로 금지하고 있다.

해양 보호구역은 많은 잠재적인 이익을 갖고 있다. 물고기와 기타 동물들에게 성장과 번식에 필요한 안전한 장소를 제공함으로써, 보호구역과 인접한 바다에 사는 어종의 크기와 수를 늘린다. 세인트루시아에 다섯 개의 보호구역이 생겨난 지 5년 후, 보호구역 주변의 물고기 수는 50-90 %나 증가하였다. 해양 보호구역이 늘어나고 있는 반면, 환경 보호론자들은 이들 중 많은 구역들이 서류상으로만 존재한다고 걱정하고 있다. 이는 서류에는 지정되어 있지만 충분한 감시와 강제력이 부족한 곳들이다. 보호되어야 할 지역들 중 어떤 곳은 그 구역 안에서 피해를 입힐 수 있는 자원의 사용을 허용하기까지 한다. 세계적으로 5분의 1 가까이 되는 산호초들이 보호구역으로 지정되었지만, 관리자들과 과학자들을 대상으로 한 설문에 따르면 이들 중 1,000분의 1만이 진정으로 보호받고 있다고 한다.

알래스카의 넙치 어업은 산업 자원 관리에 대해 제한된 접근 방식을 택함으로써 성공을 거두었다.

문제일까 아니면 만병통치약일까?

어업 관리에 있어서, 뜨거운 논쟁을 일으켰던 중앙 관리 방식에서 제한된 접근 재산권으로 그 방식이 변화하고 있다. 이론적으로, 자원에 대한 소유권을 갖는 것은 어부들에게 그것을 보존할 동기를 부여해 준다. 태즈메이니아(Tasmania)의 바위바닷가재 어업의 경우, 소유권을 기초로 한 관리에 대한 제정은 바닷가재들의 수와 크기, 그리고 그들의 알 생산을 크게 늘려 주었다. 알래스카의 넙치 어업의 경우 그 이전의 관리 방식에 비해, 환경조건이 더 안전해졌으며, 잡어가 줄어들었고, 넙치의 수가 늘었다. 그러나 세계의 모든 산업들이 성공하고 있는 것은 아니며, 많은 사람들은 소유권을 기초로 한 이 프로그램들이 부적절하게 관리될 경우, 공공의 것이어야 할 어업이 몇몇 큰 회사들의 손아귀에 넘어갈 수 있다는 점을 걱정하고 있다.

미래에 대한 희망

전 세계 해양의 근심스러운 상태에 대해 고조되는 관심은 이를 보호하자는 움직임을 일으켰다. 이러한 도전은 의심할 여지없이 만만한 일은 아니지만, 아직 희망은 있다. 희망과 목표, 창의성을 가지고 세계 곳곳의 개인, 단체, 그리고 정부들은 변화를 만들어 내고 있다. 바다, 그리고 그곳 생물들에 대한 이해와 보존은 날마다 늘어나고 있다.

새로운 발견들 어떤 사람들은 미스터리한 물체를 찾기 위해 하늘을 바라보지만, 바다에도 미스터리한 것들이 만만치 않게 많다. 과학이 보지 못했던 신기한 종들은 끊임없이 발견되고 있다. 2006년 태국에서는 거대한 산호초가 발견되었으며, 이것은 과학자들에게 천해 바다들조차 얼마나 그 지도가 잘못 그려져 있는지를 일깨워 주었다. 심해 깊은 곳에서 해양지각의 바위 위에 복잡한 군집을 이루고 있는 단세포 생물들이 발견되었다. 캐나다와 미국의 연구가들은 북아메리카 대륙 태평양 해안의 수천 평방마일에 이르는 해저 바닥을 탐구할 해저 관측소에 대한 야심찬 계획을 세우고 있다. 그 첫 단계로, 800 km에 이르는 광섬유 케이블과 두 개의 원격 실험실이 이미 공사 중이다. 계획이 이루어지면, 이 프로그램은 분명 생물학적, 화학적, 물리적 그리고 지질학적으로 해양학에 혁명을 가져올 것이다.

위 이 쇠고래는 베링 해의 얼음 속에 갇혀 있던 세 마리의 고래 중 하나다. 미국과 러시아가 서로 협력하여 나머지 두 마리도 결국 구해 냈다.
아래 안전을 위해 다른 다이버들과 연결된 스쿠버 다이버가 샘플을 채취하고 있다.

국제적인 노력 세계의 해양을 이해하고 보호하는 일은 하나의 국가에만 해당되는 것이 아니며, 이러한 사실은 다수의 강한 국제적 협력을 등장시켰다. 그 중 하나는 이주성 생물종에 대한 것인데, 이들은 국가들의 경계를 넘나들며 이동한다. 예를 들어 남반구에 사는 범고래는 브리티시콜롬비아와 워싱턴 모두를 넘나들며 생활한다. 이 범고래는 캐나다와 미국 모두에 의해 멸종 위기 종으로 지정되었고, 경계 지역에 사는 양국의 사람들은 이들을 구하기 위해 함께 노력하고 있다. 심각하게 멸종 위기에 처한 태평양 장수거북은 파푸아뉴기니, 인도네시아, 그리고 솔로몬군도에 서식하며, 이 세 국가의 정부는 이 거북의 멸종을 막기 위해 서로의 지식과 자원을 나누기로 약속했다. 여러 생태계는 이처럼 많은 나라에 걸쳐 뻗어 있으며, 국제적인 협력은 해양 생물들을 보호하기 위한 방법으로 떠오르고 있다. 말레이시아, 필리핀, 그리고 인도네시아는 양자 합의하에 이 세 나라에 걸쳐 다양한 생물들이 살고 있는 술루 해와 술라웨시 해를 보호하기로 하였다. 유럽 연합은 마데이라, 아조레스 제도 그리고 카나리아 제도 부근의 해저 산호초 주변에서 트롤을 사용하는 것을 금지했으며, 지중해의 국가들은 이탈리아와 키프로스, 이집트의 민감한 지역에서 트롤 사용을 중단하기로 합의했다.

파란 오리는 국제 철새의 날의 마스코트이다. 이것은 알래스카 페어뱅크스 지방의 보존 교육 행사이다.

의 지정으로 빠르게 회복하였다. 멸종에 처한 생물들을 모두 구할 수는 없지만, 효과적인 보호 계획과 적절한 조치로 많은 생물들을 구할 수는 있다.

회복하는 생물들 많은 해양 생물들이 곤경에 빠져 있지만, 몇몇 종들은 놀라운 회복을 경험하였다. 동부 쇠고래는 한때 멸종의 위기에 처할 정도로 사냥되었지만 1994년, 멸종 위기 종 리스트에서 지워졌다. 북반구에서는 해마들이 남획으로 19세기 말, 극소수의 무리만이 남았었지만 오늘날엔 3만 마리가 넘게 산다. 북극고래와 캘리포니아바다사자의 수도 마찬가지로 늘고 있다. 심각한 멸종 위기에 놓였던 줄무늬농어는 1995년 완전히 회복되었다고 선언되었으며, 북대서양 황새치는 포획양의 제한과 보호구역

스텔라 바다사자는 멸종 위기에 처했으며, 최근 그 수의 감소는 어선들이 이들이 좋아하는 먹잇감들을 과도하게 포획한 것과 연관 있어 보인다.

용어 풀이

ㄱ

갑각류(crustacean)
절지동물문의 일원으로서 바닷가재와 게, 새우, 요각류를 포함한다.

강 하구만, 강 어귀(estuary)
강이 바다를 만나는 곳에서 부분적으로 밀폐된 곳

강(class)
생물학적 분류 단위. 문보다 한 단계 아래이고 목보다 한 단계 위이다.

계(kingdom)
영역 다음으로 높은 생물학적 분류의 단계. 진핵 생물은 전통적으로 네 개의 계로 나누어진다.

고세균(archaea)
가장 최근에 발견된 생명의 세 영역 중 하나. 핵이 없는 이 단세포 생물은 극한 조건 속에서 종종 발견된다. 앞서 박테리아와 같은 그룹에 있었던 이들은, 박테리아보다는 진핵 생물에 더 가깝다.

공생(symbiosis)
서로 다른 종의 생물들이 가까운, 오랜 관계를 유지하는 것. 상호 부조일 수도 있고, 기생일 수도 있으며 편리공생일 수도 있다.

과(family)
생물학적 분류 단위. 목보다 한 단계 아래이고 속보다 한 단계 위이다.

광합성(photosynthesis)
빛을 에너지의 원천으로 사용하여 유기물을 만드는 것

광합성적 독립 영양 생물(photoautotroph)
빛 에너지를 이용하여 유기 화합물을 만들 수 있는 생물. 많은 먹이사슬의 기초를 형성한다.

규조(diatom)
식물성 플랑크톤 중 가장 흔한 종류. 두 개의 규토 판을 가진 단세포 광합성 생물이다.

기생(parasitism)
한쪽이 다른 한쪽을 파괴시키는 공생 관계

기요(guyot)
정상이 평탄한 바닷속의 산. 섬이 침식되어 해수면 아래로 가라앉으면서 형성된다.

ㄴ

내부파(internal wave)
해수면 아래 밀도가 다른 층 사이에서 생기는 파도

냉수 분출공(clod seep)
메탄이나 황화 수소와 같은 유기물이 지하에서 새어나오는 해저 환경. 이들은 생물학적 환경을 풍요롭게 해준다.

녹조(algae)
해초를 포함한, 엽록소를 가지고 광합성을 할 수 있는 해양과 담수 생물을 일컫는 용어

ㄷ

대륙 연변(continental margin)
해저 대륙의 연장. 대륙붕과 대륙사면으로 이루어져 있다.

대륙대(continental rise)
대륙사면과 심해 평원 사이의 완만하게 경사진 퇴적지형

대륙붕(continental shelf)
대륙사면 바로 위의 바다로 뻗어 있는 해저. 상대적으로 얕고 완만한 경사를 가진 대륙의 연장이다.

대륙사면(continental slope)
상대적으로 얕은 대륙붕과 심해 평원 사이의 경사진 지역

대양역(pelagic)
외양을 일컫는 말

독립영양생물(autotroph)
광합성이나 화학합성을 통해 스스로 먹이를 만드는 생물. 이산화 탄소로부터 탄소를 얻는다.

동물성 플랑크톤(zooplankton)
바다에 살면서 떠다니거나 미약하게 헤엄치는 동물들

ㅁ

맨틀(mantle)
지구의 지각과 핵 사이의 층

먹이사슬(food web, food chain)
서로 먹고 먹히는 생물체들 사이의 복잡한 관계. 생태계를 통한 음식

"

물 에너지의 흐름을 말한다.

목(order)
생물학적 분류 단위. 강보다 한 단계 아래이고 과보다 한 단계 위이다.

무광층(aphotic zone)
약 200 m의 해저로서, 빛이 통과하기에 너무 깊은 지역이다.

문(phylum)
생물학적 분류 단위. 계 보다 한 단계 아래이고 강보다 한 단계 위이다.

미생물(microbe)
현미경으로만 볼 수 있는 생물

밀도약층(pycnocline)
해수에서 상대적으로 짧은 거리 내에 물의 밀도가 급하게 변하는 층

ㅂ

바다눈(marine snow)
유기물이 바다 밑으로 가라앉는 현상. 심해 생물들에게 귀중한 영양 자원이 된다.

박테리아(bacteria)
세 개의 생명 영역 중 하나로, 핵이 없는 단세포 생물

변환단층(transform fault)
두 지각 판이 서로를 비껴 어긋나면서 형성된 단층

분자(molecule)
화학적으로 결합한 원자의 무리. 물질의 기본적인 특징을 유지하는 가장 작은 단위이다.

분해자(decomposer)
다른 생물체의 사체를 먹고 분해하는 생물체

비말대(splash zone)
조간대 바로 위의 해안 지대. 비가 올 때와 파도가 튈 때만 젖는다.

ㅅ

상리 공생(mutualism)
두 생물 모두 이득을 얻는 공생관계

생물 발광(bioluminescence)
살아 있는 생물들에 의해 생산되는 빛

생물권(biosphere)
생명이 존재하는 지구의 지각, 물, 그리고 대기 모든 지역

생물의 다양성(biodiversity)
생물학적 다양성. 생물종의 수, 종족의 수 혹은 유전자 다양성 등 여러 가지 척도들로 측정될 수 있다.

생식 세포(gamete)
성 세포(정자 혹은 난자)

생태계(ecosystem)
생물체들과 그들의 무생물 환경의 군집

섭입대(subduction zone)
한 지각 판이 다른 지각 판 밑으로 들어가는 지역

세이쉬(seiche)
밀폐되거나 반만 밀폐된 물에서 발생하는 정상파. 욕조의 물이 출렁이 듯 공명이 일어나 파고가 높아진다.

소나(SONAR)
소리를 이용하여 물 밑의 단단한 물체를 식별해 내는 장비. "핑(ping)"을 한 번 혹은 여러 번 방출한다.

소비자(consumer)
다른 생물을 잡아먹음으로써 에너지를 얻는 생물체

속(genus)
생물학적 분류 단위. 과보다 한 단계 아래이고 종보다 한 단계 위이다.

수렴지대(convergence zone)
바다에서 두 개의 서로 다른 수괴가 만나는 곳

순환(gyre)
대양에서 해수의 순환. 바다에는 다섯 개의 주요 순환이 존재한다.

스워시(swash)
파도에 의해 해변으로 물이 올라가는 움직임

식물성 플랑크톤(phytoplankton)
광합성을 할 수 있는 플랑크톤 생물. 녹조와 박테리아를 포함한다.

심해 산란층(deep scattering layer)
바다 깊은 곳의 동식물이 많이 모여 있는 곳으로, 소나를 반사시켜 해저 바닥으로 착각하게 만든다.

심해 저서대(abyssal)
약 4,000–5,000 m 사이의 해저 깊은 곳을 일컫는 말

쌍각류(bivalve)
대합조개, 홍합, 굴처럼 한 쌍의 껍데기를 가진 연체동물을 종합적으로 일컫는 용어

ㅇ

암석권(lithosphere)
단단하고 상대적으로 차가운 지구의 맨 바깥 층. 해양과 대륙 지각 그리고 맨틀의 윗부분을 포함한다.

여과섭식 동물(suspension feeder)

물에 부유하는 것들을 걸러서 먹고 사는 동물

연안수송(longshore transport)

파도에 의한, 해안과 평행하게 퇴적물이 이동하는 것

연안역(neritic)

해변이나 해안을 일컫는 말. 대륙 연변과 그 위의 물, 그리고 그곳에 사는 생명체들을 가리킨다.

연약권(asthenosphere)

지구 암석권 바로 아래의 뜨겁고 변형될 수 있는 층

연체동물문(mollusca)

달팽이, 나새류, 대합조개, 홍합을 포함하는 동물의 문

열수 분출공(hydrothermal vent)

해저의 뜨거운 분출구. 뜨겁고 미네랄이 풍부한 물이 해저 지각으로부터 솟아나오는 심해의 지역으로, 이 주변에는 특이한 생물체들이 풍부하다.

엽록소(chlorophyll)

보통 녹색을 띠는 색소로서, 광합성을 위해 빛 에너지를 얻는데 사용된다.

영역(domain)

생물학적 분류에서 가장 높은 단계. 세 가지 영역(박테리아, 고세균, 진핵 생물)은 각각 많은 계를 가지고 있다.

와편모조류(dinoflagellate)

식물성 플랑크톤 중 가장 흔한 종류의 하나. 두 개의 편모를 가진 단세포 생물체로, 광합성과 유기 영양에 능하며 적조의 원인이 된다.

요각류(copepods)

플랑크톤 같은 작은 갑각류. 대부분의 천해에서 먹이사슬의 중요한 요소이다.

용승(upwelling)

깊고 차갑고 영양염이 풍부한 심해의 물이 해수면으로 솟아오르는 해류

원생생물(protist)

진핵 생물 영역의 원생생물계의 일원이다. 이것은 동식물이나 곰팡이류가 아닌 진핵 생물이다.

원핵 생물(prokapyote)

핵이 없는 생물체. 박테리아와 고세균, 두 개의 영역을 포함한다.

유공충(foraminifera)

종종 탄산 칼슘 껍데기 속에서 발견되는 아메바를 닮은 단세포 생물체의 집단. 화석 유공충은 과거 날씨에 대한 중요한 지표가 된다.

유광층(photic zone)

빛이 통과할 수 있는 바다 윗부분의 층. 해수면에서 약 200 m까지를 말한다.

유기체(organism)

작은 박테리아로부터 나무나 고래에 이르기까지, 살아 있는 모든 것

유영 동물(nekton)

바다에 살며 수영에 능한 동물들. 물고기와 고래를 포함한다.

음향 측심기(echo sounder)

바닥에 반사되는 소리의 파장을 이용해 물의 깊이를 감지하는 장치

1차 생산량(primary productivity)

어떤 지역에서 화학합성이나 광합성에 의해 생산된 유기물의 양. 여기서 그 지역이 동물이 살 수 있는지의 여부가 결정된다.

1차 생산자(primary producer)

빛이나 화학 에너지로부터 유기 화합물을 생산해 낼 수 있는 생물체로서, 먹이사슬의 기초를 이룬다.

ㅈ

자연선택(natural selection)

군집 중에서 번식에 있어서의 각기 다른 개체의 성공에서 초래되는, 적응하는 진화 메커니즘

자웅동체(hermaphrodite)

수컷과 암컷의 성 세포를 모두 만들어 내는 생물

자유파(free wave)

진행파로서, 그것을 형성한 힘에 더 이상 의존하지 않고 앞으로 나아간다.

잡식 동물(omnivore)

동식물을 모두 섭취하는 동물

잡어(bycatch, nontarget species)

고기잡이 도구를 이용하여 수확하려는 어종과는 별도로 실수로 잡은 물고기나 동물들

저서성(benthic)

바다 밑바닥을 일컫는 말(혹은 해저면에 사는 생물과 연관된 것)

저탁류(turbidity current)

해저의 미처 굳지 못한 퇴적물이 한꺼번에 빠른 속도로 대륙사면을 미끄러져 내려가는 사태. 해저 협곡을 형성한다고 생각된다.

절지동물(arthropoda)

가장 큰 동물 종으로서, 단단한 외부 뼈와 관절이 있는 다리로 특징지어진다. 투구게, 바닷가재, 크릴이 여기에 속한다.

점심해 저서대(bathyal)

약 1,000–4,000 m 깊이의 바다를 일컫는 말

정상파(standing wave)

물이 앞으로 이동하는 움직임 없이 오르락내리락하는 파도

조간대(intertidal, littoral)

만조와 간조 사이. 조수가 올라가고 내려감에 따라 주기적으로 물에 잠겼다가 노출되기를 반복한다.

조상대(surpalittoral)

조간대 위쪽. 비말대(splash zone) 참조

조석보어(tidal bore)

조수의 물마루가 강이나 강 어귀를 빠르게 올라갈 때 생기는 큰 파도

조차(tidal range)

만조와 간조의 높이 차

종(species)

생물학적 분류의 기초 단계. 아주 밀접한 관계를 지닌 생물체들. 종종 "서로 번식하거나 번식할 가능성이 있는 개체들"이라고 규정되지만, 이것은 주로 성적으로 번식하는 동물들의 경우에만 적용된다.

종속영양생물(heterotroph)

스스로 먹이를 만들어 낼 수 없어 다른 생물체들로부터 에너지를 얻는 생물체

중앙해령(mid-ocean ridge)

대양저에서 두 개의 지각 판이 서로 떨어져 나가면서 생긴 지역. 상대적으로 얕다.

진핵 생물(Eukaryota)

생물의 세 가지 영역 중 하나. 동식물을 포함한, 핵이 있는 모든 생물체를 말한다.

진화(evolution)

많은 생물체들로부터 몇 세대에 거친, 물려받은 특징에 있어서의 변화. 적응성일 수도 있고 중립적일 수도 있다.

집단(population)

같은 지역에 살면서 계속 상호작용하는 같은 생물종의 개체군

ㅊ

청소동물(scavenger)

이미 죽은 생물체를 먹는 동물

초심해 저서대(hadal)

수심이 약 6,000 m보다 깊은 곳을 일컫는 말

ㅋ

코리올리 효과(Coriolis effect)

지구의 자전으로 인해 움직이는 물체의 경로가 휘어지는 것. 해류는 북반구에서 오른쪽으로 휘어지고, 남반구에서는 왼쪽으로 휘어진다.

ㅍ

파도의 주기(wave period)

두 개의 연속된 파도 물마루가 일정한 지점을 지나는 데 걸리는 시간

파장(wavelength)

두 개의 연속된 파도 물마루의 거리

판의 경계(plate boundary)

두 지각 판의 경계

판 구조론(Plate tectonics)

지구의 표면은 몇 개의 독립된 판들로 되어 있고, 그들의 움직임은 맨틀 대류의 움직임으로부터 일어난다는 이론

편리공생(commensalism)

한 생물체는 이득을 얻지만 다른 생물체는 이득을 얻지도 않고 해를 입지도 않는 공생의 종류

플랑크톤(plankton)

물속에 사는, 떠다니거나 미약하게 헤엄치는 생물

ㅎ

해조류(macroalgae)

맨눈으로 볼 수 있는 다세포 녹조

해초(seagrass)

얕은 바다에 사는 진짜(도관의) 식물. 뿌리와 꽃과 씨앗을 가진다.

홍수림(mangrove)

열대의 해안선을 특징지어주는 여러 종류의 나무들. 침식, 폭풍 그리고 쓰나미로부터 보호하는 역할을 한다.

화석 연료(fossil fuel)

죽은 지 오래된 생물체로부터 추출되는 연료. 기름, 석탄, 천연가스가 포함된다.

화학합성(chemosynthesis)

비유기적인 물질을 에너지 자원으로 사용하여 유기물을 생성하는 것

화학합성독립영양생물(chemoautotroph)

화학합성을 통해 먹이를 스스로 만드는 생물. 비유기적인 물질로부터 에너지를 얻고 이산화 탄소로부터 탄소를 얻는 생물

더 읽을거리

도서

Anderson, Genny. *Welcome to Marine Science*. Online textbook: www.biosbcc.net/ocean/marinesci/mstoc.htm

Broad, William. *The Universe Below: Discovering the Secrets of the Deep Sea*. New York: Touchstone, 1998.

Carson, Rachel. *The Sea Around Us*. New York: Oxford University Press, 1989.

Garrison, Tom. *Oceanography: An Invitation to Marine Science*. Belmont, CA: Thomson Brooks/Cole, 2005.

Kious, W. Jacquelyne, and Robert Tilling. *This Dynamic Earth: The Story of Plate Tectonics*. Washington, DC: US Government Printing Office, 1996. Online edition: pubs.usgs.gov/gip/dynamic/dynamic.html#anchor10790904

Kunzig, Robert. *Mapping the Deep: The Extraordinary Story of Ocean Science*. New York: W. W. Norton, 2000.

Pew Ocean Commission. *America's Living Oceans: Charting a Course for Sea Change*. 2003. Available online through www.pewoceans.org

Safina, Carl. *Song for the Blue Ocean*. New York: Henry Holt and Co., 1998.

Soule, Michael, Elliot Norse, and Larry Crowder. *Marine Conservation Biology: The Science of Maintaining the Sea's Biodiversity*. Chicago: Island Press, 2005.

Steinbeck, John. *Log from the Sea of Cortez*. new York: Penguin Twentieth Century Classics, 1995.

Stewart, Robert H. *Introduction to Physical Oceanography*. Open Source Textbook: oceanworld.tamu.edu/resources/ocng_textbook/contents.html

Sverdrup, Keith, Alan Duxbury, and Alison Duxbury. *An Introduction to the World's Oceans*. Boston: McGraw Hill, 2005.

Tomczak, Matthias. *Shelf and Coastal Oceanography*. 1998. Online textbook://gyre.umeoce.maine.edu/physicalocean/Tomczak/ShelfCoast/index.html

United States Commission on Ocean Policy. *An Ocean Blueprint for the 21st Century*. 2004. Online edition: www.oceancommission.gov

웹 사이트

Beachcomber's Alert
www.beachcombers.org

The Bioluminescence Web Page
www.lifesci.ucsb.edu/~biolum

Into the Abyss
www.pbs.org/wgbh/nova/abyss

MarineBio.org
marinebio.org

Marine Biology Web
life.bio.sunysb.edu/marinebio/mbweb.html

Monterey Bay Aquarium Exhibits
www.mbayaq.org/efc

NOAA Paleoclimatology
www.ncdc.noaa.gov/paleo/paleo.html

Ocean Explorer
oceanexplorer.noaa.gov

Seafood Watch Program
www.mbayaq.org/cr/seafoodwatch.asp

Shifting Baselines
sbflixcontest.org/indexHome.php

Tides and Currents
tidesandcurrents.noaa.gov/index.shtml

Tree of Life
tolweb.org/tree/phylogeny.html

United Nations Atlas of the Oceans
www.oceansatlas.org

University of California/Berkeley Museum of Paleontology
www.ucmp.berkeley.edu

기관 및 협회

Australian Institute of Marine Science(Townsville, Queensland, Australia)
www.aims.gov.au

Census of Marine Life
www.coml.org

Friday Harbor Laboratories(Friday Harbor, San Juan Island, Washington, United States)
depts.washington.edu/fhl

Lamont-Doherty Earth Observatory
The Earth Institute at Columbia University
www.ldeo.columbia.edu

Marine Aquarium Council
www.aquariumcouncil.org

Marine Biological Laboratory(Wood Hole, Massachusetts, United States)
www.mbl.edu

Marine Conservation Biology Institute
www.mcbi.org

Marine Stewardship Council
www.msc.org

Monterey Bay Aquarium Research Institute(Moss Landing, California, United States)
www.mbari.org

The Ocean Conservancy
www.oceanconservancy.org

Plymouth Marine Laboratory(Plymouth, England)
www.pml.ac.uk

Scripps Institution of Oceanography
sio.ucsd.edu

SeaWeb
www.seaweb.org/home.php

Surfrider Foundation
www.surfrider.org

United States National Estuary Program
www.epa.gov/nep/aboutl.htm

Wildlife Conservation Society
www.wcs.org

Woods Hole Oceanographic Institution(Woods Hole, Massachusetts, United States)
www.whoi.edu

WWF International(formerly known as the World Wildlife Fund)
www.panda.org

스미스소니언에서

박물관으로 가장 잘 알려진 스미스소니언 협회는 메릴랜드 주에서 파나마 주에 이르기까지, 많은 해양 연구소와 장기 연구 지역들에 대한 광범위한 네트워크를 운영한다. 이 시설들은 해안 지역과 그곳의 생물들, 특히 생물학적 다양성과 진화, 생태계 에너지, 그리고 환경 변화에 관심이 있는 연구가들과 학생들에게 많은 기회를 제공한다. 스미스소니언 협회는 또한 외부 활동, 박물관 전시, 심포지엄, 영상물, 그리고 이 책과 같은 수단들을 통해 해양 생태계에 대한 관심과 보존을 촉구한다.

포트피어스의 스미스소니언 해양 연구소 www.sms.si.edu 플로리다 동쪽 해안의 인디언Indian 강 석호의 끝에 위치한 스미스소니언 해양 연구소는 온대 생태계와 열대 생태계의 점이지대에 있다. 석호는 3천 종이 넘는 동식물의 서식지이고, 이는 미국의 강 어귀들 중 가장 높은 수치이며, 1990년 미국 환경보호국U.S. Environmental Protection Agency으로부터 '국가 중요 강하구만'으로 지정되었다. 매년 백 명이 넘는 과학자들과 학생들이 석호의 다양성과 이 다양성을 지탱하는 물리적 작용을 연구하기 위해 세계 곳곳에서 이 해양 연구소를 방문한다. 연구가들의 헌신은 놀라울 정도이다. 게의 수를 연구하는 한 그룹은 15개월 동안 매일 게의 유생들의 수를 세었고, 허리케인이 강타한 날도 예외가 없었다!

스미스소니언 환경 연구 센터 www.serc.si.edu 체서피크 만의

스미스소니언 국립 자연사 박물관은 자연의 세계와 자연 속에서의 인간의 위치를 연구한다.

해변에 위치한 스미스소니언 환경 연구 센터SERC의 과학자들은 연안 생태계와 관련된 광범위한 연구를 진행한다. 주요 연구 분야는 인간에 의한 환경 변화의 영향인데, 이는 오염, 기후 변화 그리고 외부 생물종의 번식을 포함한다. 이러한 변화들은 서로 연관지어 일어나고 육지와 바다에서 동시에 일어나고 있기 때문에, 연구가들은 한 곳의 생태계 변화가 어떻게 다른 곳 생태계의 요소들에 영향을 미치는지를 조사하고 있다. 가장 긴 실험의 예로, 스미스소니언 환경 연구 센터는 이산화 탄소의 증가가 특별 연구지역 습지 식물에게 미치는 영향을 1987년부터 지금까지 모니터링하고 있다.

헤엄치는 해우

스미스소니언 열대 연구 기관 www.stri.org

약 3백만 년 전, 파나마 지협이 바다에서 떠올라, 대서양과 태평양의 장벽을 형성하였다. 이 사건은 지구의 기후와 진화, 그리고 이 지역 해양 환경의 생태학적 궤도에 큰 영향을 주었다. 지협의 양쪽에 연구소를 갖춘 스미스소니언 열대 연구 기관STRI은 대서양과 태평양의 차이와 지협이 일으킨 변화를 조사하기에 완벽한 장소이다. 스미스소니언 열대 연구 기관 과학자들에 의해 발표된 최근의 변화는, 한때 풍부했던 긴 가시 성게들이 질병 때문에 대서양 서쪽 바다에서 거의 멸종했다는 것이다. 풀을 먹는 중요한 생물인 이 성게들이 사라짐에 따라, 녹조에 의한 산호초들의 성장이 과도하게 이루어졌다.

벨리즈의 캐리보우케이 해양 연구소 www.nmnh.si.edu/iz/ccre.htm

캐리보우케이의 과학자들은 미생물에서부터 산호초 속의 해우, 거머리말 지대, 그리고 연구소를 둘러싼 홍수림에 이르기까지 모든 것을 연구한다. 산호초에 관해서 연구가들은 백색 띠 산호 전염병 이후 산호초의 종류가 변하는 것을 관찰해 냈으며, 성게와 바닷물의 흐름, 태양빛이 산호초의 성장과 건강에 미치는 영향에 대해서도 연구했다. 또 다른 연구가들은 홍수림으로의 영양소의 흐름을 통제하여, 이것이 이 중요한 생태계에 어떻게 영향을 끼치는지 실험하기도 하였다.

긴 가시 성게

감사의 글 및 사진 출처

저자는 힐라스 출판사(Hylas Publishing) 편집진의 훌륭한 도움에 감사드린다. 그리고 산호에 대해 전문가적인 조언을 해준 Molly Jacobs과 Eva Dusek, 2005년 프라이데이 하버 연구소(Friday Harver Laboratory)의 무척추동물학을 수강한 학생들과 수업조교들, 나의 살인적인 집필 스케줄을 참아준 조력자 Louise Page, 조간대 실험에 참여시켜 주고 이 책에 실린 사진 몇 장을 촬영할 수 있게 해준 Pfaff 식구들, 유쾌하면서도 훌륭한 편집자인 Molly Morrison, 전문가의 고견과 통찰력으로 집필하는 동안 큰 도움을 준 Daniel Froehlich께 감사한다.

출판사는 이 책을 만드는 데 도움을 주신 여러 기관과 출판 관계자 여러분께 감사드린다. 뉴욕 아쿠아리움의 큐레이터인 Paul Sieswerda, 스미스소니언 국립 자연사 박물관의 Brian Huber, 스미스소니언 비즈니스 벤처스(Smithsonian Business Ventures)의 Katie Mann과 Carolyn Gleason, 수석 브랜드 매니저 Ellen Nanney, 콜린스 레퍼런스(Collins Reference)의 편집 주간 Donna Sanzone, 편집자 Lisa Hacken, 편집 보조 Stephanie Meyers께 감사드린다.

그리고 히드라 출판사(Hydra Publishing)의 대표 Sean Moore, 출판 디렉터 Karen Prince, 편집 디렉터 Aaron Murray, 아트 디렉터 Brian MacMullen, 편집자 Molly Morrison, 디자이너 Erika Lubowicki, Ken Crossland, Eunho Lee, Pleum Chenaphun, Gus Yoo, La Tricia Watford, 편집자 Marcel Brousseau, Ward Calhoun, Suzanne Lander, Rachael Lanicci, Michael Smith, Liz Mechem, Amber Rose께 감사드린다. 그리고 그림 자료 검색 담당 Ben DeWalt, 교정 교열 담당 Glenn Novak, 색인 담당 Cynthia Crippen께 감사드린다.

또한 내셔널 지오그래픽 협회의 Wendy Glassmire, 포토 리서처스(Photo Researchers, Inc.)의 Harriet Mendlowitz, 몬트레이만 아쿠아리움 연구소(Monterey Bay Aquarium Reserch Institute)의 Kim Fulton-Bennett께 감사드린다.

사진 출처

사진을 제공한 기관의 약자와 원래 이름은 다음과 같다.

PR—Photo Researchers, Inc.; SPL—Science Photo Library; JI—ⓒ 2006 Jupiterimages Corporation; SS—Shutterstock; IO—Index Open; IS—iStockphoto.com; BS—Big Stock Photos; NOAA—National Oceanic and Atmospheric Association; OAR—Oceanic and Atmospheric Research; NURP—National Undersea Research Program; NESDIS—National Environmental Satellite, Data, and Information Service; USFWS—U.S. Fish and Wildlife Service; USGS—United States Geologic Survey; NSF—National Science Foundation; NASA—National Aeronautics and Space Administration; GSFC—Goddard Space Flight Center; SI—Smithsonian Institute; AP—Associated Press; LOC—Library of Congress; NGIC—National Geographic Image Collection; NWPA—The North Wales Photographic Association; ACOUS—Arctic Climate Observations Using Underwater Sound; FS—Fotosearch; COML—Census of Marine Life; GI—Getty Images; WI—Wikimedia

(t=맨 위, b=맨 아래, l=왼쪽, r=오른쪽 c=중간)

도입부

iv PR/Dee Breger **vtr vbr** Courtesy of the Washington State Department of Fish and Wildlife/Russell Rogers **vi** NOAA **1t** NOAA **1b** NOAA **2** NOAA **3t** NOAA **3c** NOAA **3b** NOAA

Chapter 1 광대한 미지의 세계

4 NGIC/Raul Touzon **5t** JI **5b** JI **6tl** JI **6bl** JI **7t** NOAA/COML/Rudd Hopcroft **7b** SS Kerry L. Werry **8tl** JI **8b** SS/Dennis Sabo **9tl** PR/Photo Researchers, Inc. **9tr** SI/COML/Michael Vecchione **10tl** NOAA/COML/Russ Hopcroft **10b** NGIC/James P. Blair **11tl** JI **11br** Alamy/Jeff Rotman **12tl** SPL/Alexis Rosenfeld **12cr** SS/Peter Baxter **12br** NOAA/NESDIS/Office of Research & Applications **13** NOAA/COML/Bodil Bluhm **14tl** JI **14bl** JI **15t** NGIC/Michael Nichols **15br** NOAA

Chapter 2 해양의 역사

16 NGIC/Carsten Peter **17t** SPL/Steve Munsinger **17b** SI/NOAA **18tl** JI **18br** SPL/Chris Butler **19tl** NGIC/O. Louis Mazzatenta **19cr** SI/Alfred Harrell **20tl** SPL/Sincliar Stammers **20bl** SS/Mark Bond **21tl** JI **21cr** PR/Mark Garlick **22tl** NWPA **22cr** NWPA **23bl** LOC **23tr** Alamy **24tl** SI/Eric Long **24cr** Alamy/Mary Evans Picture Library **24bl** SI/Donald Hulbert **25t** Alamy Mary Evans Picture Library **26tl** NWPA **26cr** NGIC/Bruce Sale **26bl** SPL **27tr** SPL/Sheila Terry **28tl** NOAA/Steve Nicklas **28tr** LOC **28bl** IS/Adam Booth **29tr** NGIC/Marc Moritsch **30tl** NOAA/OAR/NURP/Steve Nicklas **30bc** NOAA **31tr** NASA **31bl** NOAA

Chapter 3 변화무쌍한 지구

32 JI **33t** SI **33b** SPL/Photo Researchers, Inc. **34tl** FS **34cr** PR/Gary Hincks **34br** PR/Zephyr Photo Researchers, Inc. **35tl** IS/Mary Lane **36tl** PR/ W.Haxby, Lamont—Doherty Earth Observatory **36cr** PR/Mark Garlick **37tl** SPL/Photo Researchers, Inc. **37bl** PR/Jon Lomberg **37tr** FS **38tl** PR/Gregory G. Dimijian, MD **38tr** PR/Daniel Sambraus **38br** NOAA/NURP/OAR **39tr** NASA/GSFC SeaWiFS Project/Orbimage **40tl** NASA/GSFC/ASTER Science Team **40tr** PR/Philippe Psaila **40br** NURP **41tr** GI **41cr** PR/DOE/Science Source **42tl** NOAA/OAR/NURP/University of Hawaii **42br** PR/Dr. Ken MacDonald **43tr** NASA **43cr** PR/WorldSat International **44tl** JI **44bc** USGS **45tc** NOAA/A. Malahoff/OAR/NURP/University of Hawaii

Chapter 4 불가사의한 분자

46 NGIC/Paul Nicklen **47t** JI **47b** SPL/Francoise Sauze **48tl** JI **48bl** SPL/Bernhard Edmaier **49tr** NGIC/Gordon Wiltsie **49br** JI **50tl** JI **50bl** SPL/Tony McConnell **50br** SPL/Alfred Pasikea **51br** JI **52tl** SS/Steffen Foerster Photography **52tr** Alamy/Dennis Kunkel **52br** NGIC/Paul Nicklen **53** ⓒ Gerard Dieckmann, K. Heumann **54tl** JI **54bl** SS/Dennis Sabo **54br** SPL/Bill Bachman **55tr** NOAA/Chris Doley **56tl** JI **56bl** SPL/Alexis Rosenfeld **57tr** SS/Danilo Ducak **57br** ACOUS

Chapter 5 상층부의 공기

58 NASA **59t** JI **59b** NASA **60tl** NASA Kennedy Space Center **60bl** SPL/Andrew Syred **61** NASA/GSFC Scientific Visualization Studio **62tl** SPL/Sinclair Stammers **62cr** PR/Mark Garlick **62br** SPL **63** PR/Dee Breger **64tl** NOAA Ship Collection **64tr** NASA **65tr** ⓒ Dr. Steven Hare, Int'l Pacific Halibut Comm. **65bl** NOAA Fisheries Collection **66tl** NOAA **66br** NASA **67br** NASA **68tl** NASA/NASA Goddard Space Flight Center **68bl** NASA **69tl** NASA/NGFC **69tl** NWPA **70tl** JI **70tr** NASA **70br** NASA **71tr** JI **72tl** NOAA **72tr** NASA **72bl** NOAA **73** NASA

Chapter 6 움직이는 물

74 NASA **75t** NASA/Earth Observatory **75b** IS **76t** NASA **76b** NGIC **77t** NGIC **77c** NOAA/Jamie Hall **78** NOAA **79tl** NOAA/Commander John Bortniak **79br** NASA/Earth Observatory **80bl** NASA **80br** NASA **81** NOAA **82tl** NOAA/Steve Nicklas **83** NASA **84tl** NASA/Earth Observatory **85tr** SPL **85br** NOAA/Richard Behn, NOAA corps **86tl** NSF **86bl** SPL/Los Alamos National Laboratory **87t** NOAA **87b** NSF **88tl** NOAA **88b** NOAA/Michael Van Woert **89tr** IS/Jamie Wilson **89br** NOAA and the Oceanic Museum of Monaco

읽을거리
90t LOC **90**b LOC **91** LOC **92** WI **93** NASA **99**tl SPL/Eye of Science **99**cl SPL/M.I Walker **99**cl SPL/Eye of Science **99**bl SPL/Alfred Pasieka **99**tr SPL/B. Murton/South Hampton Oceanography Center **99**cr SPL/Alfred Pasieka **99**cr PR/Dr. Kari Lounatmaa **99**br SPL/Dr. M. Rohde **100**tl SPL/Science Source **100**cl SPL/Astrid & Hanns−Frieder Michler **100**cl SPL/Andrew Syred **100**bl SPL/Jan Hinsch **100**tc SPL/Sinclair Stammers **100**c SPL/Alexis Rosenfeld **100**c SPL/Michael Abbey **100**c SPL/Sinclair Stammers **100**bc SPL/Gregory Ochoki **100**tr SPL/Juergen Berger **100**cr SPL/Bob Gibbons **100**br SPL/Bob Gibbons **101**tl NOAA **101**cl NOAA **101**bl NOAA **101**tc SPL/David Scharf **101**cl SPL/Nancy Sefton **101**bc NOAA **101**tc NOAA **101**cr NOAA/NURP/OAR **101**br SPL/Sinclair Stammers **101**tr NOAA **101**br NOAA **102**bl NOAA **102**c NOAA **102**br NOAA **103**c SS/J. McPhail **103**br NOAA **104**bl NOAA **104**c NOAA **105**tl NOAA/OAR/NURP **105**c NOAA

Chapter 7 파도와 조류
106 NGIC/Cotton Coulson **107**tl SS/Pieter Janssen **107**bl IS/Blache Designs **108**tl IS/Ian MacDonnell **109**tl IS **109**tr WI **110**tl JI **110**br NGIC **111**t NOAA/Sean Linehan/NGS **111**b NOAA **112**tl NOAA **112**b NASA/Earth Observatory **113** NOAA **114**tl SS/Tyler Olson **114**b NASA/Earth Observatory **115** NIX **116**tl NOAA/Sean Linehan **116**b NOAA **117**tl NOAA **117**tr NOAA **118**tl IS/PicsofMarine.com **118**bl Alamy **119**tl PR/Georg Gerster **119**tr NOAA/Captain Albert E. Theberge **120**tl JI **120**bl PR/Martin Bond **121**t NOAA

Chapter 8 바다의 끝에서
122 NGIC **123**tl NOAA/Commander John Bortniak **123**bl NOAA/Anthony Piccolo **124**tl NOAA/William Folsum **124**cr IS/Stan Fairgrieve **124**br NOAA/Dr. James P. McVey **125** NIX **126**tl NOAA/Captain Albert E. Theberge **126**b NOAA/David Sinson **127** IS/Sherwood Imagery **128**tl NOAA Courtesy of NPS−Canaveral National Seashore **128**b NOAA/David Sinson **129**tl NOAA/Fernando Arraya **129**tr Washington State Department of Ecology **130**tl NOAA/Commander John Bortniak 130tr NGIC/Sisse Brimberg **130**br IS **131** NOAA/Mary Hollinger **132**tl NOAA/Richard B Mieremet **132**bl NOAA **132**br NOAA/OAR/NURP and the University of North Carolina at Wilmington **133** JI **134**tl NOAA **134**br NOAA **135**t NOAA/Personnel of NOAA Rainier **135**b NOAA/Rear Admiral Harley D. Nygren **136**tl NOAA **136**bl NOAA/Richard B. Mieremet **137**tl NOAA/William Folsom **137**cr

NOAA/Dr. Gary E. Eddey

Chapter 9 조수 사이의 생명들
138 JI **139**tl JI **139**bl JI **140**tl JI **140**r SS/Natthawat Wongrant **141**tr SS/Dwight Smith **141**bl NOAA/Bob Williams **142**tl NOAA **142**br Woods Hole Oceanographic Institute/Jesus Pineda **144**tl IO/FogStock, LLC **144**cr PR/James Zipp **145**bl NOAA **145**tr PR/Russ Curtis **146**tl NOAA/Rick Crawford **146**bl JI **147**tr NOAA **147**bl SS/Christian Tisi−Kramer **148**tl IO/AbleStock **148**br NOAA **149**tr NGIC/Joel Sartore **149**cr SS/Martin Bowker **150**tl SS/Ian Bracegirdle **150**bl NGIC/Nick Caloyianis **151**tl SS/Theresa Martinez **151**tr SS/Vladmir Ivanov **151**tl NOAA/NESDIS/P. R. Hoar **152**bl NOAA/NOS/Dr. Terry McTique **152**bc NOAA/Jack Terrill **153** SS/Vera Bogaerts

Chapter 10 외양에서의 삶
154 NOAA/Justin Marshall **155**tl JI **155**bl SS/Justin Kim **156**tl SS/Andrei Volkovets **156**br NOAA **157**bl SPL/Claire Ting **157**tr NOAA **158**tl PR/Eric V. Grave **158**b NASA/Jacques DesCloitres and MODIS Land Rapid Response Team **159**tr SPL/Volker Steger **159**bl PR/Dante Felonio **160**tl NASA/SeaWiFS Project **160**cr SS/Christoffer Vika **161** NOAA **162**tl PR/Alexis Rosenfeld **162**bl PR/Alexis Rosenfeld **163**cr PR/Science Pictures Limited **163**bl PR/F. Stuart Westmorland **164**tl SPL/Andrew G. Wood 164br NOAA **165**tr NOAA **165**bl PR/George C. Lower **166**tl NOAA/Dade W. Thornton **166**bl NOAA **167**tl NOAA/Lieutenant Philip Hall **167**tr NOAA National Marine Fisheries Service **168**tl SS/Steffen Foerester **168**bl SS/Ian Scott **169**tr SS/Bateleur **169**cr NOAA/Quartermaster Joseph Schebal

Chapter 11 해저의 생명
170 NGIC/Emory Kristof **171**t NOAA Mountains in the Sea Research Team **171**b NOAA **172**tl NOAA/M. Youngbluth OAR/NURP Harbor Branch Oceanographic Institution **172**tr NOAA **172**br NOAA **173** NOAA/HBOI/Brooke et al **174**tl NOAA/Jason Chaytor **174**tr NOAA/OAR/NURP/E. Williams **175**tr NOAA/Mountains in the Sea Research Group/the IFE Crew **175**bl NOAA/Mountains in the Sea Research Group/the IFE Crew **176**tl SPL/Dee Breger **176**b MBARI **177**t MBARI **177**b SPL/Andy Harmer **178**tl NOAA/OAR/NURP/I. MacDonald **178**tr NOAA/OAR/NURP/Texas A&M University **179**tr NOAA **179**bl NOAA **180**tl NOAA/OAR/NURP Harbor Branch Oceanographic Institution/M. Youngbluth **180**bl NOAA **180**br PR/Dr. Paul A. Zahl **181** NSF/MSU−CBE c2002 Angela Bowlds MSU Bozeman Bioglyphs Project **182**tl

SPL/Institute Oceanographic Sciences/NERC **182**br SPL/Alexis Rosenfeld **183**bl NOAA **183**tr NSF/Scripps Institution of Oceanography

Chapter 12 위협과 해결책
184 U.S. Fish and Wildlife **185**t U.S. Fish and Wildlife **185**b NOAA/Maria Brown **186**tl SS/Keith Levit **186**bl SPL/Alexis Rosenfeld **187**bl SPL/Geospace **187**cr SPL/Jerry Mason **188**tl NOAA/Mary Hollinger **188**bl NOAA/William Folsom **189**tl NOAA/Top−E Pescola; Center−M. Deflorio; Greenpeace **189**tr SS/Vixique **190**tl NOAA **190**bl SPL/Pat & Tom Leeson **191**br NOAA **191**tl NOAA Sea Grant Program/Dr. James P. McVey **192**tl SS/Tracy Carolyn Lee **192**tr Regulatory Fish Enc. **192**br Regulatory Fish Enc. **193**bl U.S. Fish and Wildlife **193**tr SS/Stephen Snyder **194**tl SPL/David Nunuk **194**bl NGIC/Cotton Coulson **195**t NASA/Visible Earth **195**cl NOAA **196**tl NOAA **196**cr U.S. Fish and Wildlife **196**bl NOAA/Yuri A. Zuyev and the University of St. Petersburg **197** Courtesy of the Washington State Department of Fish and Wildlife/Russell Rogers **198**tl NOAA/NESDIS/ORA/ and Michael Van Woert **198**bl NSF/Zina Deretsky **199**br NOAA/NDOC/Mary Hollinger **199**tl NGIC/Norbert Rosing **199**tr SPL/Fred McConnaughey **200**tl LOC **200**bl NOAA/Glenn Allen **201**bl NOAA/P. R. Nelson **201**cr NOAA/Gulf of Farallones National Marine Sanctuary **202**tl NOAA Office of NOAA Corps Operations **202**l NOAA/Justin Marshall **203**tr U.S. Fish and Wildlife **203**br NOAA/Captain Robert A. Pawlowski

스미스소니언에서
210b SI/Dane A. Penland **211**bl NOAA **211**tr NOAA

표지
Gregory Ochocki/Photo Researchers, Inc.
배경 : Photo Researchers, Inc.

사이언스 101 **해양학**

지은이 • Jennifer Hoffman

옮긴이 • 김민정

펴낸이 • 조승식

펴낸곳 • 도서출판 이치 Ichi SCIENCE

등록 • 제9-128호

주소 • 142-877 서울시 강북구 수유2동 240-225

www.bookshill.com

E-mail • bookswin@unitel.co.kr

전화 • 02-994-0583

팩스 • 02-994-0073

2010년 5월 10일 1판 1쇄 발행

2012년 7월 5일 1판 3쇄 발행

값 14,000원

ISBN 978-89-91215-20-7

978-89-91215-14-6 (세트)

＊잘못된 책은 구입하신 서점에서 바꿔드립니다.
＊이 도서는 (주)도서출판 북스힐에서 기획하여 도서출판 이치사이언스에서
출판된 책으로 (주)도서출판 북스힐에서 공급합니다.

142-877 서울시 강북구 수유2동 240-225

전화 • 02-994-0071 팩스 • 02-994-0073